人工智能技术丛书

PyTorch 语音识别实战

王晓华 著

清華大学出版社
北京

内 容 简 介

本书使用 PyTorch 2.0 作为语音识别的基本框架，循序渐进地引导读者从搭建环境开始，逐步深入到语音识别基本理论、算法以及应用实践，是较好的一本语音识别技术图书。本书配套示例源码、数据集、PPT 课件等资源。

本书分为 13 章，内容包括语音识别之路、PyTorch 2.0 深度学习环境搭建、音频信号处理的理论与 Python 实战、音频处理常用工具包 Librosa 详解与实战、基于 DNN 的语音情绪分类识别、一学就会的深度学习基础算法、基于 PyTorch 卷积层的语音情绪分类识别、词映射与循环神经网络、基于 Whisper 的语音转换实战、注意力机制与注意力模型详解、鸟叫的多标签分类实战、多模态语音转换模型基础、GLM 架构多模态语音文字转换实战。

本书内容详尽、示例丰富，适合作为语音识别初学者、深度学习初学者、语音识别技术人员的必备参考书，同时也非常适合作为高等院校或高职高专深度学习、语音识别等课程的教材。

图书在版编目（CIP）数据

PyTorch 语音识别实战 / 王晓华著. —北京：清华大学出版社，2024.2
（人工智能技术丛书）
ISBN 978-7-302-65565-7

Ⅰ. ①P… Ⅱ. ①王… Ⅲ. ①人工智能—算法 Ⅳ. ①TP18

中国国家版本馆 CIP 数据核字（2024）第 022269 号

责任编辑：夏毓彦
封面设计：王　翔
责任校对：闫秀华
责任印制：刘海龙

出版发行：清华大学出版社
网　　址：https://www.tup.com.cn，https://www.wqxuetang.com
地　　址：北京清华大学学研大厦 A 座　　邮　　编：100084
社 总 机：010-83470000　　邮　　购：010-62786544
投稿与读者服务：010-62776969，c-service@tup.tsinghua.edu.cn
质 量 反 馈：010-62772015，zhiliang@tup.tsinghua.edu.cn

印 装 者：三河市天利华印刷装订有限公司
经　　销：全国新华书店
开　　本：190mm×260mm　　印　　张：17.25　　字　　数：466 千字
版　　次：2024 年 3 月第 1 版　　印　　次：2024 年 3 月第 1 次印刷
定　　价：69.00 元

产品编号：103781-01

前　言

随着信息科技的日新月异，人工智能已经成为新时代经济发展的引擎，而深度学习作为其背后的强大推动力，正在无声无息地改变着我们的生活。语音识别，作为人工智能领域中一颗璀璨的明珠，从智能家居到自动驾驶，从语音助手到无数其他的创新应用，它正在持续地拓展其应用边界，改变着人与机器的交流方式。

本书旨在为读者揭开语音识别的神秘面纱，通过深入浅出的讲解和丰富的实践案例，带领读者走进语音识别的奇妙世界。我们不是只停留在理论的探讨，而是通过大量的实战案例，让读者亲手体验深度学习的魅力，掌握语音识别的核心技术。

本书以应用实战为出发点，结合最新的语音识别深度学习框架进行深入浅出的讲解和演示。作者将以多角度、多方面的方式手把手地教会读者如何进行代码编写，同时结合实际案例深入剖析其中的设计模式和模型架构。

总之，本书是一本理论与实践相结合、全面覆盖语音识别领域、培养创新思维和解决问题能力的专业书籍。通过本书的学习和实践，作者期望每一个读者都能全面掌握深度学习的程序设计方法和技巧，为未来的实际工作做好充分准备。

本书特点

（1）内容与结构的系统性。本书从语音识别的基本概念、发展历程讲起，逐步深入到音频信号处理、深度学习算法、多模态语音转换模型等核心领域。每个章节的内容安排都能做到逻辑清晰、循序渐进，保证了知识的连贯性和易读性，使读者能够在学习的过程中建立起完整的知识体系。

（2）前沿性与创新性。本书站在学术的最前沿，详细介绍基于深度学习的端到端语音识别、多模态架构的语音识别与转换等最新技术。同时，通过介绍 GLM 架构等多模态语音文字转换的实战内容，展示语音识别技术的创新应用，让读者领略到科技创新的无穷魅力。

（3）实战性与实用性。本书通过大量实战案例，如基于深度学习的语音唤醒、音频特征提取、语音情绪分类识别等，让读者在动手实践中掌握语音识别技术的具体应用。这些案例不仅具有代表性，而且贴近实际应用，对于读者提升实践能力和解决现实问题具有很强的指导意义。

（4）跨学科融合。本书不仅涵盖了语音识别领域的专业知识，还巧妙地融合了音频信号处理、深度学习算法、自然语言处理等相关学科的基础知识。这种跨学科的知识融合有助于读者构建完备的知识体系，并从多个维度深刻领悟语音识别技术的内涵与外延。

（5）语言简明，易于理解。本书在撰写过程中注重语言的简明和表达的准确性，通过生动的比喻和形象的描述，将复杂的技术原理和算法变得通俗易懂。这种写作风格降低了读者的阅读门槛，增强了阅读过程中的愉悦体验。

资源下载和技术支持

本书配套示例源码、数据集、PPT 课件，请读者用自己的微信扫描下边的二维码下载。如果学习本书的过程中发现问题或疑问，可发送邮件至 booksaga@163.com，邮件主题为“PyTorch 语音识别实战”。

适合阅读本书的读者

- 语音识别初学者。
- 深度学习初学者。
- 语音识别技术人员。
- 高等院校或高职高专相关课程的师生。
- 其他对语音识别感兴趣的技术人员。

指正与鸣谢

由于笔者的水平有限，加之编写时间跨度较长，在编写此书的过程中难免会出现不准确的地方，恳请读者批评指正。

感谢清华大学出版社所有老师在本书编写中提供的无私帮助和宝贵建议，正是他们的耐心和支持才让本书得以顺利出版。感谢家人对我的支持和理解。这些都给了我莫大的动力，让我的努力更加有意义。

著　者

2024 年 1 月

目　　录

第 1 章　语音识别之路 …… 1

1.1　何谓语音识别 …… 1

1.2　语音识别为什么那么难 …… 2

1.3　语音识别之路——语音识别的发展历程 …… 3

1.3.1　高斯混合-隐马尔科夫时代 …… 4

1.3.2　深度神经网络-隐马尔科夫时代 …… 5

1.3.3　基于深度学习的端到端语音识别时代 …… 6

1.3.4　多模态架构的语音识别与转换 …… 7

1.4　基于深度学习的语音识别的未来 …… 8

1.5　本章小结 …… 8

第 2 章　PyTorch 2.0 深度学习环境搭建 …… 9

2.1　环境搭建 1：安装 Python …… 9

2.1.1　Miniconda 的下载与安装 …… 9

2.1.2　PyCharm 的下载与安装 …… 12

2.1.3　Python 代码小练习：计算 softmax 函数 …… 15

2.2　环境搭建 2：安装 PyTorch 2.0 …… 16

2.2.1　Nvidia 10/20/30/40 系列显卡选择的 GPU 版本 …… 16

2.2.2　PyTorch 2.0 GPU Nvidia 运行库的安装 …… 16

2.2.3　PyTorch 2.0 小练习：Hello PyTorch …… 19

2.3　实战：基于特征词的语音唤醒 …… 20

2.3.1　数据的准备 …… 20

2.3.2　数据的处理 …… 21

2.3.3 模型的设计……24

2.3.4 模型的数据输入方法……24

2.3.5 模型的训练……25

2.3.6 模型的结果和展示……26

2.4 本章小结……27

第 3 章 音频信号处理的理论与 Python 实战……28

3.1 音频信号的基本理论详解……28

3.1.1 音频信号的基本理论……28

3.1.2 音频信号的时域与频域……29

3.2 傅里叶变换详解……30

3.2.1 傅里叶级数……31

3.2.2 连续到离散的计算……33

3.2.3 Python 中的傅里叶变换实战……34

3.3 快速傅里叶变换与短时傅里叶变换……38

3.3.1 快速傅里叶变换 Python 实战……39

3.3.2 短时傅里叶变换 Python 实战……42

3.4 梅尔频率倒谱系数 Python 实战……44

3.4.1 梅尔频率倒谱系数的计算过程……44

3.4.2 梅尔频率倒谱系数的 Python 实现……45

3.5 本章小结……52

第 4 章 音频处理工具包 Librosa 详解与实战……53

4.1 音频特征提取 Librosa 包基础使用……53

4.1.1 基于 Librosa 的音频信号读取……53

4.1.2 基于 Librosa 的音频多种特征提取……56

4.1.3 其他基于 Librosa 的音频特征提取工具……58

4.2 基于音频特征的声音聚类实战……59
4.2.1 数据集的准备……59
4.2.2 按标签类别整合数据集……62
4.2.3 音频特征提取函数……63
4.2.4 音频特征提取之数据降维……64
4.2.5 音频特征提取实战……65
4.3 本章小结……69

第 5 章 基于深度神经网络的语音情绪分类识别……70

5.1 深度神经网络与多层感知机详解……70
5.1.1 深度神经网络与多层感知机……70
5.1.2 基于 PyTorch 2.0 的深度神经网络建模示例……71
5.1.3 交叉熵损失函数详解……73
5.2 实战：基于深度神经网络的语音情绪识别……74
5.2.1 情绪数据的获取与标签的说明……75
5.2.2 情绪数据集的读取……76
5.2.3 基于深度神经网络示例的模型设计和训练……78
5.3 本章小结……79

第 6 章 一学就会的深度学习基础算法……80

6.1 反向传播神经网络前身历史……80
6.2 反向传播神经网络基础算法详解……84
6.2.1 最小二乘法详解……84
6.2.2 梯度下降算法（道士下山的故事）……86
6.2.3 最小二乘法的梯度下降算法及其 Python 实现……89
6.3 反馈神经网络反向传播算法介绍……95
6.3.1 深度学习基础……95
6.3.2 链式求导法则……96

6.3.3 反馈神经网络原理与公式推导 ······ 97

6.3.4 反馈神经网络原理的激活函数 ······ 103

6.4 本章小结 ······ 104

第 7 章 基于 PyTorch 卷积层的语音情绪分类识别 ······ 105

7.1 卷积运算的基本概念 ······ 105

7.1.1 基本卷积运算示例 ······ 106

7.1.2 PyTorch 中的卷积函数实现详解 ······ 107

7.1.3 池化运算 ······ 109

7.1.4 softmax 激活函数 ······ 111

7.1.5 卷积神经网络的原理 ······ 112

7.2 基于卷积神经网络的语音情绪分类识别 ······ 114

7.2.1 串联到并联的改变——数据的准备 ······ 114

7.2.2 基于卷积的模型设计 ······ 116

7.2.3 模型训练 ······ 117

7.3 PyTorch 的深度可分离膨胀卷积详解 ······ 118

7.3.1 深度可分离卷积的定义 ······ 119

7.3.2 深度的定义以及不同计算层待训练参数的比较 ······ 121

7.3.3 膨胀卷积详解 ······ 121

7.4 本章小结 ······ 122

第 8 章 词映射与循环神经网络 ······ 123

8.1 有趣的词映射 ······ 123

8.1.1 什么是词映射 ······ 124

8.1.2 PyTorch 中的词映射处理函数详解 ······ 125

8.2 实战：循环神经网络与文本内容情感分类 ······ 126

8.2.1 基于循环神经网络的中文情感分类准备工作 ······ 126

8.2.2 基于循环神经网络的中文情感分类 ······ 128

8.3 循环神经网络理论讲解 …… 131
8.3.1 什么是 GRU …… 131
8.3.2 单向不行，那就双向 …… 133
8.4 本章小结 …… 134

第 9 章 基于 Whisper 的语音转换实战 …… 135

9.1 实战：Whisper 语音转换 …… 135
9.1.1 Whisper 使用环境变量配置与模型介绍 …… 135
9.1.2 Whisper 模型的使用 …… 137
9.1.3 一学就会的语音转换 Web 前端 …… 138
9.2 Whisper 模型详解 …… 141
9.2.1 Whisper 模型总体介绍 …… 141
9.2.2 更多基于 Whisper 的应用 …… 143
9.3 本章小结 …… 144

第 10 章 注意力机制 …… 146

10.1 注意力机制与模型详解 …… 146
10.1.1 注意力机制详解 …… 147
10.1.2 自注意力机制 …… 148
10.1.3 ticks 和 Layer Normalization …… 153
10.1.4 多头自注意力 …… 154
10.2 注意力机制的应用实践：编码器 …… 157
10.2.1 编码器的总体架构 …… 157
10.2.2 回到输入层：初始词向量层和位置编码器层 …… 158
10.2.3 前馈层的实现 …… 161
10.2.4 多层模块融合的 TransformerBlock 层 …… 162
10.2.5 编码器的实现 …… 164

10.3 实战编码器：拼音汉字转换模型 …… 169
10.3.1 汉字拼音数据集处理 …… 169
10.3.2 汉字拼音转换模型的确定 …… 171
10.3.3 模型训练代码的编写 …… 172
10.4 本章小结 …… 174

第11章 鸟叫的多标签分类实战 …… 175
11.1 基于语音识别的多标签分类背景知识详解 …… 175
11.1.1 多标签分类不等于多分类 …… 176
11.1.2 多标签损失函数 Sigmoid + BCELoss …… 176
11.2 实战：鸟叫的多标签分类 …… 178
11.2.1 鸟叫声数据集的获取 …… 178
11.2.2 鸟叫声数据处理与可视化 …… 179
11.2.3 鸟叫声数据的批量化数据集建立 …… 182
11.2.4 鸟叫分辨深度学习模型的搭建 …… 185
11.2.5 多标签鸟叫分类模型的训练与预测 …… 188
11.3 为了更高的准确率：多标签分类模型的补充内容 …… 190
11.3.1 使用不同的损失函数提高准确率 …… 190
11.3.2 使用多模型集成的方式完成鸟叫语音识别 …… 192
11.4 本章小结 …… 194

第12章 多模态语音转换模型基础 …… 195
12.1 语音文字转换的研究历程与深度学习 …… 195
12.1.1 语音文字转换的传统方法 …… 195
12.1.2 语音文字转换基于深度学习的方法 …… 197
12.1.3 早期深度学习语音文字转换模型介绍 …… 198
12.2 基于GLM架构的多模态语音文本转换模型 …… 202
12.2.1 最强的人工智能模型 ChatGLM 介绍 …… 202

12.2.2 更加准确、高效和泛化性的多模态语音转换架构——GLM与GPT2 …… 203
12.3 从零开始的GPT2模型训练与数据输入输出详解 …… 205
12.3.1 开启低硬件资源GPT2模型的训练 …… 205
12.3.2 GPT2的输入输出结构——自回归性（auto-regression） …… 206
12.3.3 GPT2模型的输入格式的实现 …… 208
12.3.4 经典GPT2模型的输出格式详解与代码实现 …… 210
12.4 一看就能学会的GPT2模型源码详解 …… 212
12.4.1 GPT2模型中的主类 …… 212
12.4.2 GPT2模型中的Block类 …… 219
12.4.3 GPT2模型中的Attention类 …… 224
12.4.4 GPT2模型中的MLP类 …… 231
12.5 具有多样性生成的GPT2生成函数 …… 232
12.5.1 创造性函数的使用与代码详解 …… 233
12.5.2 创造性参数temperature与采样个数TopK简介 …… 234
12.6 本章小结 …… 236

第13章 GLM架构多模态语音文字转换实战 …… 237

13.1 GLM架构详解 …… 237
13.1.1 GLM模型架构重大突破：旋转位置编码 …… 238
13.1.2 添加旋转位置编码的注意力机制 …… 239
13.1.3 新型的激活函数GLU详解 …… 240
13.1.4 调整架构顺序的GLMBlock …… 240
13.1.5 自定义完整的GLM模型（单文本生成版） …… 243
13.2 实战：基于GLM的文本生成 …… 247
13.2.1 数据集的准备 …… 247
13.2.2 模型的训练 …… 250
13.2.3 模型的推断 …… 252

13.3 实战：基于 GLM 的语音文本转换……253
13.3.1 数据集的准备与特征抽取……253
13.3.2 语音特征融合的方法……255
13.3.3 基于多模态语音融合的多模态模型设计……256
13.3.4 模型的训练……261
13.3.5 模型的推断……262
13.3.6 多模态模型准确率提高的方法……263
13.4 本章小结……264

第 1 章

语音识别之路

随着信息科技的不断发展，语音转换文字技术逐渐成熟，并被广泛应用于社会生产中各个领域。特别是在移动应用领域，越来越多的语音转换文字 App 进入市场，并且得到了广大用户的青睐。

基于多模态的语音识别，语音文本转换则是深度学习语音技术研究的重点，也是最有前途的方向之一。掌握多模态语音转换的方法可以使深度学习从业者加深对模型和项目的理解，从而超越一般技术人员，获得极大的职业竞争优势。

本书将以此为目标，手把手地教读者从零开始，学习和掌握基于深度学习语音识别的基础内容，最终完成多模态语音文本转换的实际项目。

1.1 何谓语音识别

语音识别技术是将声音转换成文字的一种技术，类似于人类的耳朵，拥有听懂他人的说话内容并将其转换成可以辨识内容的能力。

不妨设想如下场景：

当你加完班回到家中，疲惫地躺在沙发上，随口说一句“打开电视”，沙发前的电视按语音命令开启，然后一个温柔的声音问候你，“今天想看什么类型的电影？”，或者主动向你推荐目前流行的一些影片。

这个例子是音频识别能够处理的场景，虽然看似科幻，但是实际上这些场景已经不再是以往人们的设想，目前已经正在悄悄地走进你我的生活。

2018 年，谷歌在开发者大会上演示了一个预约理发店的聊天机器人，语气惟妙惟肖，表现相当令人惊艳。另外，相信很多读者都接到过人工智能的推销电话，不去仔细分辨的话，根本不知道电话那头只是一个能够做出音频处理的聊天机器人程序。

“语音转换”“人机对话”“机器人客服”是语音识别应用最广泛的三个部分，也是商业价值较高的一些方向。此外，还有“看图说话”等一些带有娱乐性质的应用。这些都是语音识别技术的常见应用。

语音识别通常称为自动语音识别（Automatic Speech Recognition，ASR），主要是将人类语音中的词汇内容转换为计算机可读的输入，一般都是可以理解的文本内容，也有可能是二进制编码或者字符序列。语音识别是一项融合多学科知识的前沿技术，覆盖了数学与统计学、声学与语言学、计算机与人工智能等基础学科和前沿学科，是人机自然交互技术中的关键环节。但是，语音识别自诞生以来的半个多世纪，一直没有在实际应用中得到普遍认可。一方面，语音识别技术存在缺陷，其识别精度和速度都达不到实际应用的要求；另一方面，业界对语音识别的期望过高，实际上语音识别与键盘、鼠标或触摸屏等应该是融合关系，而非替代关系。

深度学习技术自 2015 年兴起之后，已经取得了长足进步。语音识别的精度和速度取决于实际应用环境，但在安静环境、标准口音、常见词汇场景下的语音识别率已经超过 95%，意味着具备与人类相仿的语言识别能力，而这也是语音识别技术当前发展比较火热的原因。

随着技术的发展，现在口音、方言、噪声等场景下的语音识别也达到了可用状态，特别是远场语音识别已经随着智能音箱的兴起，成为全球消费电子领域应用最成功的技术之一。由于语音交互提供了更自然、更便利、更高效的沟通形式，因此语音必定成为未来主要的人机互动接口之一。

当然，当前技术还存在很多不足，如对于强噪声、超远场、强干扰、多语种、大词汇等场景下的语音识别，还需要很大的提升；另外，多人语音识别和离线语音识别也是当前需要重点解决的问题。虽然语音识别还无法做到无限制领域、无限制人群地应用，但是至少从应用实践中我们看到了一些希望。当然，实际上自然语言处理并不限于前文所讲的这些，随着人们对深度学习的了解，更多应用正在不停地开发出来，相信读者会亲眼见证这一切的发生。

1.2　语音识别为什么那么难

语音识别在生活中的应用范围越来越广，可以很明显地看到或者感觉到，世界顶尖科技公司都在语音识别方面做了很多投入。目前，亚马逊 Alexa、Google 以及国内大型厂商的语音助手和设备越来越受欢迎，它们正在改变我们的购物方式、搜索方式、与设备的互动方式以及彼此之间的互动方式。

然而相较于图像识别以及自然语言处理领域，语音识别的发展并不如其他领域发展得迅捷。原因可以说是多种多样的，但是最基本的还是对于不同的语言生成者，其在产生语音的条件和形式上大有不同。甚至于最简单的对于语速的控制，每个人就有着不同的特征。

- 有声读物的推荐速度约为150~160 wpm（word per minute，每分钟的学词数）。
- 幻灯片演示建议接近100~125 wpm。
- 拍卖师的语速可以达到每秒约250 wpm。
- 小约翰·莫斯基塔（John Moschitta，Jr）曾保持吉尼斯世界纪录，作为世界上最快的讲话者，每分钟能说586个单词。他的记录在1990年被史蒂夫·伍德莫尔打破了，他每分钟讲637个单词，然后是肖恩香农，他在1995年8月30日每分钟讲655个单词。肖恩香农背诵哈姆雷特的独白“成为或不成为”（260字）在23.8秒。

听力比我们想象得更难、更复杂，而如果将这一过程传送给机器，需要经历以下过程：

（1）声波接收：声波是人类交流的基础，我们通过耳朵感知它们。对于机器而言，这些声波首先以模拟信号的形式存在，必须被转换为数字形式后，才能够进行后续的处理和分析。

（2）噪声分离：在嘈杂的环境中，如餐馆，我们的听觉系统能够出色地从各种背景噪声中筛选出话语信号。这些噪声可能来源于电话铃声、房间声学效应、他人谈话声、交通噪声等。机器也需要具备相似的噪声分离能力，以确保语音的清晰度。

（3）断点处理：人类的话语充满了变数，包括讲话速度、句子结构和单词之间的界限。有时，快速讲述或句子间缺乏停顿，可能使话语听起来像是一连串的单词，难以区分单词的起止。机器需要适应这种不规律性，并准确地处理这些断点。

（4）个性尊重：每个人的声音都是独特的，受其年龄、性别、口音、风格、个性、背景和意图等多种因素的影响。这种独特性甚至在同一个人的多次讲述中也会有所变化。因此，机器在处理语音时，必须充分考虑这些因素，以更准确地识别和理解语音。

（5）口音理解：面对不同地区的方言和口音，语音处理面临巨大的挑战。人们的语言可能因为其独特的发音和用语习惯而难以被理解。机器需要具有足够的适应性，以准确解析并理解各种口音和方言。

（6）同义翻译：语言中的同音异义词为语音识别带来了额外的难度。这些词汇虽然听起来相似或相同，但其意义可能截然不同。为了准确捕捉说话者的意图，机器需要细微地区分这些词汇的差异。

（7）助词过滤：在日常交流中，人们常常使用“嗯”“呃”等无意义的填充词。尽管这些词汇不影响人类之间的交流，但机器可能会因此受到干扰。为此，机器需要学习如何过滤这些词汇，以确保更准确地理解说话者的意图。

因此，通过这个过程的分析可以得知，即使是两个人在餐厅中进行简单的闲聊，对于语音的分析也是困难重重的，更不必说多人在闲聊时需要分辨出发声者是谁。

1.3　语音识别之路——语音识别的发展历程

现代语音识别可以追溯到 1952 年，Davis 等研制了世界上第一个能识别 10 个英文数字发音的实验系统，从此正式开启了语音识别的技术发展进程。语音识别发展到今天已经有 70 多年，它从技术方向上大体可以分为三个阶段。

如图 1.1 所示是 1993—2017 年在 Switchboard 上语音识别率的进展情况。从图 1-1 中可以看出，1993—2009 年，语音识别一直处于高斯混合-隐马尔科夫（GMM-HMM）时代，语音识别率提升缓慢，尤其是 2000—2009 年，语音识别率基本处于停滞状态；2009 年，随着深度学习技术，特别是循环神经网络（Decurrent Neural Network，DNN）的兴起，语音识别框架变为循环神经网络-隐马尔科夫（DNN-HMM），并且使得语音识别进入了神经网络深度学习时代，语音识别的精准率得到了显著提升；2015 年以后，由于“端到端”技术兴起，语音识别进入了百花齐放的时代，语音界都在训练更深、更复杂的网络，同时利用端到端技术进一步大幅提升了语音识别的性能，直到 2017 年，微软在 Switchboard 上达到词错误率 5.1%，从而让语音识别的准确性首次超越了人类，当然这是在一定条件下的实验结果，还不具有普遍代表性。

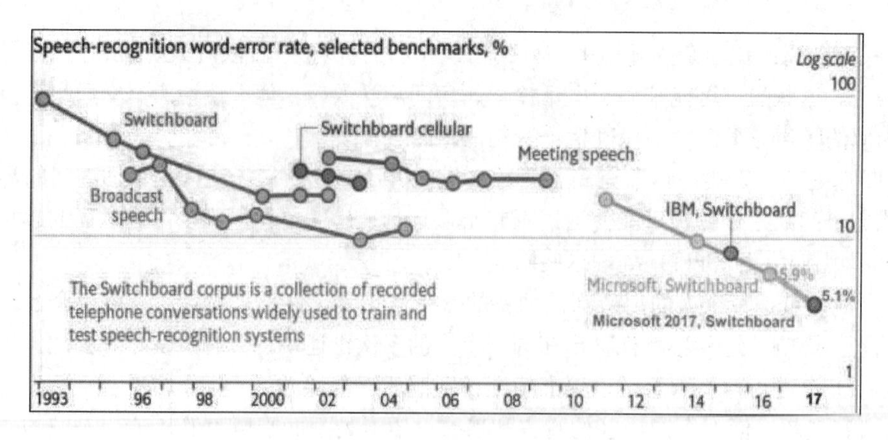

图 1-1 不同时代的语音识别

1.3.1 高斯混合-隐马尔科夫时代

70 年代，语音识别主要集中在小词汇量、孤立词识别方面，使用的方法主要是简单的模板匹配方法，即首先提取语音信号的特征构建参数模板，然后将测试语音与参考模板参数一一进行比较和匹配，取距离最近的样本所对应的词标注为该语音信号的发音。该方法对解决孤立词识别是有效的，但对于大词汇量、非特定人的连续语音识别就无能为力了。因此，进入 80 年代后，研究思路发生了重大变化，传统的基于模板匹配的技术思路开始转向基于隐马尔科夫模型（Hidden Markov Model，HMM）的技术思路。

HMM 的理论基础在 1970 年前后就已经由 Baum 等建立起来，随后由 CMU 的 Baker 和 IBM 的 Jelinek 等将其应用到语音识别中。HMM 模型假定一个音素含有 3~5 个状态，同一状态的发音相对稳定，不同状态间可以按照一定概率进行跳转，某一状态的特征分布可以用概率模型来描述，使用最广泛的模型是 GMM。因此，在 GMM-HMM 框架中，HMM 描述的是语音的短时平稳的动态性，GMM 用来描述 HMM 每一状态内部的发音特征，如图 1-2 所示。

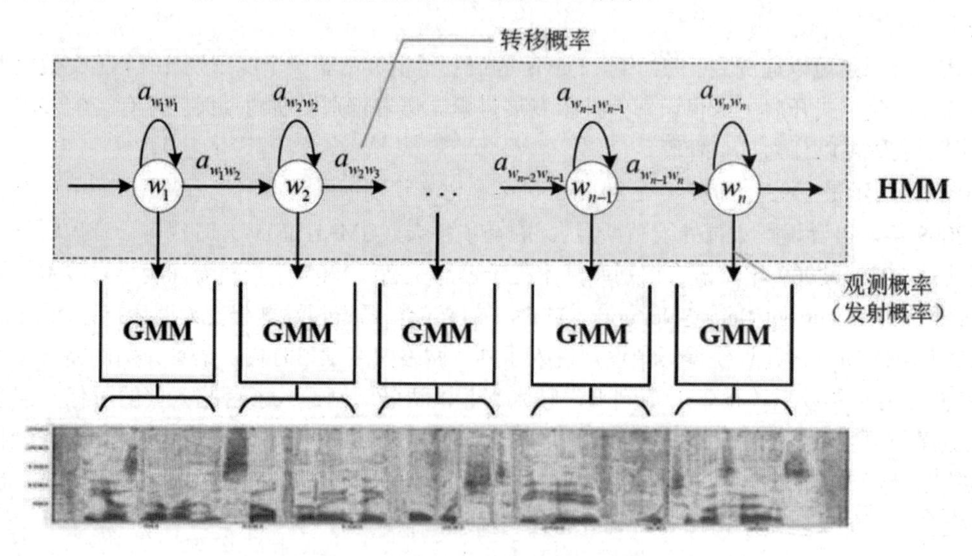

图 1-2 GMM-HMM 语音识别模型

基于 GMM-HMM 框架，研究者提出了各种改进方法，如结合上下文信息的动态贝叶斯方法、区分性训练方法、自适应训练方法、HMM/NN 混合模型方法等。这些方法都对语音识别研究产生了深远影响，并为下一代语音识别技术的产生做好了准备。自 20 世纪 90 年代语音识别声学模型的区分性训练准则和模型自适应方法被提出以后，在很长一段时间内语音识别的发展都比较缓慢，语音识别的错误率一直没有明显的下降。

1.3.2　深度神经网络-隐马尔科夫时代

2006 年，Hinton 提出了深度置信网络（Deep Belief Network，DBN），直接促进深度神经网络（Deep Neural Network，DNN）研究的复苏。2009 年，Hinton 将 DNN 应用于语音的声学建模，在 TIMIT 上获得了当时最好的结果。2011 年年底，微软研究院的俞栋、邓力又把 DNN 技术应用在大词汇量连续语音识别的任务上，大大降低了语音识别的错误率。从此，语音识别进入 DNN-HMM 时代。

DNN-HMM 主要是用 DNN 模型代替原来的 GMM 模型，对每个状态进行建模，如图 1-3 所示。DNN 带来的好处是不再需要对语音数据分布进行假设，将相邻的语音帧拼接，又包含语音的时序结构信息，使得对于状态的分类概率有了明显提升，同时 DNN 还具有强大的环境学习能力，可以提升对噪声和口音的鲁棒性。

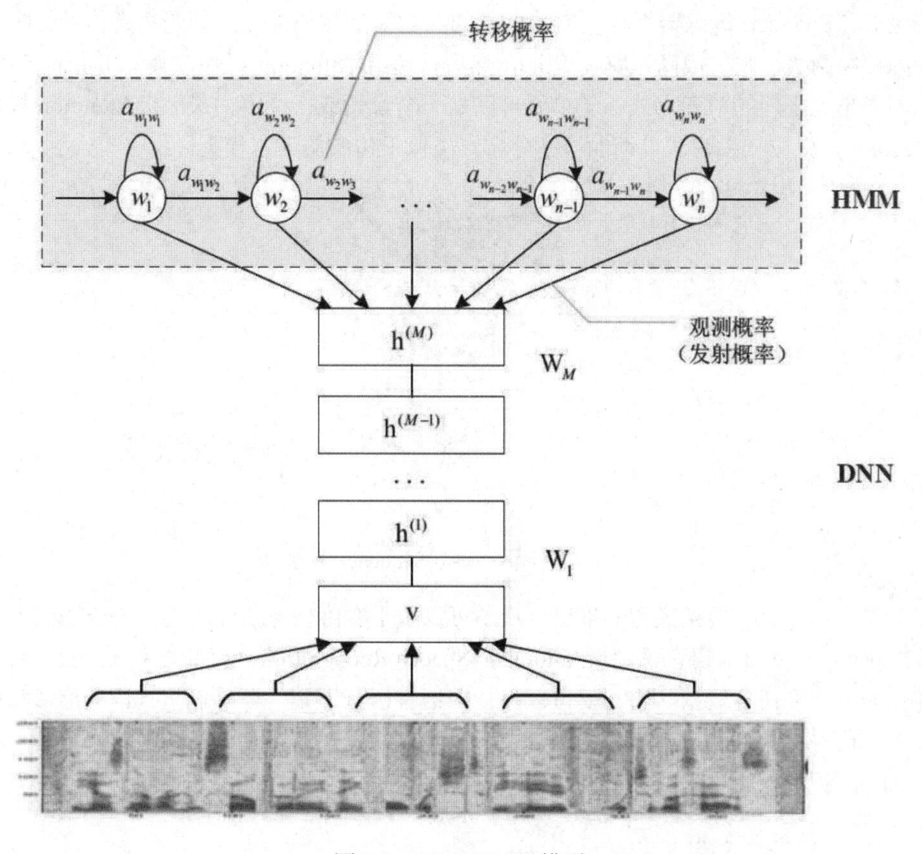

图 1-3　DNN-HMM 模型

简单来说，DNN 就是给出输入的一串特征所对应的状态概率。由于语音信号是连续的，不仅各个音素、音节以及词之间没有明显的边界，各个发音单位还会受到上下文的影响。虽然拼帧可以增加上下文信息，但对于语音来说还是不够。而递归神经网络（Recurrent Neural Network，RNN）的出现可以记住更多历史信息，更有利于对语音信号的上下文信息进行建模。

1.3.3　基于深度学习的端到端语音识别时代

随着深度学习的发展，语音识别由 DNN-HMM 时代发展到基于深度学习的“端到端”时代，这个时代的主要特征是代价函数发生了变化，但基本的模型结构并没有太大变化。总体来说，端到端技术解决了输入序列长度远大于输出序列长度的问题。

采用 CTC 作为损失函数的声学模型序列不需要预先将数据对齐，只需要一个输入序列和一个输出序列就可以进行训练。CTC 关心的是预测输出的序列是否和真实的序列相近，而不关心预测输出的序列中每个结果在时间点上是否和输入的序列正好对齐。CTC 建模单元是音素或者字，因此它引入了 Blank。对于一段语音，CTC 最后输出的是尖峰的序列，尖峰的位置对应建模单元的 Label，其他位置都是 Blank。

Sequence-to-Sequence 方法原来主要应用于机器翻译领域。2017 年，Google 将其应用于语音识别领域，取得了非常好的效果，将词错误率降低至 5.6%。如图 1-4 所示，Google 提出的新系统框架由三部分组成：Encoder 编码器组件，它和标准的声学模型相似，输入的是语音信号的时频特征；经过一系列神经网络，映射成高级特征 henc，然后传递给 Attention 组件，其使用 henc 特征学习输入 x 和预测子单元之间的对齐方式，子单元可以是一个音素或一个字；最后，Attention 模块的输出传递给 Decoder，生成一系列假设词的概率分布，类似于传统的语言模型。

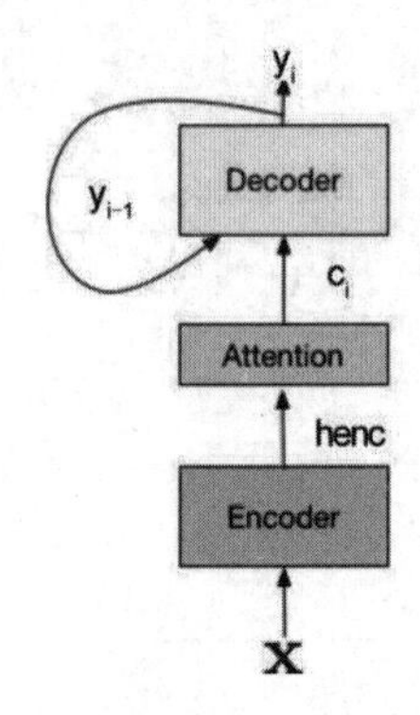

图 1-4　Sequence-to-Sequence 方法

而随着 Whisper 语音转换模型的推出开启了可以用于实际任务的端到端（Task End-to-End）的时代。Whisper 是一种自动语音识别（Automatic Speech Recognition，ASR）系统，旨在将语音转换为文本。作为一款多任务模型，它不仅可以执行多语言语音识别，还可以执行语音翻译和语言识别等任务。Whisper 采用了 Transformer 架构的编码器-解码器模型，使其在各种语音处理任务中表现出色。Whisper 模型架构如图 1-5 所示。

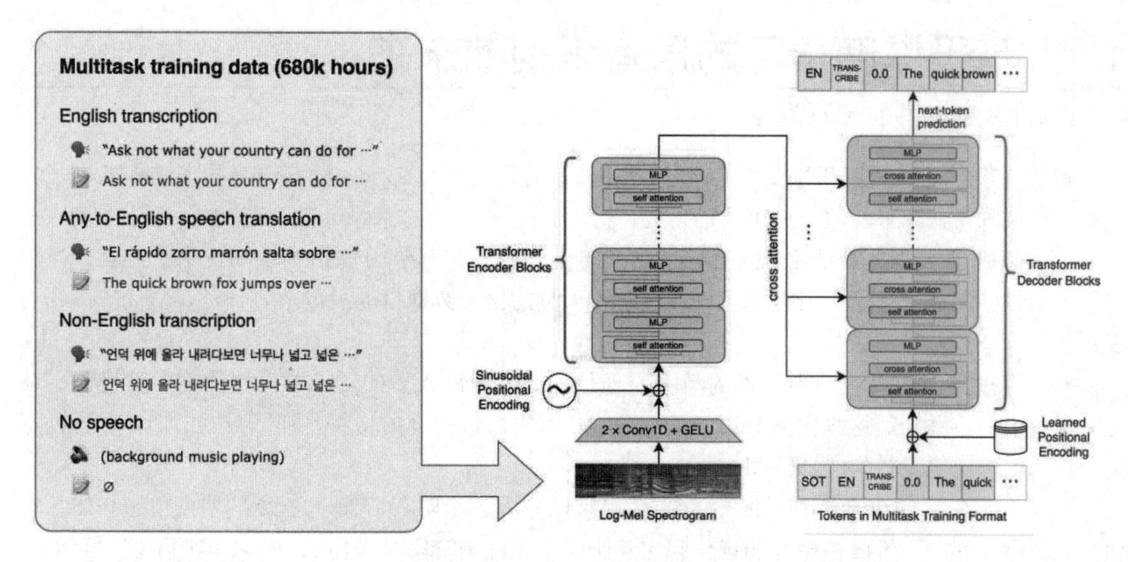

图 1-5　Whisper 模型架构

Whisper 的核心技术在于其端到端的架构。输入的语音首先被分成 30 秒的模块，然后转换为 log-Mel 频谱图，再通过编码器计算注意力，最后将数据传递给解码器。解码器被训练用来预测相应的文本，并添加特殊标记，用于执行诸如语言识别、多语言语音转录和英语语音翻译等任务。Whisper 还在 Transformer 模型中使用了多任务训练格式，利用一组特殊的令牌作为任务说明符或分类目标。Whisper 的优点在于其强大的语音识别能力，能够处理各种口音、背景噪声和技术语言。

随着端到端技术的突破，深度学习模型不再需要对音素内部状态的变化进行描述，而是将语音识别的所有模块统一成神经网络模型，使语音识别朝着更简单、更高效、更准确的方向发展。

1.3.4　多模态架构的语音识别与转换

近年来，随着人们对人工智能领域和深度学习技术的认识不断加强，多模态模型在语音和文本转换之间发挥了至关重要的作用，架起了两者之间的桥梁。这种模型的优势在于，它可以从多个模态中感知和理解事物，处理来自不同类型的数据信息，例如语音和上下文内容等。

多模态模型不仅可以应用于语音转换领域，还可以在其他领域中发挥重要作用。例如，在自然语言处理领域中，多模态模型可以结合语言、图像和语音等多种信息，实现更为准确的理解和生成任务。在语音转换领域，多模态模型可以结合多种临场情况和非目标语音特征提高转换和预测的准确性。

多模态模型的核心在于特征的融合。模型可以从每个输入数据中提取出特征向量，然后将这些特征向量融合成一个整体的特征输入。对于不同的数据类型，可以使用不同的模型进行特征提取。例如，对于图像数据，可以使用卷积神经网络提取特征；对于语音数据，可以使用注意力模型提取特征。

多模态语音转换模型是深度学习语音转换领域中的一个重要研究方向。这种模型相对于以往的人工智能系统更具创造性和协作性，拥有更为准确的语音辨识度和文本生成能力。通过结合多种模态的数据信息，多模态语音转换模型可以应付更加复杂的场景和语境，为未来的语音转换研究提供更为广阔的发展空间。

1.4 基于深度学习的语音识别的未来

基于深度学习的语音识别是当前人工智能领域的研究热点之一。随着语音技术的不断发展，语音识别技术将在未来扮演更加重要的角色。

语音识别技术的发展已经有几十年的历史，但是基于深度学习的语音识别技术在近年来才取得了突破性的进展。深度学习技术可以通过学习大量的语音数据自动提取语音特征，从而提高语音识别的准确率和鲁棒性。

基于深度学习的语音识别技术的基本原理是，通过训练大量的语音数据让深度学习模型自动提取语音特征，并利用这些特征对语音进行分类。其中，最关键的步骤是训练数据的选择和预处理、模型结构的确定以及模型的训练和优化。

基于深度学习的语音识别技术的发展历程可以分为三个阶段：第一个阶段是模型的初步探索和验证阶段；第二个阶段是模型的优化和完善阶段；第三个阶段是模型的应用和推广阶段。目前，基于深度学习的语音识别技术已经广泛应用于语音助手、智能客服、智能家居、汽车电子等领域，未来还将继续拓展应用领域。

基于深度学习的语音识别技术的优点在于，它可以自动提取语音特征，提高语音识别的准确率和鲁棒性。同时，深度学习技术还可以通过对语音数据的分析和挖掘发现更多的语音信息，为语音识别提供更多的可能性。但是，该技术也存在一些缺点，例如对语音数据的依赖性较高、模型的可解释性较差等。

随着人工智能技术的不断发展，基于深度学习的语音识别技术也将继续发展。未来，基于深度学习的语音识别技术将更加注重情感识别、语义识别等高级应用的研究。同时，随着自然语言处理技术的不断发展，基于深度学习的语音识别技术将更加注重与自然语言处理的结合，实现更加智能的语音交互。此外，基于深度学习的语音识别技术还将促进多模态信息融合技术的发展，将语音识别与其他信息来源进行结合，提高语音识别的准确率和鲁棒性。

基于深度学习的语音识别技术是当前人工智能领域的研究热点之一，其未来的发展前景广阔。同时，随着自然语言处理技术和多模态信息融合技术的发展，基于深度学习的语音识别技术还将实现更加智能的语音交互，为人们的生活和工作带来更多的便利和价值。

1.5 本章小结

本章介绍了语音识别的发展历程，以及在各个不同时期语音识别与语音转换的技术方案和解决实际问题的方法。可以看到，随着科技的进步，研究者和从业者会使用越来越先进的技术和方法来解决实践中遇到的问题和困难。

从下一章开始将引领读者完成基于深度学习框架 PyTorch 2.0 的多模态语音识别之路。在这个学习过程中，读者将了解深度学习的基本原理以及 PyTorch 2.0 框架的使用方法，使读者从零开始逐渐掌握目前前沿的多模态语音文本转换方法。

第2章 PyTorch 2.0 深度学习环境搭建

工欲善其事，必先利其器。第1章介绍了 PyTorch 与深度学习神经网络之间的关系，本章开始正式进入 PyTorch 2.0 的学习。

首先我们需要知道，无论是构建深度学习应用程序，还是应用已完成训练的项目到某个具体的项目中，都需要使用编程语言完成设计者的目的，在本书中使用 Python 作为开发的基本语言。

Python 在深度学习领域中被广泛采用，这得益于许多第三方提供的集成了大量科学计算库的 Python 安装工具，其中最常用的是 Miniconda。Python 是一种脚本语言，如果不使用 Miniconda，那么第三方库的安装可能会变得相当复杂，同时各个库之间的依赖性也很难得到妥善的处理。因此，为了简化安装过程并确保库之间的良好配合，推荐安装 Miniconda 来替代原生的 Python。

本章首先介绍 Miniconda 和 PyCharm 的安装，之后将完成一个基于特征词的语音唤醒项目，帮助读者了解完整的 PyTorch 项目实现过程。

2.1 环境搭建1：安装 Python

2.1.1 Miniconda 的下载与安装

1. 下载和安装

（1）通过百度访问 Miniconda 官方网站，如图2-1所示。按页面左侧菜单提示进入下载页面。

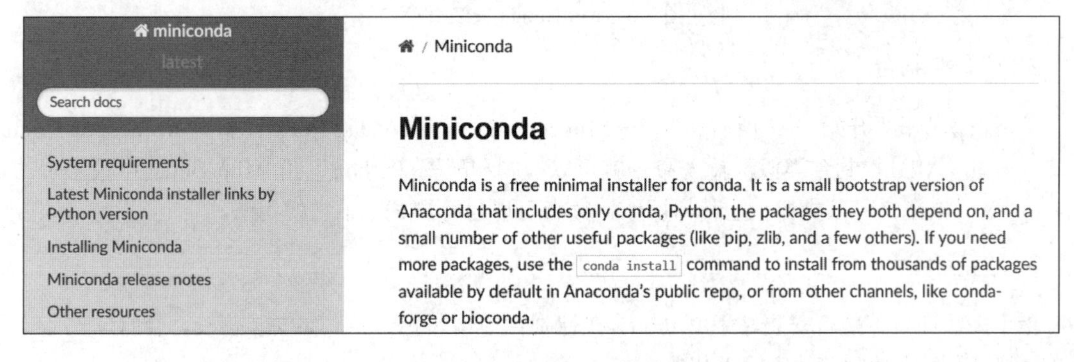

图2-1 Miniconda 下载页面

（2）下载页面如图2-2所示，可以看到官方网站支持不同 Python 版本的 Miniconda。我们根据自己的操作系统选择相应的 Miniconda 下载即可。这里推荐使用 Windows Python 3.9 版本，相对于更高版本，3.9 版本经过一段时间的使用具有一定的稳定性。当然，读者也可根据自己的喜好选择。

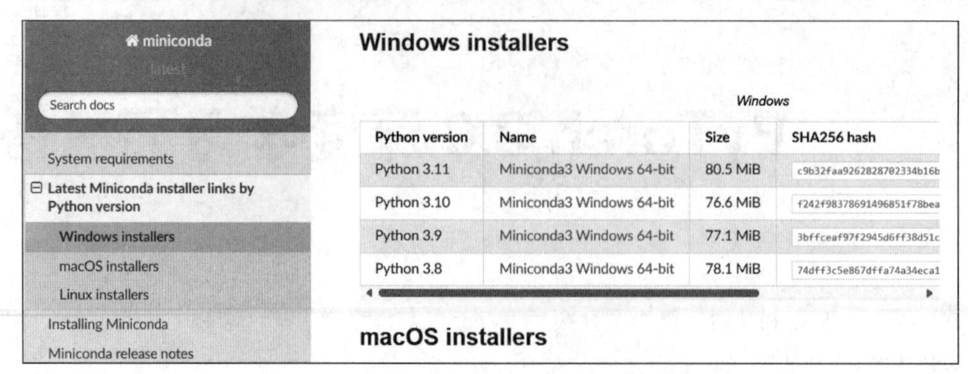

图 2-2 Miniconda 在官方网站提供的下载

注意：建议读者选择 Python 3.9 的版本，方便后面与 PyTorch 2.0.1 GPU、CUDA 11.8 版本配合起来使用。如果想使用其他更高版本的配合方式，请参考 PyTorch 官方文档确认。

（3）下载完成后，得到的文件是 EXE 版本，直接运行即可进入安装过程，安装目录选择默认的目录即可。安装完成后，出现如图 2-3 所示的目录结构，说明安装正确。

› 此电脑 › 本地磁盘 (C:) › miniforge3

名称	修改日期	类型
condabin	2021/8/6 16:11	文件夹
conda-meta	2022/12/12 10:07	文件夹
DLLs	2021/8/6 16:11	文件夹
envs	2021/8/6 16:11	文件夹
etc	2021/11/16 16:55	文件夹
include	2021/8/6 16:11	文件夹
Lib	2022/1/13 14:46	文件夹

图 2-3 Miniconda 安装目录

2. 打开控制台

之后依次单击“开始”→“所有程序”→Miniconda3→Miniconda Prompt，打开 Miniconda Prompt 窗口，它与 CMD 控制台类似，输入命令就可以控制和配置 Python。在 Miniconda 中最常用的是 conda 命令，该命令可以执行一些基本操作，读者可以自行测试一下它的用法。

3. 验证Python

接下来验证一下是否安装好了 Python。在控制台中输入 python，如安装正确，会打印出版本号以及控制符号。在控制符号下输入代码：

```
print("hello Python")
```

输出结果如图 2-4 所示。

```
(base) C:\Users\xiaohua>python
Python 3.9.10 | packaged by conda-forge | (main, Feb  1 2022, 21:22:07) [MSC v.1929 64 bit
Type "help", "copyright", "credits" or "license" for more information.
>>> print("hello")
hello
>>>
```

图 2-4　验证 Miniconda Python 安装成功

4. 使用pip命令

使用 Miniconda 工具包的好处在于，它能帮助我们安装和使用大量的第三方类库并能维护相互建的依赖关系。查看已安装的第三方类库的代码如下：

```
pip list
```

注意：如果此时命令行还在>>>状态，可以输入 exit()退出。

在 Miniconda Prompt 控制台输入 pip list，结果如图 2-5 所示。

```
PS C:\Users\xiayu> pip list
Package                       Version
----------------------------- ---------------
absl-py                       1.4.0
aiohttp                       3.7.4.post0
aiosignal                     1.3.1
ansicon                       1.89.0
antlr4-python3-runtime        4.9.3
anyio                         3.7.0
appdirs                       1.4.4
arrow                         1.2.3
asttokens                     2.2.1
astunparse                    1.6.3
async-timeout                 3.0.1
attention                     5.0.0
```

图 2-5　列出已安装的第三方类库

Miniconda 中使用 pip 进行操作的方法还有很多，其中最重要的是安装第三方类库，命令如下：

```
pip install name
```

这里的 name 是需要安装的第三方类库名，假设需要安装 NumPy 包（这个包已经安装过），那么输入的命令就是：

```
pip install numpy
```

结果如图 2-6 所示。

```
PS C:\Users\xiayu> pip install numpy
Collecting numpy
  Obtaining dependency information for numpy from https://files.pythonhoste
d.org/packages/df/18/181fb40f03090c6fbd061bb8b1f4c32453f7c602b0dc7c08b307ba
ca7cd7/numpy-1.25.2-cp39-cp39-win_amd64.whl.metadata
  Using cached numpy-1.25.2-cp39-cp39-win_amd64.whl.metadata (5.7 kB)
Using cached numpy-1.25.2-cp39-cp39-win_amd64.whl (15.6 MB)
Installing collected packages: numpy
Successfully installed numpy-1.25.2
```

图 2-6　列出已安装的第三方类库

使用 Miniconda 工具包的一个好处是默认安装了大部分学习所需的第三方类库，这样可以避免我们在安装和使用某个特定的类库时，出现依赖类库缺失的情况。

2.1.2 PyCharm 的下载与安装

和其他编程语言类似，Python 程序的编写可以使用 Windows 自带的控制台。但是这种方式对于较为复杂的程序工程来说，容易混淆相互之间的层级和交互文件，因此在编写程序工程时，建议使用专用的 Python 编译器 PyCharm。

1. PyCharm的下载和安装

（1）进入 PyCharm 官网主页，单击 Download 图标，进入下载页面，页面上可以选择下载收费的专业版或者免费的社区版。这里我们选择免费的社区版，如图 2-7 所示。

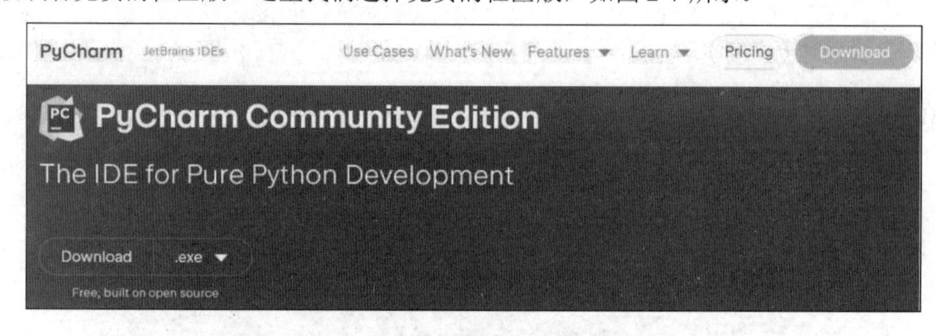

图 2-7　选择 PyCharm 的免费版

（2）下载下来的安装文件名为 pycharm-community-2023.3.exe。双击运行后进入安装界面，如图 2-8 所示。直接单击 Next 按钮，进入下一个安装界面。

（3）如图 2-9 所示，在安装 PyCharm 的过程中需要确定相关的配置选项，这里建议读者把窗口上的检查框都选中，再单击 Next 按钮，进入下一步安装。

图 2-8　安装界面

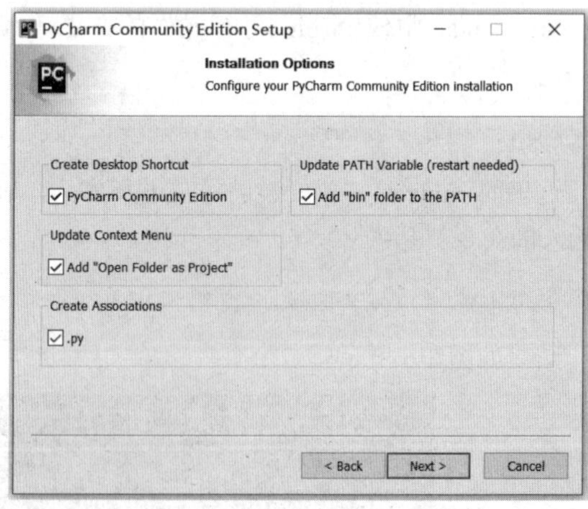

图 2-9　选中所有的检查框

（4）中间安装过程比较简单，按提示单击 Next 按钮安装即可。安装完成后，单击 Finish 按钮退出安装向导，如图 2-10 所示。

图 2-10　安装完成

2. 使用PyCharm创建程序

（1）单击桌面上新生成的PC图标进入 PyCharm 程序界面，首先是第一次启动的定位，如图 2-11 所示。这里是对程序存储的定位，一般建议选择第 2 个 Do not import settings。

（2）单击 OK 按钮后进入 PyCharm 配置窗口，如图 2-12 所示。

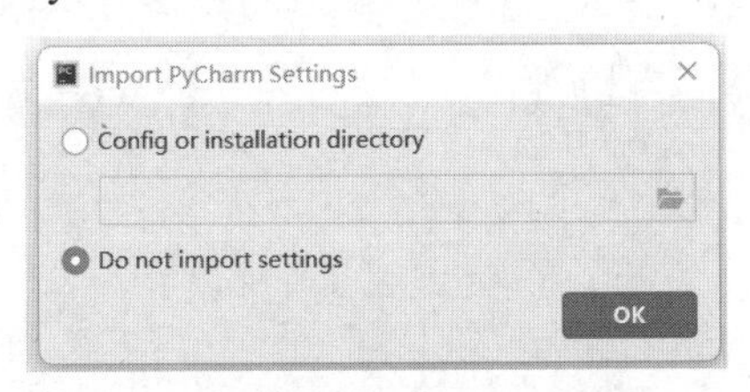

图 2-11　由 PyCharm 自动指定

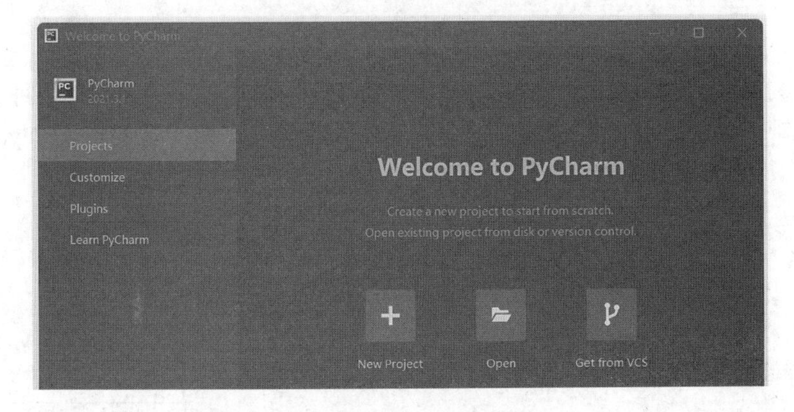

图 2-12　界面配置

（3）在配置窗口可以对 PyCharm 的界面进行配置，选择自己喜欢的使用风格。如果对其不熟悉，直接使用默认配置即可，如图 2-13 所示。

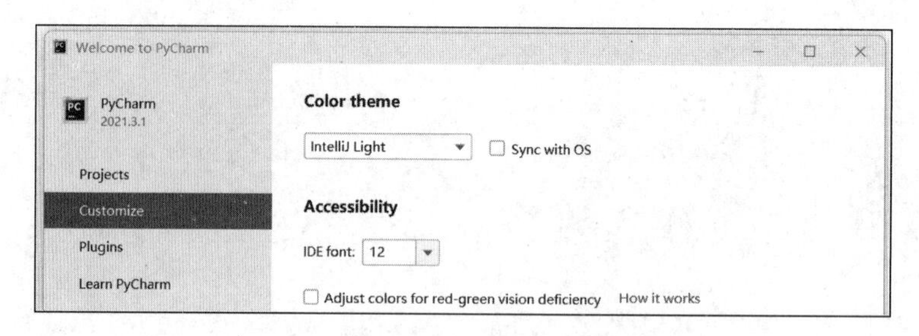

图 2-13　对 PyCharm 的界面进行配置

（4）在如图 2-12 所示的界面上，单击 New Project 创建一个新项目 jupyter_book，如图 2-14 所示。

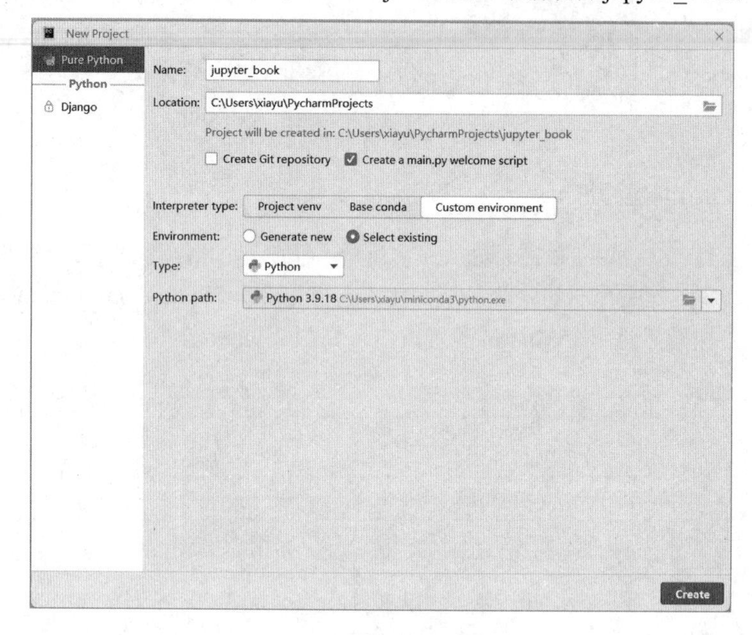

图 2-14　创建一个新的工程

单击 Create 按钮，新建一个 PyCharm 项目，如图 2-15 所示。之后右击新建的项目名 jupyter_book，选择 New 菜单项，可以在本项目下创建目录、Python 文件等。比如，选择 New→Python File 菜单，新建一个 helloworld.py 文件，并输入一条简单的打印代码，内容如图 2-16 所示。

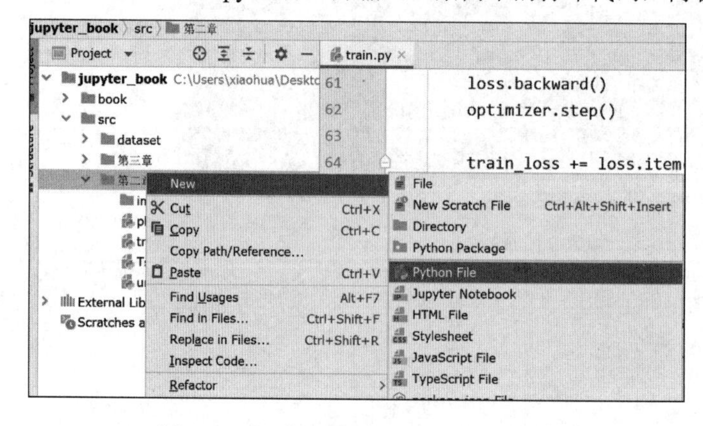

图 2-15　新建一个 PyCharm 的工程文件

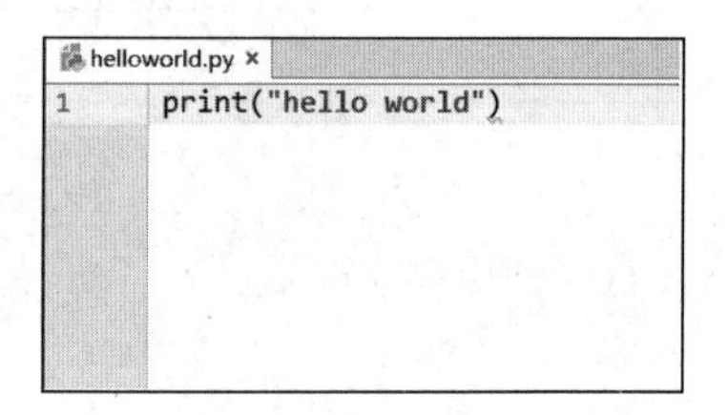

图 2-16　helloworld.py

输入代码后，单击菜单栏的 Run→run…运行代码，或者直接右击 helloworld.py 文件名，在弹出的快捷菜单中选择 run。如果成功输出 hello world，那么恭喜你，Python 与 PyCharm 的配置就顺利完成了。读者可以尝试把本书配套的示例代码作为项目加入 PyCharm 中调试和运行。

2.1.3　Python 代码小练习：计算 softmax 函数

对于 Python 科学计算来说，一个简单的想法是将数学公式直接表达成程序语言，可以说，Python 满足了这个想法。本小节将使用 Python 实现和计算一个深度学习中最为常见的函数——softmax 函数。至于这个函数的作用，现在不加以说明，只是带领读者尝试实现其程序的编写。

softmax 计算公式如下：

$$S_i = \frac{e^{V_i}}{\sum_0^j e^{V_i}}$$

其中，V_i是长度为 j 的数列 V 中的一个数，代入 softmax 的结果其实就是先对每一个 V_i取以 e 为底的指数计算变成非负，然后除以所有项之和进行归一化，之后每个 V_i 就可以解释成：在观察到的数据集类别中，特定的 V_i属于某个类别的概率，或者称作似然（Likelihood）。

提示： softmax 用以解决概率计算中概率结果大而占绝对优势的问题。例如，函数计算结果中的两个值 a 和 b，且 a>b，如果简单地以值的大小为单位衡量的话，那么在后续的使用过程中，a 永远被选用，而 b 由于数值较小而不会被选择，但是有时候也需要使用数值较小的 b，softmax 就可以解决这个问题。

softmax 按照概率选择 a 和 b，由于 a 的概率值大于 b，在计算时 a 经常会被取得，而 b 由于概率较小，取得的可能性也较小，但是也有概率被取得。

softmax 公式的代码如下：

```
 #演示的是 softmax 函数，目标是让读者熟悉 Python 程序设计
 import numpy
 def softmax(inMatrix):
m,n = numpy.shape(inMatrix)
outMatrix = numpy.mat(numpy.zeros((m,n)))
soft_sum = 0
for idx in range(0,n):
   outMatrix[0,idx] = math.exp(inMatrix[0,idx])
   soft_sum += outMatrix[0,idx]
for idx in range(0,n):
   outMatrix[0,idx] = outMatrix[0,idx] / soft_sum
return outMatrix
```

可以看到，当传入一个数列后，分别计算每个数值对应的指数函数值，之后将其相加后计算每个数值在数值和中的概率。

```
a = numpy.array([[1,2,1,2,1,1,3]])
```

结果请读者自行打印验证。

2.2 环境搭建 2：安装 PyTorch 2.0

Python 运行环境调试完毕后，下面的重点就是安装本书的主角——PyTorch 2.0。如果没有 GPU 显卡，从 CPU 版本的 PyTorch 开始深度学习之旅是完全可以的，但却不是推荐的方式。相对于 GPU 版本的 PyTorch 来说，CPU 版本的运行速度存在着极大的劣势，很有可能会让你的深度学习止步于前。

PyTorch 2.0 CPU 版本的安装命令如下：

```
pip install numpy --pre torch==2.0.1 torchvision torchaudio --force-reinstall
--extra-index-url https://download.pytorch.org/whl/nightly/cpu
```

2.2.1 Nvidia 10/20/30/40 系列显卡选择的 GPU 版本

由于 40 系列显卡的推出，目前市场上会有 Nvidia 10、20、30、40 系列显卡并存的情况。对于需要调用专用编译器的 PyTorch 来说，不同的显卡需要安装不同的依赖计算包，在此总结了不同显卡的 PyTorch 版本以及 CUDA 和 cuDNN 的对应关系，如表 2-1 所示。

表 2-1　Nvidia 10/20/30/40 系列显卡的版本对比

显卡型号	PyTorch GPU 版本	CUDA 版本	cuDNN 版本
10 系列及以前	PyTorch 2.0 以前的版本	11.1	7.65
20/30/40 系列	PyTorch 2.0 向下兼容	11.6+	8.1+

这里主要是显卡运算库 CUDA 与 cuDNN 版本的搭配。在 10 系列版本的显卡上，建议优先使用 2.0 版本以前的 PyTorch。在 20/30/40 系列显卡上使用 PyTorch 时，可以参考官方网站 https://developer.nvidia.com/rdp/cudnn-archive，按照本机安装的 CUDA 版本选择相应的 cuDNN 版本进行搭配。比如：

- cuDNN v8.9.6 (November 1st, 2023), for CUDA 12.x
- cuDNN v8.9.6 (November 1st, 2023), for CUDA 11.x
- cuDNN v8.9.5 (October 27th, 2023), for CUDA 12.x
- cuDNN v8.9.5 (October 27th, 2023), for CUDA 11.x

下面以 PyTorch 2.0 为例，演示完整的 CUDA 和 cuDNN 的安装步骤，不同的版本安装过程基本一致，只是需要注意一下软件版本之间的搭配问题。

2.2.2 PyTorch 2.0 GPU Nvidia 运行库的安装

本小节讲解 PyTorch 2.0 GPU 版本的前置软件的安装。对于 GPU 版本的 PyTorch 来说，由于调用了 NVIDA 显卡作为其代码运行的主要工具，因此额外需要 NVIDA 提供的运行库作为运行基础。

我们选择 PyTorch 2.0 版本进行讲解。对于 PyTorch 2.0 的安装来说，最好的方法是根据官方网站提供的安装命令进行安装，具体参考官方网站文档 https://pytorch.org/get-started/previous-versions/。从页面上可以看到，针对 Windows 版本的 PyTorch 2.0 官方网站提供了几种安装模式，分别对应

CUDA 11.7、CUDA 11.8 和 CPU only。使用 conda 安装的命令如下：

```
    # CUDA 11.7
    conda install pytorch==2.0.1 torchvision==0.15.2 torchaudio==2.0.2 pytorch-cuda=11.7 -c pytorch -c nvidia
    # CUDA 11.8
    conda install pytorch==2.0.1 torchvision==0.15.2 torchaudio==2.0.2 pytorch-cuda=11.8 -c pytorch -c nvidia
    # CPU Only
    conda install pytorch==2.0.1 torchvision==0.15.2 torchaudio==2.0.2 cpuonly -c pytorch
```

使用 pip 直接安装的命令如下：

```
    # CUDA 11.7
    pip install torch==2.0.1 torchvision==0.15.2 torchaudio==2.0.2
    # CUDA 11.8
    pip install torch==2.0.1 torchvision==0.15.2 torchaudio==2.0.2 --index-url https://download.pytorch.org/whl/cu118
    # CPU only
    pip install torch==2.0.1 torchvision==0.15.2 torchaudio==2.0.2 --index-url https://download.pytorch.org/whl/cpu
```

下面我们以 CUDA 11.8+cuDNN 8.9 为例讲解安装的方法。

（1）CUDA 的安装，在百度搜索 CUDA 11.8 download，进入官方网站下载页面，选择适合的操作系统安装方式（推荐使用 exe(local)本地化安装方式），如图 2-17 所示。

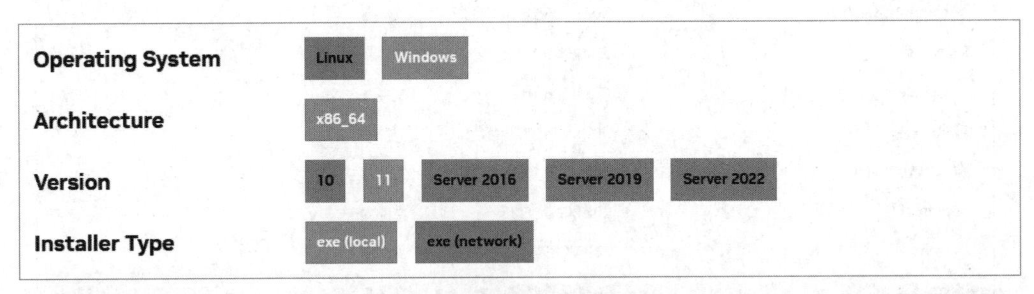

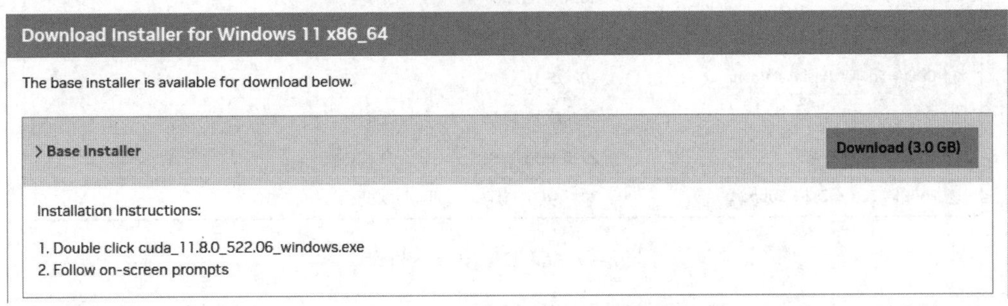

图 2-17　CUDA 11.8 下载页面

此时下载下来的是一个 EXE 文件，读者自行安装，不要修改其中的路径信息，完全使用默认路径安装即可。

（2）下载和安装对应的 cuDNN 文件。cuDNN 的下载需要先注册一个用户，相信读者可以很快完成，之后直接进入下载页面，如图 2-18 所示。注意：不要选择错误的版本，一定要找到对应 CUDA 的版本号。另外，如果使用的是 Windows 64 位的操作系统，需要下载 x86_64 版本的 cuDNN。

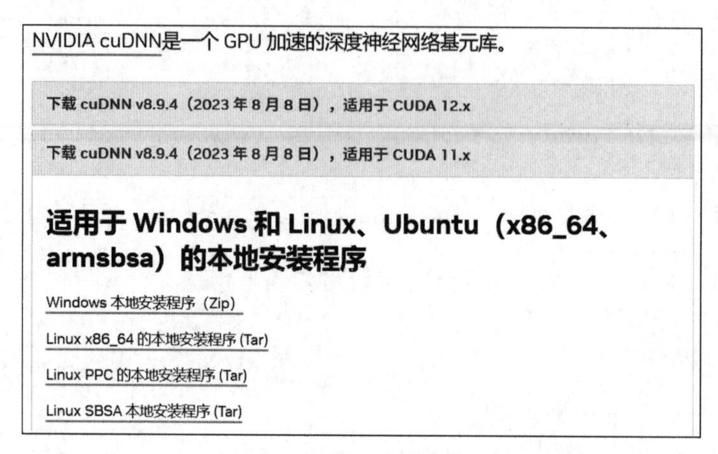

图 2-18　cuDNN 8.9.4 下载页面

（3）下载的 cuDNN 是一个压缩文件，将其解压并把其所有的目录复制到 CUDA 安装主目录中（直接覆盖原来的目录），CUDA 安装主目录如图 2-19 所示。

名称	修改日期	类型	大小
bin	2021/8/6 16:27	文件夹	
compute-sanitizer	2021/8/6 16:26	文件夹	
extras	2021/8/6 16:26	文件夹	
include	2021/8/6 16:27	文件夹	
lib	2021/8/6 16:26	文件夹	
libnvvp	2021/8/6 16:26	文件夹	
nvml	2021/8/6 16:26	文件夹	
nvvm	2021/8/6 16:26	文件夹	
src	2021/8/6 16:26	文件夹	
tools	2021/8/6 16:26	文件夹	
CUDA_Toolkit_Release_Notes	2020/9/16 13:05	TXT 文件	16 KB
DOCS	2020/9/16 13:05	文件	1 KB
EULA	2020/9/16 13:05	TXT 文件	61 KB
NVIDIA_SLA_cuDNN_Support	2021/4/14 21:54	TXT 文件	23 KB

图 2-19　CUDA 安装主目录

（4）接下来确认一下 PATH 环境变量，这里需要将 CUDA 运行路径加载到环境变量的 PATH 路径中。安装 CUDA 时，安装向导能自动加入这个环境变量值，确认一下即可，如图 2-20 所示。

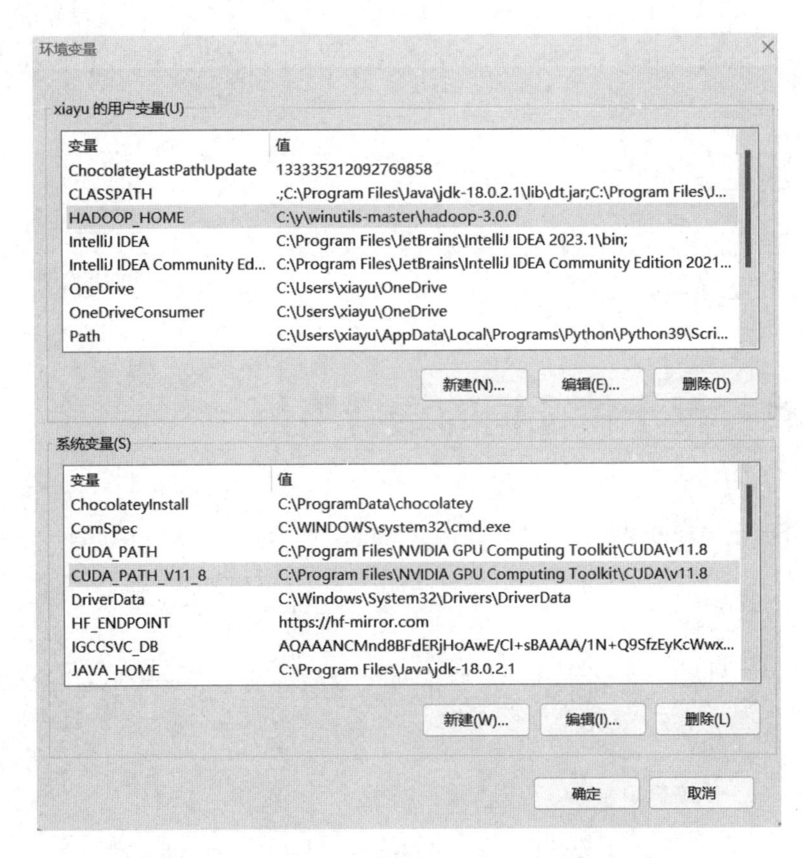

图 2-20　将 CUDA 路径加载到环境变量的 path 中

（5）最后完成 PyTorch 2.0 GPU 版本的安装，只需要在终端窗口中执行本小节开始给出的 PyTorch 安装命令即可。

2.2.3　PyTorch 2.0 小练习：Hello PyTorch

恭喜读者，至此已经完成了 PyTorch 2.0 的安装。打开 CMD 窗口，执行 python 命令进入交互模式，在窗口中输入如下代码，可以验证安装是否成功：

```
#验证安装 PyTorch
import torch
result = torch.tensor(1) + torch.tensor(2.0)
result
```

结果如图 2-21 所示。

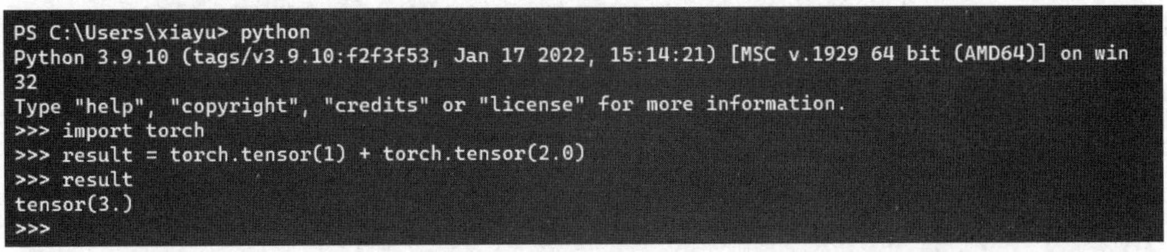

```
PS C:\Users\xiayu> python
Python 3.9.10 (tags/v3.9.10:f2f3f53, Jan 17 2022, 15:14:21) [MSC v.1929 64 bit (AMD64)] on win
32
Type "help", "copyright", "credits" or "license" for more information.
>>> import torch
>>> result = torch.tensor(1) + torch.tensor(2.0)
>>> result
tensor(3.)
>>>
```

图 2-21　验证安装是否成功

或者使用 PyCharm 打开本书示例项目，在第 2 章目录下新建一个 hello_pytorch.py 文件，输入如下代码：

```
#验证安装 PyTorch
import torch
result = torch.tensor(1) + torch.tensor(2.0)
print(result)
```

最终结果请读者自行验证。

2.3 实战：基于特征词的语音唤醒

本章前面介绍了纯理论知识，目的是阐述语音识别的方法。接着搭建了开发环境，让读者可以动手编写代码。下面以识别特定词为例，使用深度学习方法和Python语言实现一个实战项目——基于特征词的语音唤醒。

说明：本例的目的是演示一个语音识别的 Demo。如果读者已经安装开发环境，可以直接复制代码运行；如果没有，可学习完本章后再回头练习。我们会在本节中详细介绍每一步的操作过程和设计方法。

2.3.1 数据的准备

深度学习的第一步（也是重要的步骤）是数据的准备。数据的来源多种多样，既有不同类型的数据集，也有根据项目需求由项目组自行准备的数据集。由于本例的目的是识别特定词语而进行语音唤醒，因此采用一整套专门的语音命令数据集 SpeechCommands，我们可以使用 PyTorch 专门的下载代码获取完整的数据集，代码如下：

```
#直接下载 PyTorch 数据库的语音文件
from torchaudio import datasets

datasets.SPEECHCOMMANDS(
    root="./dataset",                    # 保存数据的路径
    url='speech_commands_v0.02',         # 下载数据版本 URL
    folder_in_archive='SpeechCommands',
    download=True                        # 这个记得选 True
)
```

SpeechCommands 的数据量约为 2GB，等待下载完毕后，可以在下载路径中查看下载的数据集，如图 2-22 所示。

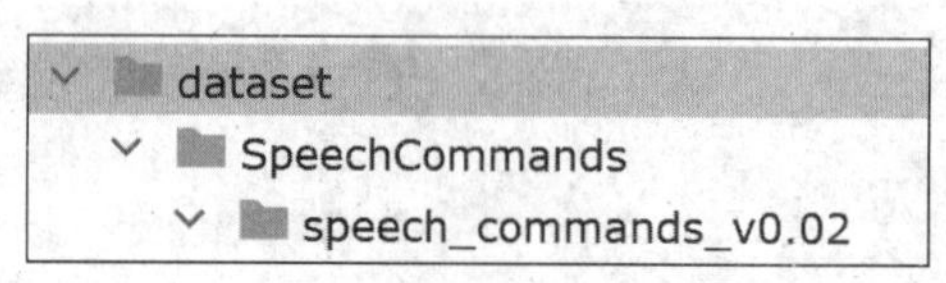

图 2-22 下载的数据集

打开数据集可以看到，根据不同的文件夹名称，其中内部被分成了 40 个类别，每个类别以名称命名，包含符合该文件名的语音发音，如图 2-23 和图 2-24 所示。

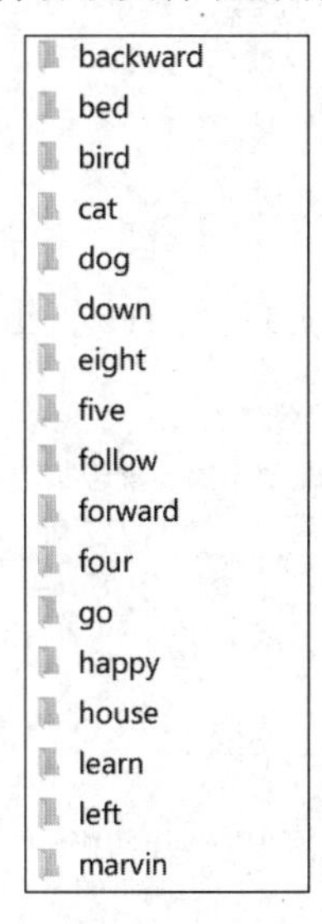

图 2-23　SpeechCommands 数据集

```
00b01445_nohash_0
00f0204f_nohash_0
00f0204f_nohash_1
00f0204f_nohash_2
00f0204f_nohash_3
0a7c2a8d_nohash_0
0a7c2a8d_nohash_1
0a9f9af7_nohash_0
0a9f9af7_nohash_1
0a9f9af7_nohash_2
0a396ff2_nohash_0
0a5636ca_nohash_0
0a196374_nohash_0
0ac15fe9_nohash_0
```

图 2-24　特定文件夹内部的内容

可以看到，根据文件名对每个发音进行归类，其中包含：

- 训练集包含51088个WAV语音文件。
- 验证集包含6798个WAV语音文件。
- 测试集包含6835个WAV语音文件。

读者可以使用计算机自带的语音播放程序试听部分语音。

2.3.2　数据的处理

下面开始进入这个语音识别 Demo 的代码实现部分。相信读者已经试听过部分语音内容，摆在读者面前的第一个难题是，如何将语音转换成计算机可以识别的信号。

梅尔频率是基于人耳听觉特性提出来的，它与 Hz 频率呈非线性对应关系。梅尔频率倒谱系数（Mel-Frequency Cepstral Coefficients，MFCC）则是利用它们之间的这种关系计算得到的 Hz 频谱特征，主要用于语音数据特征提取和降低运算维度。例如，对于一帧有 512 维（采样点）的数据，经过 MFCC 后可以提取出最重要的 40 维（一般而言），数据同时也达到了降维的目的。

这里，我们将 MFCC 理解成使用一个“数字矩阵”来替代一段语音即可。计算 MFCC 实际上是一个烦琐的任务，需要使用专门的类库来实现对语音 MFCC 的提取，代码处理如下：

【程序2-1】

```
import os
import numpy as np

#获取文件夹中所有的文件地址
def list_files(path):
```

```
    files = []
    for item in os.listdir(path):
        file = os.path.join(path, item)
        if os.path.isfile(file):
            files.append(file)
    return files

# 这里是一个对单独序列的 cut 或者 pad 的操作
# 这里输入的 y 是一个一维的序列，将输入的一维序列 y 拉伸或者裁剪到 length 长度
def crop_or_pad(y, length, is_train=True, start=None):
    if len(y) < length:      #对长度进行判断
        y = np.concatenate([y, np.zeros(length - len(y))])  #若长度过短则进行补
全操作

        n_repeats = length // len(y)
        epsilon = length % len(y)
        y = np.concatenate([y] * n_repeats + [y[:epsilon]])

    elif len(y) > length:    #对长度进行判断，若长度过长，则进行裁剪操作
        if not is_train:
            start = start or 0
        else:
            start = start or np.random.randint(len(y) - length)

        y = y[start:start + length]
    return y

import librosa as lb
# 计算梅尔频率图
def compute_melspec(y, sr, n_mels, fmin, fmax):
    """
    :param y:传入的语音序列，每帧的采样
    :param sr: 采样率
    :param n_mels: 梅尔滤波器的频率倒谱系数
    :param fmin: 短时傅里叶变换(STFT)的分析范围 min
    :param fmax: 短时傅里叶变换(STFT)的分析范围 max
    :return:
    """
    # 计算 Mel 频谱图的函数
    melspec = lb.feature.melspectrogram(y=y, sr=sr, n_mels=n_mels, fmin=fmin,
fmax=fmax)  # (128, 1024) 这个是输出一个声音的频谱矩阵
    # Python 中用于将语音信号的功率值转换为分贝(dB)值的函数
    melspec = lb.power_to_db(melspec).astype(np.float32)
    return melspec

# 对输入的频谱矩阵进行正则化处理
def mono_to_color(X, eps=1e-6, mean=None, std=None):
    mean = mean or X.mean()
    std = std or X.std()
    X = (X - mean) / (std + eps)
```

```
    _min, _max = X.min(), X.max()

    if (_max - _min) > eps:      #对越过阈值的内容进行处理
        V = np.clip(X, _min, _max)
        V = 255. * (V - _min) / (_max - _min)
        V = V.astype(np.uint8)
    else:
        V = np.zeros_like(X, dtype=np.uint8)
    return V

#创建语音特征矩阵
def audio_to_image(audio, sr, n_mels, fmin, fmax):
    #获取梅尔频率图
    melspec = compute_melspec(audio, sr, n_mels, fmin, fmax)
    #进行正则化处理
    image = mono_to_color(melspec)
    return image
```

使用创建好的 MFCC 生产函数获取特定语音的 MFCC 矩阵也很容易，代码如下：

```
import numpy as np
from torchaudio import datasets
import sound_untils
import soundfile as sf

print("开始数据处理")
target_classes = ["bed","bird","cat","dog","four"]

counter = 0
sr = 16000
n_mels = 128
fmin = 0
fmax = sr//2
file_folder = "./dataset/SpeechCommands/speech_commands_v0.02/"
labels = []
sound_features = []
for classes in target_classes:
    target_folder = file_folder + classes
    _files = sound_untils.list_files(target_folder)
    for _file in _files:
        audio, orig_sr = sf.read(_file, dtype="float32")  # 这里均值是 1308338,
0.8 中位数是 1730351，所以这里采用了中位数的部分
        audio = sound_untils.crop_or_pad(audio, length=orig_sr)  # 作者的想法是
把 audio 做一个整体输入，在这里所有的都做了输入
        image = sound_untils.audio_to_image(audio, sr, n_mels, fmin, fmax)
        sound_features.append(image)
        label = target_classes.index(classes)
        labels.append(label)
sound_features = np.array(sound_features)
print(sound_features.shape) #(11965, 128, 32)
```

```
print(len(labels))                    #(11965, 128, 32)
```

最终打印结果如下：

```
(11965,128,32)
11965
```

可以看到，根据作者设定的参数，特定路径指定的语音被转换成一个固定大小的矩阵，这也是根据前面超参数的设定而计算出的一个特定矩阵。有兴趣的读者可以将其打印出来并观察其内容。

2.3.3 模型的设计

对于深度学习而言，模型的设计是非常重要的步骤，由于本节的实战案例只是用于演示，因此采用了最简单的判别模型，实现代码如下（仅供读者演示，详细的内容在后续章节中介绍）：

【程序2-2】

```
#这里使用 ResNet 作为特征提取模型，仅供读者演示，详细的内容在后续章节中介绍
import torch

class ResNet(torch.nn.Module):
    def __init__(self,inchannels = 32):
        super(ResNet, self).__init__()
        #定义初始化神经网络层
        self.cnn_1 = torch.nn.Conv1d(inchannels,inchannels*2,3,padding=1)
        self.batch_norm = torch.nn.BatchNorm1d(inchannels*2)
        self.cnn_2 = torch.nn.Conv1d(inchannels*2,inchannels,3,padding=1)
        self.logits = torch.nn.Linear(128 * 32,5)

    def forward(self,x):
        #使用初始化定义的神经网络计算层进行计算
        y = self.cnn_1((x.permute(0, 2, 1)))
        y = self.batch_norm(y)
        y = y.permute(0, 2, 1)
        y = torch.nn.ReLU()(y)
        y = self.cnn_2((y.permute(0, 2, 1))).permute(0, 2, 1)
        output = x + y
        output = torch.nn.Flatten()(output)
        logits = self.logits(output)
        return logits

if __name__ == '__main__':
    image = torch.randn(size=(3,128,32))
    ResNet()(image)
```

上面代码中的 ResNet 类继承自 torch 中的 nn.Module 类，目的是创建一个可以运行的深度学习模型，并在 forward 函数中通过神经网络进行计算，最终将计算结果作为返回值返回。

2.3.4 模型的数据输入方法

接下来设定模型的数据输入方法。深度学习模型的每一步都需要数据内容的输入，但是，一般

情况下，由于计算硬件——显存的大小有限制，因此在输入数据时需要分步骤将数据一块一块地输入训练模型中。此处数据输入的实现代码如下：

【程序2-3】

```
#创建基于 PyTorch 的数据读取格式
import torch
class SoundDataset(torch.utils.data.Dataset):
    #初始化数据读取地址
    def __init__(self, sound_features = sound_features,labels = labels):

        self.sound_features = sound_features
        self.labels = labels

    def __len__(self):
        return len(self.labels)  #获取完整的数据集长度

    def __getitem__(self, idx):
        #对数据进行读取，在模板中每次读取一个序号指向的数据内容
        image = self.sound_features[idx]
        image = torch.tensor(image).float()      #对读取的数据进行类型转换

        label = self.labels[idx]
        label = torch.tensor(label).long()       #对读取的数据进行类型转换

        return image, label
```

在上面代码中，首先根据传入的数据在初始化时生成供训练使用的训练数据和对应的标签，之后的 getitem 函数建立了一个“传送带”，目的是源源不断地将待训练数据传递给训练模型，从而完成模型的训练。

2.3.5 模型的训练

对模型进行训练时，需要定义模型的一些训练参数，如优化器、损失函数、准确率以及训练的循环次数等。模型训练的实现代码如下（这里不要求读者理解，能够运行即可）：

【程序2-4】

```
import torch
from torch.utils.data import DataLoader, Dataset
from tqdm import tqdm

device = "cuda"

from sound_model import ResNet
sound_model = ResNet().to(device)

BATCH_SIZE = 32
LEARNING_RATE = 2e-5
```

```
    import get_data
    #导入数据集
    train_dataset = get_data.SoundDataset()
    #以 PyTorch 生成数据模板进行数据的读取和输出操作
    train_loader = (DataLoader(train_dataset,
batch_size=BATCH_SIZE,shuffle=True,num_workers=0))

    #PyTorch 中的优化器
    optimizer = torch.optim.AdamW(sound_model.parameters(), lr = LEARNING_RATE)
    #对学习率进行修正的函数
    lr_scheduler = torch.optim.lr_scheduler.CosineAnnealingLR(optimizer,T_max =
1600,eta_min=LEARNING_RATE/20,last_epoch=-1)
    #定义损失函数
    criterion = torch.nn.CrossEntropyLoss()

    for epoch in range(9):
        pbar = tqdm(train_loader,total=len(train_loader))
        train_loss = 0.
        for token_inp,token_tgt in pbar:
            #将数据传入硬件中
            token_inp = token_inp.to(device)
            token_tgt = token_tgt.to(device)
            #采用模型进行计算
            logits = sound_model(token_inp)
            #使用损失函数计算差值
            loss = criterion(logits, token_tgt)
            #计算梯度
            optimizer.zero_grad()
            loss.backward()
            optimizer.step()
            lr_scheduler.step()  # 执行优化器
            train_accuracy = ((torch.argmax(torch.nn.Softmax(dim=-1)(logits),
dim=-1) == (token_tgt)).type(torch.float).sum().item() / len(token_tgt))

            pbar.set_description(
                f"epoch:{epoch + 1}, train_loss:{loss.item():.4f},,
train_accuracy:{train_accuracy:.2f}, lr:{lr_scheduler.get_last_lr()[0] *
1000:.5f}")
```

上面代码完成了一个可以运行并持续对结果进行输出的训练模型，首先初始化模型的实例，之后建立数据的传递通道，而优化函数和损失函数也可以通过显式定义完成。

2.3.6　模型的结果和展示

在模型的结果展示中，我们使用epochs=9，即运行9轮对数据进行训练，结果如图2-25所示。

可以看到，经过9轮训练后，准确率达到了0.72%，这个成绩目前差强人意。提高模型准确率的方法有很多，例如采用更好的优化函数、变换损失函数的计算方式、增加训练次数、修正模型的设计、采用对比学习等。对于初学者来说，目前只需要掌握基本的流程即可。

```
开始数据处理
(11965, 128, 32)
11965
数据处理完毕~
epoch:1, train_loss:13.4581,, train_accuracy:0.45, lr:0.01755: 100%|██████████| 374/374 [00:03<00:00, 117.92it/s]
epoch:2, train_loss:7.6630,, train_accuracy:0.45, lr:0.01147: 100%|██████████| 374/374 [00:01<00:00, 294.65it/s]
epoch:3, train_loss:5.5695,, train_accuracy:0.62, lr:0.00489: 100%|██████████| 374/374 [00:01<00:00, 290.15it/s]
epoch:4, train_loss:5.5164,, train_accuracy:0.59, lr:0.00120: 100%|██████████| 374/374 [00:01<00:00, 301.74it/s]
epoch:5, train_loss:5.6408,, train_accuracy:0.55, lr:0.00230: 100%|██████████| 374/374 [00:01<00:00, 306.62it/s]
epoch:6, train_loss:4.5648,, train_accuracy:0.62, lr:0.00764: 100%|██████████| 374/374 [00:01<00:00, 313.19it/s]
epoch:7, train_loss:5.8655,, train_accuracy:0.48, lr:0.01444: 100%|██████████| 374/374 [00:01<00:00, 303.27it/s]
epoch:8, train_loss:6.4659,, train_accuracy:0.48, lr:0.01922: 100%|██████████| 374/374 [00:01<00:00, 307.03it/s]
epoch:9, train_loss:3.0568,, train_accuracy:0.72, lr:0.01950: 100%|██████████| 374/374 [00:01<00:00, 303.81it/s]
```

图 2-25　结果展示

2.4　本章小结

本章是PyTorch实战程序设计的开始，重点介绍了PyTorch程序设计的环境与基本软件的安装，演示了第一个基于 PyTorch 语音唤醒应用程序的整体设计过程，并结合审计过程介绍了部分模型组件（比如数据输入、数据处理、优化函数、损失函数等）。

实际上可以看到，深度学习应用程序的设计就是由一个个模型组件组合起来完成的，本书的后续章节会针对每个组件进行深入讲解。

第 3 章

音频信号处理的理论与 Python 实战

音频是语音构成的基础，本章开始将着重介绍音频信号处理的一些基础内容，音频处理的目标就是将原本不能分析的连续音频信号进行特征分解，从而提取到对目标结果有用的信号。

由于音频处理的特殊性，因此在计算上需要采用一些较为高级的处理方法来应对，特别是一些涉及微积分数值处理的算法，例如傅里叶变换及其衍生算法。

本章将主要讲解音频信号处理的一些基本理论和方法。由于涉及较多的高等数学、数字信号处理等方面的内容，本章可作为选学内容，读者自行决定是否学习。

3.1 音频信号的基本理论详解

音频信号的时域分析是指对信号在时间轴上的变化进行分析，常用的方法是波形图，即将信号的波形表示在时间轴上。通过时域分析，我们可以了解到音频信号的时间特征，例如声音的起伏、振幅、声音强度等。

频域分析则是将信号分解为不同频率的成分，常用的方法是傅里叶变换。通过频域分析，我们可以得到音频信号中各个频率成分的大小和相对位置，从而了解音频信号的频率特征。

3.1.1 音频信号的基本理论

音频信号是带有音频、音乐和音效的有规律的声波的频率、幅度变化的信息载体。根据声波的特征，可把音频信息分类为规则音频和不规则声音。其中规则音频又可以分为音频、音乐和音效。

规则音频是一种连续变化的模拟信号，可用一条连续的曲线来表示，称为声波。声音的三个要素是音调、音强和音色。声波或正弦波有三个重要参数：频率、幅度和相位，这也就决定了音频信号的特征。

频率、相位和幅值是三个重要的概念，它们在信号处理、电子工程通信等领域中都有着广泛的应用。频率是指信号中重复出现的周期性变化的次数，通常用赫兹（Hz）来表示。相位是指信号在一个周期内的位置，通常用角度或弧度来表示。幅值是指信号的振幅或大小，通常用伏特（V）或分贝（dB）来表示，如图 3-1 所示。

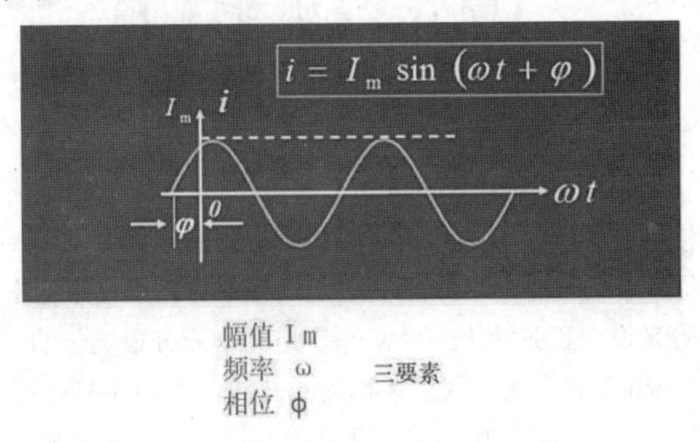

图 3-1 音频三要素

频率、相位和幅值之间有着密切的关系。在正弦波中，频率和相位决定了波形的形状，而幅值则决定了波形的大小。具体来说，频率越高，波形的周期越短，波形的形状也会发生变化；相位的改变会导致波形的平移或反转；幅值的改变会导致波形的放大或缩小。

在实际应用中，频率、相位和幅值的关系可以用来描述信号的特征和性质。例如，在音频处理中，频率可以用来区分不同的音调和音色，相位可以用来实现相位调制和相位解调，幅值可以用来控制音量和增益。在图像处理中，频率可以用来描述图像的纹理和细节，相位可以用来实现图像的平移和旋转，幅值可以用来控制图像的亮度和对比度。

频率、相位和幅值是三个重要的概念，它们之间有着密切的关系，在信号处理中，可以用来描述信号的特征和性质，以实现各种音频处理和转换。

3.1.2 音频信号的时域与频域

时域和频域是音频应用中最常用的两个概念，也是衡量音频特征的两个维度的概念。

- 时域（Time Domain）：描述信号与时间的关系，一个信号的时域波形可以表述为信号随时间变化的曲线。在研究时域信号时，通常用示波器将其转换为时域波形。
- 频域（Frequency Domain）：指信号随频率变化的曲线，常用的频谱分析仪将实际信号转换为频域下的频谱，频谱可以显示信号分布在哪些频率及其所占的比例。

时域是以时间轴为坐标表示动态信号的关系，频域是把信号以频率轴为坐标表示出来。一般来说，时域的表示较为形象与直观，频域则更为简练，剖析问题更为深刻和方便。目前，在信号分析中，时域和频域相互联系，缺一不可，相辅相成，如图 3-2 所示。

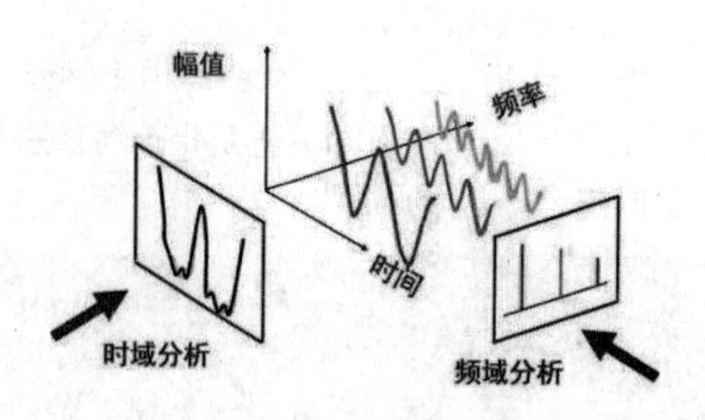

图 3-2 时域与频域

从图 3-2 可以看到横轴是时间，纵轴是声音幅值，可知时域图是从时间维度来衡量一段音频。而当横轴是频率，纵轴是声音幅值时，可知频域图是从频率分布维度来衡量一段声音的。

对于大多数音频信号来说，正弦波（Sine Wave）是频率成分最单一的一种波形。这种波形是数学上的正弦曲线，满足 y=sin(x)的公式，因而被称为正弦波，如图 3-3 所示。

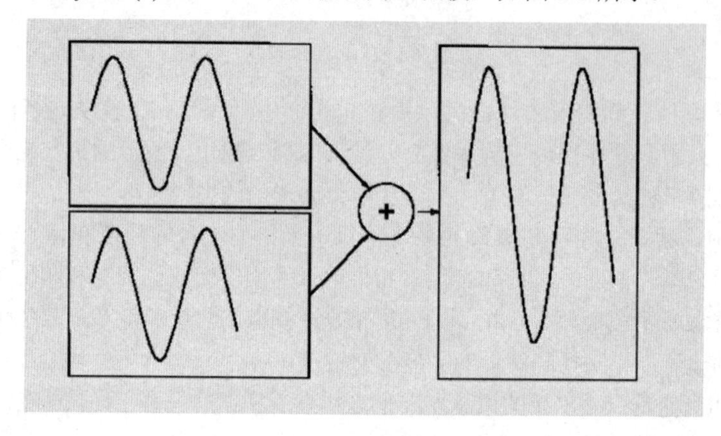

图 3-3 正弦波音频的叠加

正弦波的声音是最纯的音频信号，其只有一个特定的频率，而没有其他噪声。事实上，几乎所有的声音波形都可以看作由许多频率不同、大小不等的正弦波复合而成的。

3.2 傅里叶变换详解

傅里叶变换是一种线性积分变换，用于信号在时域（或空域）和频域之间的变换，在物理学和工程学中有许多应用。傅里叶变换的基本思想是：将一个周期性信号分解成一系列正弦和余弦函数的和，这些正弦和余弦函数的频率就是原始信号的频率，通过分析这些不同的频率从而得到该信号在不同频率下的成分。

可以看到对于音频来说，时域与频域是从不同角度对声音信号进行描述的方法。对于一般的音频信号，可以认为时域观测的信号是若干正弦信号的叠加，当以时间为横轴时可以看到这些信号累加后得到的时域图像；而换一个角度，当以频率为坐标时，则得到的是一个个不同频率的脉冲。信号从时域到频域的转换（见图 3-4）是傅里叶正变换，从频域到时域的转换则是傅里叶逆变换。

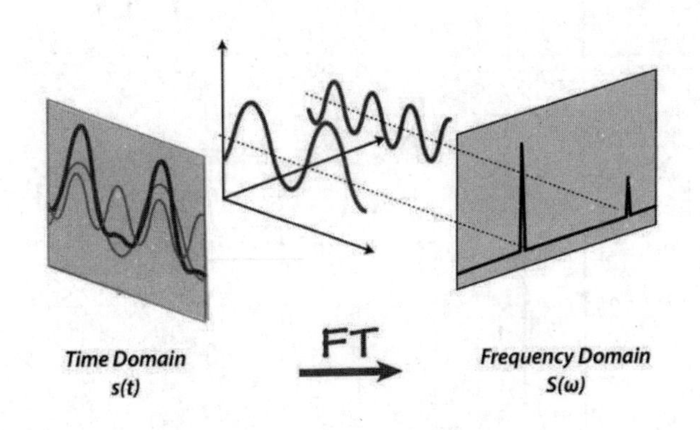

图 3-4　时域到频域的转换

至于音频信号中的时域与频域的转换，简单来说很多在时域看似不可能做到的操作，在频域却很容易，这就是需要傅里叶变换的地方。尤其是从某条曲线中去除一些特定的频率成分，这在音频处理上称为滤波，是数字信号处理最重要的概念之一，只有在频域才能轻松做到。低频项决定了音频信号的整体形状，高频项则提供了细节，通过控制滤波器可以过滤掉不同频率的信息，从而决定输出的声音效果。

3.2.1　傅里叶级数

傅里叶变换是一种分析信号的方法，它可分析信号的成分，也可用这些成分合成信号。许多波形可作为信号的成分，比如正弦波、方波、锯齿波等，傅里叶变换用正弦波作为信号的成分。

而对于标准的正弦函数，这里换一种表述方法，即对正弦函数进行角度变换，读者可以依次观看其变动的位置，如图 3-5 所示。

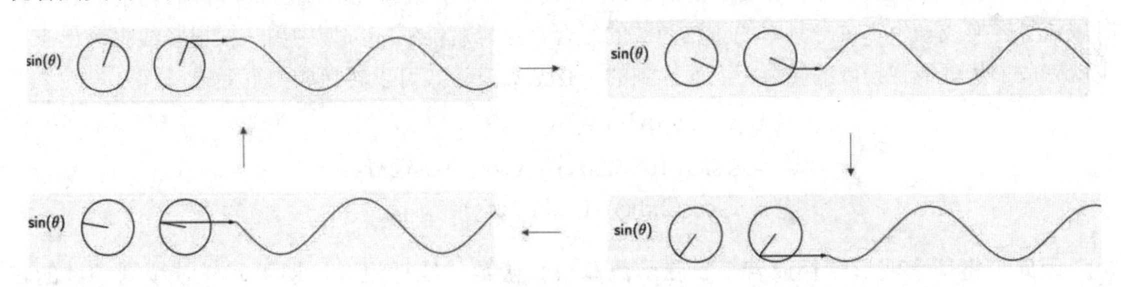

图 3-5　正弦波的时域图

这是一个完整的依据正弦信号构建的时域图，具体来看，其正弦函数方程为：

$$y = \sin(x)$$
$$f = \frac{1}{T} = \frac{1}{2\pi}$$

因此，当将这个正弦信号转换为频域的时候，其图形如图 3-6 所示。

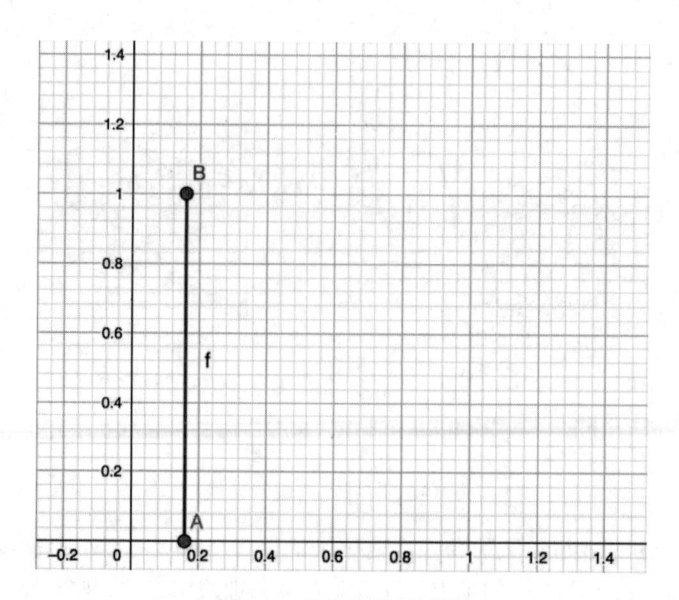

图 3-6　正弦波的频域图

其中，横轴是频率 f，纵轴是幅值 A。

可以看到，图 3-5 和图 3-6 分别从时域和频域展示了正弦函数，但表达的是同样的信息。现在将正弦信号推广到更一般的表达：

$$y = A\sin(2\pi fx + \phi)$$

其中，f 是正弦函数的频率，ϕ 是初始相位，A 是幅度。在广义的频率中，f 可正可负，时域图中的旋转臂顺时针旋转，f 为负值。旋转臂转得越快，频率越高，零时刻旋转臂和水平方向的夹角就是初始相位。

由于正弦函数是单一频率，因此在频域中只需要一根竖线就能表现出来。我们期望的也是将时域信号转换成一个个单一频率的正弦函数的组合，这样就能够在频域中用一根根竖线表示出来，也就完成了从时域到频域的转换。上面提到的正弦函数表达式可以转换成如下形式：

$$\begin{aligned} y &= A\sin(2\pi fx + \theta) \\ &= A\sin(\theta)\cos(2\pi fx) + A\cos(\theta)\sin(2\pi fx) \\ &= a_n\cos(2\pi fx) + b_n\sin(2\pi fx) \end{aligned}$$

因此，将任意波形转换成若干正弦函数和余弦函数的线性组合，即可完成时域到频域的转换。

这是对正弦波的特例形式的推导。下面一个自然而然的想法就是能够找到一组系数a_n和b_n，使得这个等式可以推导到任意波形。新的公式可以表示如下：

$$y(x) = \frac{a_0}{2} + \sum_{n=1}^{N}(a_n\cos(2\pi fnx) + b_n\sin(2\pi fnx))$$

其中，$\frac{a_0}{2}$ 为修正常数，n 为时间周期序号。

下面我们举一个例子，使用 Python 依据此公式构造一个信号。

1. 构造信号的表示

首先指定信号的采样率为 2000Hz，采样时间为 3s，代码如下：

```
import numpy as np
from scipy.fftpack import fft,ifft

Fs = 2000   #采样频率
T = 1/Fs    #采样周期，相邻两个数据点的时间间隔
L = 3000    #信号长度
t = list(range(L)*T)
```

下面构造一个信号函数，设计幅值为 1.5 的 70Hz 正弦量和幅值为 2 的 150Hz 的正弦量。

$$s = 1.5 \times \sin(2 \times pi \times 70 \times t) + 2 \times \sin(2 \times pi \times 70 \times t)$$

代码如下：

```
S = 1.5 * np.sin( 2 * np.pi * 70 * t) + 2 * np.sin( 2 * np.pi * 120 * t)
```

同时，为了符合公式，在其上随机添加一个修正信号，符合标准的正态分布。

```
x = s + np.random.rand(L)
```

2. 在时域中绘制信号

在时域中绘制含噪声的信号：

```
plt.plot(t[:50], X[:50])
plt.xlabel("Time(s)")
plt.ylabel("Amplitude")
plt.title("Signol with random noise")
plt.show()
```

请读者自行完成图形的绘制。

3.2.2 连续到离散的计算

前面演示了基于连续周期函数的频域变换，即将连续信号以离散频率表示的变换，那么是否可以反过来呢？法国数学家傅里叶就在 1807 年发表的论文中完成了这个工作，他提出了一个当时非常具有争议性的论断：任何连续周期信号都可以由一组适当的正弦曲线组合而成。重新复习前面的傅里叶级数公式如下：

$$y(x) = \frac{a_0}{2} + \sum_{n=1}^{N}(a_n \cos(2\pi fnx) + b_n \sin(2\pi fnx))$$

其中，$\frac{a_0}{2}$ 为修正常数，n 为时间周期序号。

在讲解如何求解 a_n 和 b_n 之前，可以注意到在公式中的正弦和余弦函数输入值一般为 $2\pi f$ 的整数倍。请读者参考图 3-7，首先借用微分学的知识，将函数无法直接计算的面积，用若干连续的区间分成若干份，这样每一份的取值合起来就可以组成一个向量，这个向量可以近似为函数的面积。

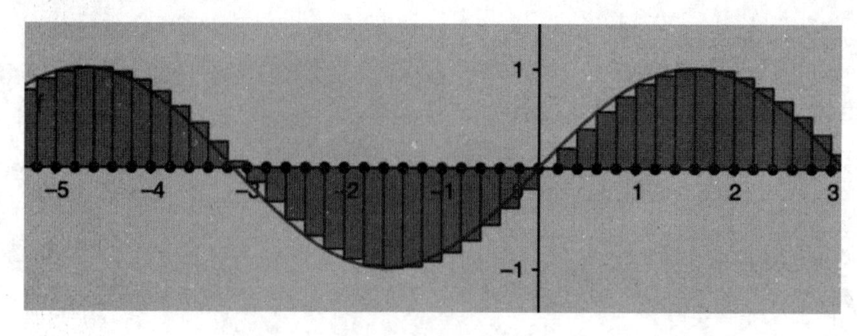

图 3-7　用若干连续的区间分成若干份

这里省略更细一步的推导过程，因为涉及核心的信号处理技术，这也不是本书学习的重点，读者可以查找相关文献自行学习。具体的a_n和b_n如下：

$$a_n = 2f\int_{x_0}^{x_0+\frac{1}{f}} s(x)\cdot\cos(2\pi fnx)dx$$

$$b_n = 2f\int_{x_0}^{x_0+\frac{1}{f}} s(x)\cdot\sin(2\pi fnx)dx$$

这样通过组合a_n和b_n后得到的计算傅里叶级数的公式，可以近似地模拟出信号的连续变化。

3.2.3　Python 中的傅里叶变换实战

傅里叶变换的作用是对输入信号的分解，由于更为详细的内容过于复杂，有兴趣的读者可自行学习，下面向读者演示 Python 中的傅里叶变换——对输入信号的分解。在 Python 语言中，主要用到 numpy.fft 和 scipy.fftpack 来对序列进行傅里叶变换。

numpy.fft.rfft 可以实现实数序列的傅里叶变换，rfft 全称是 real fast fourier transform，即对于实数序列的快速傅里叶变换。所谓快速傅里叶变换，是利用对称性进行算法优化而得到的傅里叶变换的算法，其细节在此不予赘述。读者只需要知道数据量越大，快速傅里叶变换的优势越明显。下面是一个基本的快速傅里叶变换的例子：

```
import numpy as np
for N in [14, 29]:
    s = np.random.random(N)
    g = np.fft.rfft(s)
    #注意傅里叶变换后长度为N/2 + 1
    print('长度为{}的序列，傅里叶变换的结果的长度为{}'.format(N,g.size))
```

运行结果如下：

```
长度为 14 的序列，傅里叶变换的结果的长度为 8
长度为 29 的序列，傅里叶变换的结果的长度为 15
```

一个长度为 N 的实数序列通过 np.fft.rfft()作用后，得到的是一个长度为 N/2 + 1 的复数序列。

1. 傅里叶变换对信号的分解实战1——代码实现

下面首先实现基于傅里叶变换的信号分解，之后逐步对其进行介绍，完整代码如下：

```
import math
import numpy as np
import matplotlib.pyplot as plt

#定义函数，用于计算所传入序列的频率
def gen_freq( N, fs ):
    k = np.arange( 0, math.floor(N/2) + 1 , 1 )
    return ( k * fs ) / N

#总数据量
N = 100

#定义多个不同频率的基矢（可修改 fk、A、phi 的长度来改变基矢的个数）
fk = [ 2/N, 5/N ]          #频率
A = [ 7, 3 ]               #振幅
phi = [ np.pi, 2 ]         #初始相位

#生成由这些基矢信号叠加而成的混合信号
n = np.arange( N )
s_array = []
s2_array = []

for p in zip( A, fk, phi ):
    s_array.append(7 * np.sin(2 * np.pi * 2/N * n + np.pi))
    s2_array.append(3 * np.sin( 2 * np.pi * 5/N * n + 2))

s_array = np.array( s_array )
s2_array = np.array(s2_array)
#做出波形图
s = np.sum((s_array + s2_array), axis=0)
plt.figure(1)
plt.axhline(y=0, color='grey', lw=0.5)

nn = 0
plt.plot( n, s_array[ nn, : ], ':',marker ='+', alpha=0.5 ,
label='$f_k={}/{},A_k={},\phi_k={}$'.format( int(fk[nn]*N), N, A[nn],
round( phi[nn],2 )) )

nn = 1
plt.plot( n, s2_array[ nn, : ], ':',marker ='*', alpha=0.5 ,
label='$f_k={}/{},A_k={},\phi_k={}$'.format( int(fk[nn]*N), N, A[nn],
round( phi[nn],2 )) )
```

```
    plt.plot( n, s , 'r-o', lw=2 )
    plt.legend()
    plt.xlabel( 'n' )
    plt.ylabel( 's' )
    plt.show()
    g = np.fft.rfft( s )     #进行傅里叶变换

    #做出采样率为 1 和 15 时的“频率-振幅”图
    for fs in [ 1, 15]:
        #将采样间隔设置为 1，即退化为没有时间意义的离散点
        freq = gen_freq( N, fs = fs )    #计算频率序列
        ck = np.abs( g ) / N             #计算每个频率对应的振幅（复数形式傅里叶展开）

        plt.figure() #做出序列的“频率-振幅”图
        plt.plot( freq, ck, '.' )
        for f in fk:
            ck0 = round( ck[ np.where( freq==f*fs )][0],1 )
            plt.annotate('$({},{})$'.format( f*fs, ck0), xy=(f*fs,
ck0),xytext=(5,0), textcoords='offset points')
        plt.xlabel( '$f$,  (SampleFrequence={})'.format(fs) )
        plt.ylabel( '$c(f)$' )
        plt.show()
```

以上是作者实现的基于傅里叶对输入信号合成与分解的完整代码，具体讲解如下。

2. 傅里叶变换对信号的分解实战2——信号合成的讲解

对于具体的傅里叶变换的计算，下面将采用一组具有不同频率、振幅以及相位的周期函数进行叠加演示：

```
    fk = [2/N, 5/N]       #频率
    A = [7, 3]            #振幅
    phi = [np.pi, 2]      #初始相位
```

这里生成的两个周期函数分别为：

$$7\sin(2\pi\frac{2}{100}n+\pi)$$

$$3\sin(2\pi\frac{5}{100}n+2)$$

代码段中的 s_array（图 3-8 中的“+”曲线）与 s2_array（图 3-8 中的“*”曲线）分别将函数的计算值加入序列中，s = np.sum((s_array + s2_array), axis=0)是对序列进行叠加，最终生成一条叠加了所有信号的曲线表示。图形如图 3-8 所示。

图 3-8 是波形图，蓝色虚线（“+”）和橙色虚线（“*”）分别表示频率为 2/100（次/点）和 5/100（次/点）的项，可以看到蓝色虚线在 100 个采样点内有两个周期（两次震动），而橙色虚线有 5 个周期（5 次震动）。红色原点实线是由这两项叠加的信号。

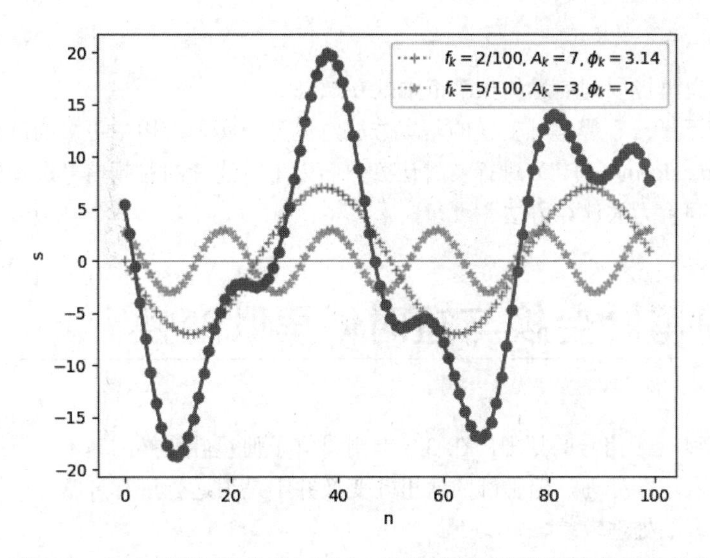

图 3-8　两个周期函数的叠加形态（颜色参见下载资源中的相关图片）

3. 傅里叶变换对信号的分解实战3——信号分解的讲解

上述代码段中，g = np.fft.rfft(s)使用 NumPy 完成了傅里叶变换，当采样率为 1 时，图 3-9 展示了“频率-振幅”关系图，可以看到频率为 2/100（次/点）和 5/100（次/点）的函数周期，其振幅分别为 7 和 3，而频率为 2/100 和 5/100，这与预期是一样的，也与波形图中的振幅自洽。

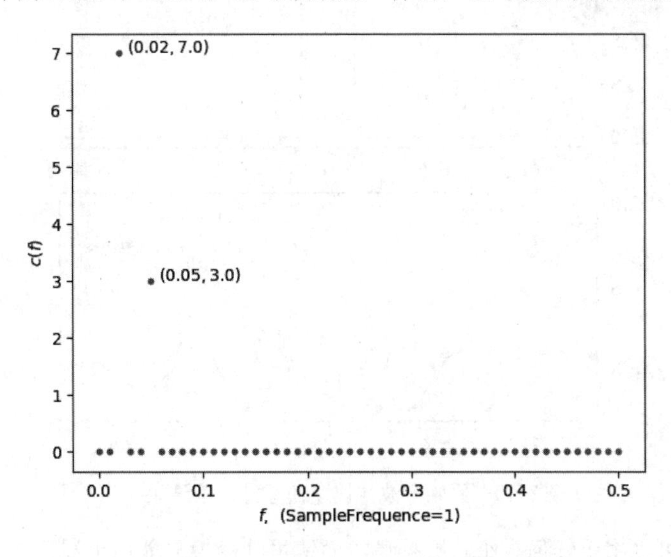

图 3-9　分解后的“频率-振幅”关系图

如果要赋予序列以时间意义，只需要将程序中的 fs 设置为对应的采样率即可。此处定义的 gen_freq()函数的作用是计算在数据长度一定的条件下特定采样率下可以获取到的频率范围，例如 gen_freq(100, fs = 15)的输出结果如下：

```
[0.   0.15 0.3  0.45 0.6  0.75 0.9  1.05 1.2  1.35 1.5  1.65 1.8  1.95
 2.1  2.25 2.4  2.55 2.7  2.85 3.   3.15 3.3  3.45 3.6  3.75 3.9  4.05
 4.2  4.35 4.5  4.65 4.8  4.95 5.1  5.25 5.4  5.55 5.7  5.85 6.   6.15
```

```
    6.3  6.45 6.6  6.75 6.9  7.05 7.2  7.35 7.5 ]
```

即采集到的数据能够完整提取到信息的频率范围是 0~7.5Hz。

这里只是大概演示了一下傅里叶变换的基本方法，但是在实际应用中更多的是采用快速傅里叶变换（Fast Fourier Transform，FFT）进行实战计算。而为了对连续的音频信号进行处理，又诞生了短时傅里叶变换这一强有力的计算方法。

3.3 快速傅里叶变换与短时傅里叶变换

本节开始继续深度音频信号的处理，在 3.2 节中讲解了傅里叶变换的基本计算过程，而我们的实战期望是对音频信号进行处理，但基础的傅里叶变换并不是很适合进行音频信号处理，从其计算复杂度来看，其对数据的处理较差。

为了解决这个问题，快速傅里叶变换这种新的基于原始傅里叶变换的计算方法被提出。快速傅里叶变换是一种高效的计算离散傅里叶变换的方法。它使用了一些技巧，如分治、递归和迭代等，来加速傅里叶变换的计算，如图 3-10 所示。

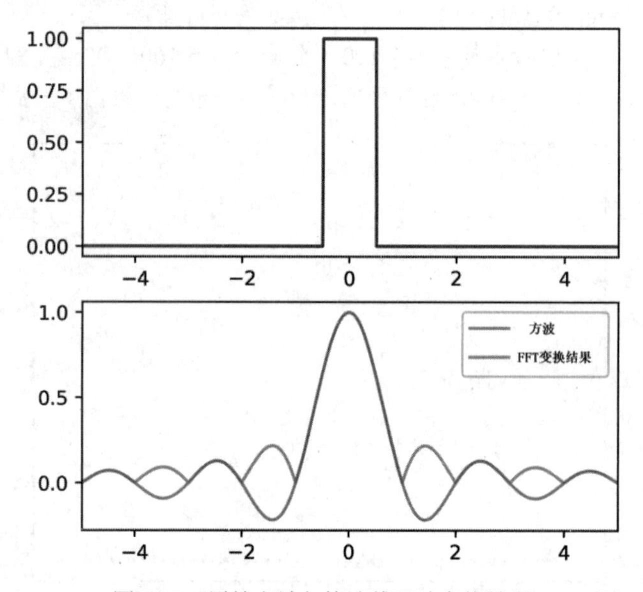

图 3-10　原始方波与快速傅里叶变换结果

快速傅里叶变换可以用于任何大小的数据集，而傅里叶变换只能用于周期性信号。

短时傅里叶变换（Short-Time Fourier Transform，STFT）是一种将时域信号分解成不同时间段内的频域信号的方法，它可以用于音频类非周期信号。

短时傅里叶变换的基本思想是：将时域信号分解成不同时间段内的频域信号，每个时间段内的数据都是由多个重叠的数据点组成的。在每个时间段内可以对数据进行傅里叶变换，得到该时间段内的频域信号，如图 3-11 所示。

然后将所有时间段内的频域信号合并起来，就得到了整个时域信号的傅里叶变换结果。

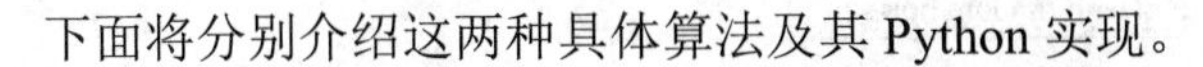
下面将分别介绍这两种具体算法及其 Python 实现。

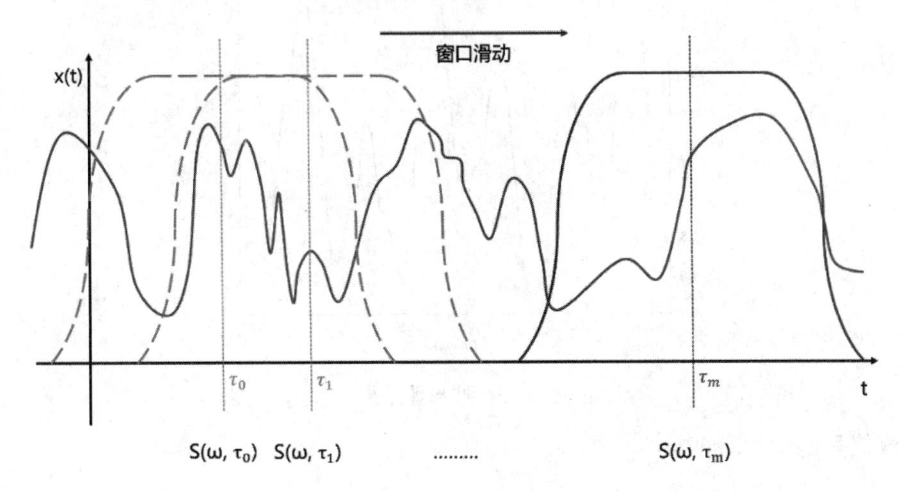

图 3-11　τ 个周期的短时傅里叶变换

3.3.1　快速傅里叶变换 Python 实战

本小节讲解快速傅里叶变换的实战。我们直接使用 Python 提供的一种快速傅里叶变换的实现方式，通过使用科学计算库 SciPy 实现 FFT 算法加速。

1. 构造正弦信号

对于目标使用快速傅里叶变换需要指定一个输出信号，在这里指定信号的采样率为 1000Hz，采样时间为 1.5 秒，构造代码如下：

```
import numpy as np
from scipy.fftpack import fft,ifft
Fs = 1000          #采样频率
T = 1/Fs           #采样周期，相邻两个数据点的时间间隔
L = 1500           #信号长度
t = list(range(1500)*T)
```

构造一个信号，其中包含幅值为 0.7 的 50 Hz 正弦频率和幅值为 1 的 120Hz 正弦频率。

```
S = 0.7*np.sin(2*np.pi*50*t) + np.sin(2*np.pi*120*t)
```

在其中添加符合标准正态分布的随机信号：

```
x = s + np.random.rand(L)
```

做出此时的波形图，如图 3-12 所示。

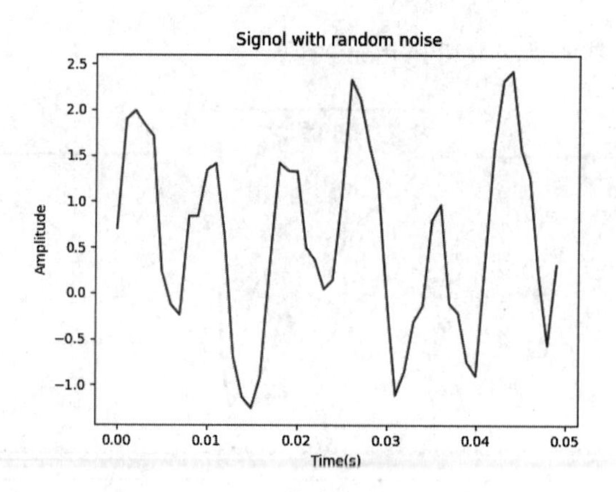

图 3-12　波形图结果

2. 计算信号的傅里叶变换

```
y = fft(x)
p2 = np.abs(y)        #双侧频谱
p1 = p2[:int(L/2)]
```

代码中定义频域 f 并绘制单侧幅值频谱 p1。这与预期相符，由于增加了一个随机信号，因此幅值并不精确等于 0.7 和 1。

3. 做出傅里叶变换的完整图形

下面使用快速傅里叶变换完整地计算出包含设定幅值和频率的图形，代码如下：

```
import numpy as np
from scipy.fftpack import fft,ifft
from matplotlib.pylab import plt
Fs = 1000         #采样频率
T = 1/Fs          #采样周期，指相邻两个数据点的时间间隔
L = 150           #信号长度
t = np.arange(L)*T
S = 0.7*np.sin(2*np.pi*50*t) + np.sin(2*np.pi*120*t)
X = S + np.random.rand(L)
plt.plot(t[:50], X[:50])
plt.xlabel("Time(s)")
plt.ylabel("Amplitude")
plt.title("Signol with random noise")
plt.show()

Y = fft(X)
p2 = np.abs(Y)
p1 = p2[:int(L/2)]
f = np.arange(int(L/2))*Fs/L;
plt.plot(f,2*p1/L)
plt.title('Single-Sided Amplitude Spectrum of X(t)')
plt.xlabel('f (Hz)')
plt.ylabel('|P1(f)|')
plt.show()
```

最终结果如图 3-13 所示。

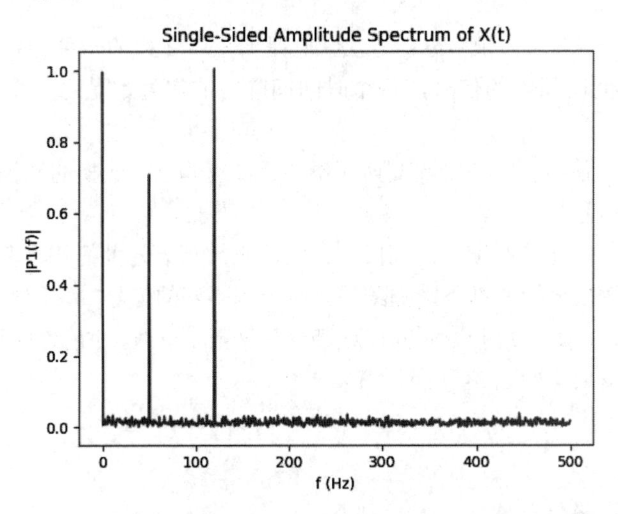

图 3-13　基于 FFT 得到的“幅值-频率”分解图

可以看到，此时图中出现两条明显的竖线，而对应两条竖线的数值约为[0.7,50]和[1,120]，这是通过快速傅里叶变换得到的、由信号构成的正弦曲线的参数。

下面基于 PyTorch 实现快速傅里叶变换，有兴趣的读者可以自行测试。

```
import torch
import math
x = torch.tensor([2, 4, 6, 8])
class FFT(object):
    def fft(self, f_hat_coeff):
        n = len(f_hat_coeff)
        if n == 1:
            return f_hat_coeff
        omega_n = torch.pow(math.e, torch.complex(torch.tensor(0.),
-torch.tensor(2*math.pi/n)))
        omega = torch.tensor(1+0j)
        f_e_hat_coeff, f_o_hat_coeff = f_hat_coeff[::2], f_hat_coeff[1::2]
        f_e, f_o = self.fft(f_e_hat_coeff), self.fft(f_o_hat_coeff)
        f_hat = torch.tensor([0+0j]*n)
        for k in range(int(n/2)):
            f_hat[k] = f_e[k]+omega*f_o[k]
            f_hat[int(k+n/2)] = f_e[k]-omega*f_o[k]
            omega = omega*omega_n
        return f_hat

fft = FFT()
y = fft.fft(x)
y_torch = torch.fft.fft(x)
print("numpy:",y)
print("torch:", y_torch)
```

请读者自行打印结果。

3.3.2　短时傅里叶变换 Python 实战

短时傅里叶变换是一种时间-频率分析方法，它是傅里叶变换的一种特殊形式。短时傅里叶变换将信号分解为不同时间间隔内的信号，每个时间间隔内的信号都是由一个基频和一些谐波组成的。

在音频信号处理中，使用短时傅里叶变换而不使用快速傅里叶变换的原因是，短时傅里叶变换可以更好地处理非平稳信号。

对于一个"好信号"，无论在哪个时间段分析它，它的频谱分量都差不多，这样无论是截取一长段分析，还是截取一短段分析，都不影响结果。对于"不好的信号"，即非平稳信号，不同时间段频谱分量有很大差异，但是很短一段时间内频谱分量又基本一致，所以只能分段来看频域信息。这就引入了短时傅里叶变换，如图 3-14 所示。

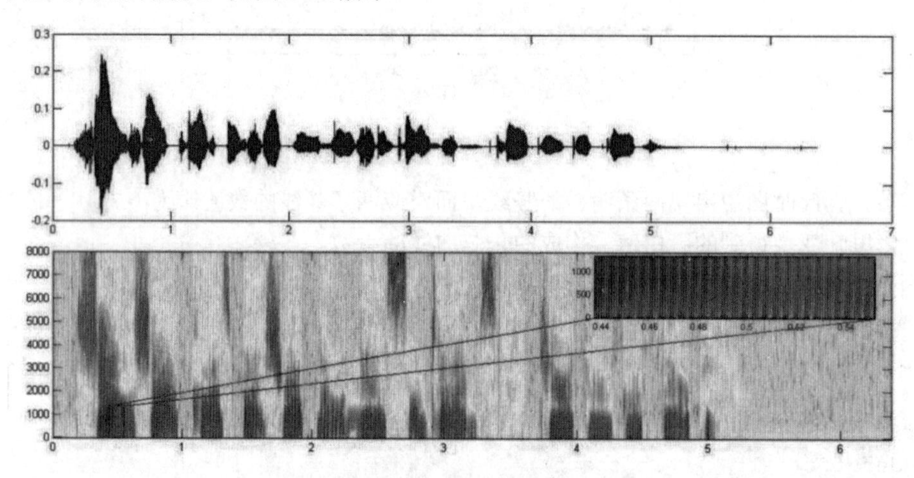

图 3-14　音频信号与短时傅里叶变换

短时傅里叶变换不对整段信号进行傅里叶变换，而是用一个时间窗口逐次进行傅里叶变换。时间窗的设置 overlap 可以使得时频变换后的结果更加平滑，每个窗口内的信号在计算前需要 taper 来减少边缘伪迹。短时傅里叶变换的时长比原信号短，因为短时傅里叶变换是计算中心时间点两侧的傅里叶变换，在时刻 0 之前是没有信号的，因此需要 buffer period，如图 3-15 所示。

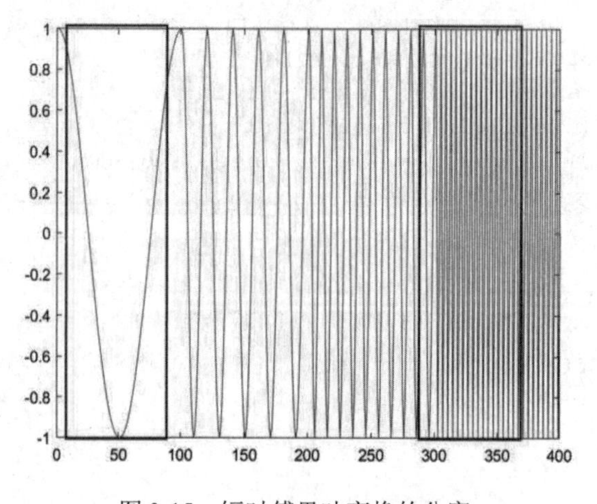

图 3-15　短时傅里叶变换的分窗

下面需要读者了解的是，对于短时傅里叶变换所需要的分窗来说，其大小需要有一个具体的权衡。有一种解决方法是，随着频率增大而减小窗口尺寸。在低频时，信号变化不太剧烈，可以牺牲一些时间精度，使用更大的窗口（包含更多数据点）来提升频率分辨率；在高频时，需要更高的时间精度，则使用小的窗口，牺牲一些频率分辨率。

下面演示使用快速傅里叶变换的数据完成短时傅里叶变换，完整代码如下：

```
import numpy as np
import matplotlib.pyplot as plt
from scipy.io import wavfile
from scipy.signal import stft

# 读取音频文件
Fs = 1000          #采样频率
T = 1/Fs           #采样周期，指相邻两个数据点的时间间隔
L = 1500           #信号长度
t = np.arange(L)*T

S = 0.7*np.sin(2*np.pi*50*t) + np.sin(2*np.pi*120*t)
X = S + np.random.rand(L)
plt.plot(t[:50], X[:50])
plt.xlabel("Time(s)")
plt.ylabel("Amplitude")
plt.title("Signol with random noise")
plt.show()

# 使用 STFT
frequencies, times, Zxx = stft(X, fs=Fs,nperseg=300,noverlap=0)
print(frequencies.shape)
print(times.shape)
print(Zxx.shape)
```

上述代码中，首先生成了一个测试信号 x，然后使用 stft 函数对其进行短时傅里叶变换。其中 fs 表示采样率，nperseg 表示每个时间段的采样点数，而 noverlap 表示相邻时间段之间的重叠采样点数。图形展示的结果如图 3-16 所示。

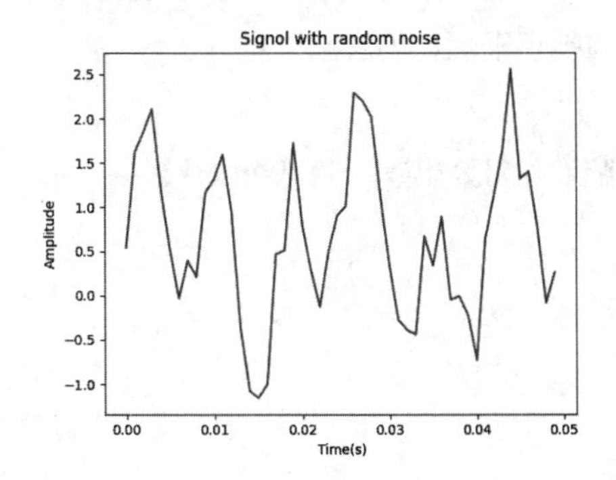

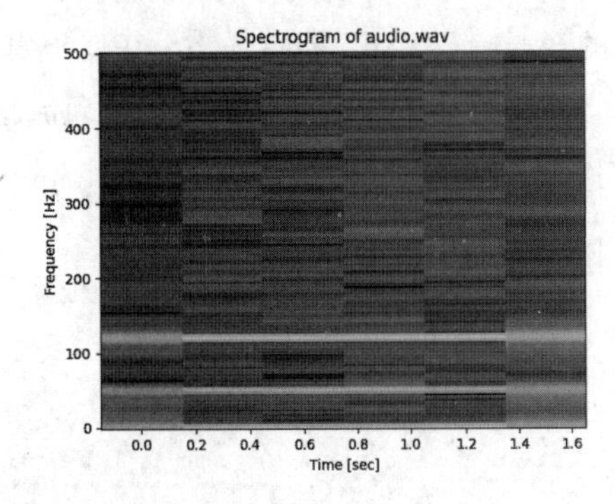

图 3-16　左侧是输入信号，右侧为短时傅里叶变换结果展示

同时，还打印了获得的二维快速傅里叶变换的结果维度，如下所示：

```
(151,)
(6,)
(151,6)
```

需要注意的是，打印结果中的(151,6)对应代码中<xx 的维度>这是短时傅里叶变换(Short-Time Fourier Transform,STFT)的结果，其是一个二维的矩阵，而其中的 6 代表是由序列长度以及 nperseg 与 noverlap 的计算获得的，具体请读者自行验证。

3.4 梅尔频率倒谱系数 Python 实战

3.4.1 梅尔频率倒谱系数的计算过程

前面介绍了傅里叶变换的基本理论及其对应的计算实现，而其作用是支撑音频特征提取，作为核心算法辅助音频特征提取中最为常用的梅尔频率倒谱系数（Mel Frequency Cepstral Coefficients, MFCC）的计算。

梅尔频率倒谱系数是一种在自动语音和说话人识别中广泛使用的特征。它是在 1980 年由 Davis 和 Mermelstein 提出来的。从那时起，在语音识别领域，MFCC 在人工特征方面可谓是鹤立鸡群，之后特别是在人工智能领域更是一枝独秀。

梅尔标度（非倒谱）由 Stevens、Volkmann 和 Newman 在 1937 年命名。我们知道，频率的单位是赫兹（Hz），人耳能听到的频率范围是 20~20000Hz，但人耳对 Hz 这种标度单位并不是线性感知关系。例如，如果人们适应了 1000Hz 的音调，要把音调频率提高到 2000Hz，人们的耳朵只能觉察到频率提高了一倍，基本察觉不到这一频率的变化。

目前，大多数音频分类任务都会使用 MFCC 特征进行特征提取。MFCC 特征是一种基于人耳听觉特性的音频特征，它可以有效地模拟人耳对音频信号的识别能力。MFCC 特征主要由频率和能量等信息组成，能够捕捉音频信号中的频率和能量变化，从而为音频分类任务提供有效的特征信息。此外，MFCC 特征具有很好的鲁棒性，能够在不同的音频环境下取得较好的性能。它可以适应不同的音频信号来源，包括人声、乐器声等，并且能够抑制噪声干扰，为音频分类任务。

一个完整的 MFCC 提取过程的实现流程如下：

```
连续语音 → 均值化 → 分帧 → 加窗 → FFT → Mel 滤波器组 → 对数计算 → 离散余弦计算
```

用图形表示如图 3-17 所示。

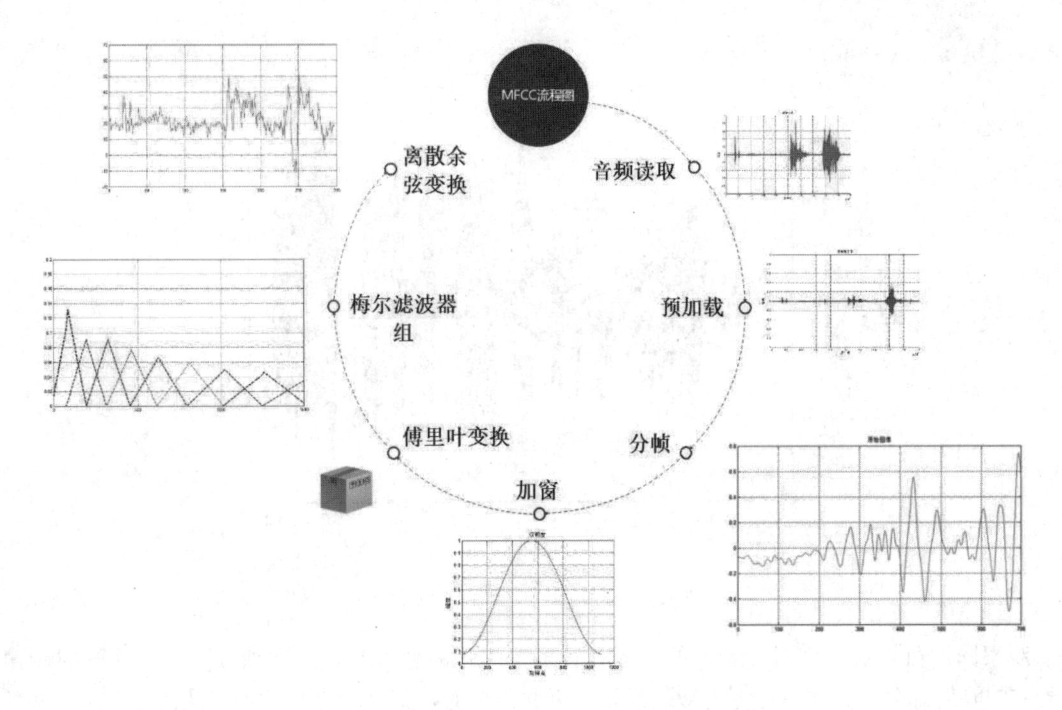

图 3-17　一个完整的 MFCC 提取过程的实现流程

下面我们按这个顺序完成一个完整的 MFCC 的 Python 实现图。

3.4.2　梅尔频率倒谱系数的 Python 实现

下面将一步一步实现基于 Python 的梅尔频率倒谱系数。

1. 数据的准备

在这里准备了一份基于城市音频集中的汽车喇叭声音，将其读取到内存后展示波形。代码如下：

```
import numpy as np
from torchaudio import datasets
import sound_utils
import soundfile as sf
from matplotlib import pyplot as plt

signal , sample_rate = sf.read("./carsound.wav", dtype="float32")
signal_num = np.arange(len(signal))

plt.plot(signal_num/sample_rate, signal, color='blue')
plt.xlabel("Time(s)")
plt.ylabel("Amplitude")
plt.title("signal of Voice ")
plt.show()
```

这段代码首先将汽车喇叭的音频文件读入内存中，之后对其图形进行展示，如图 3-18 所示。

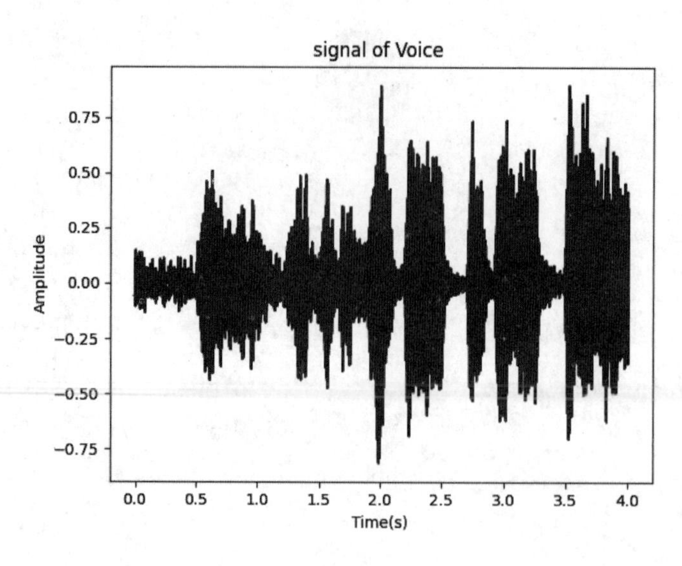

图 3-18　汽车喇叭音频文件的图形

观察图形可以看到，对于音波的图形有较多的尖锐峰值存在，一般情况下可以认为对于声音信号中的峰值部分，其含有更多有效信息量，因此需要对峰值部分进行处理，从而提取出更多的有效信息。

2. 信号的均值滤波处理

对于信号的均值处理一般采用的是“滤波器算法”，其作用是对峰值信号进行补偿和增大，在语音信号中，高频分量的信息量更大，而低频分量的信息量较小。预加重滤波器可以增强信号的高频分量，以补偿高频分量在传输过程中的过大衰减。这样可以使信号在传输过程中更加稳定，从而提高语音信号的质量。

较为常用的滤波器算法为一阶滤波器，公式如下：

$$y(t) = x(t) - ax(t-1)$$
$$a = 0.97$$

其中，x(t)为连续音频信号中具体的每个连续的音频信号。

在上述公式中，α 是一个称为“预加重系数”的参数。在语音信号处理中，预加重滤波器的目的是增强信号的高频分量。α 的值通常取为接近 1 的常数，常用的值为 0.97。这个值的选择是基于对语音信号特性的经验性理解：语音信号的能量大部分集中在低频部分，高频部分的能量相对较少。上述公式的代码形式如下：

```
    emphasized_signal = numpy.append(signal[0], signal[1:] - pre_emphasis *
signal[:-1])
```

峰值处理的目的是使用均值归一化来提升高频部分，使信号的频谱变得平坦，保持在低频到高频的整个频带中，能用同样的信噪比求频谱，除避免傅立叶变换数值问题外，这在现代FFT实现中应该不是问题。同时，也是为了消除发生过程中声带和嘴唇的效应，来补偿语音信号受到发音系统所抑制的高频部分，也可以突出高频的共振峰。峰值处理的代码如下：

```
    pre_emphasis = 0.97
    emphasized_signal = np.append(signal[0], signal[1:] - pre_emphasis *
signal[:-1])
    emphasized_signal_num = np.arange(len(emphasized_signal))
    plt.plot(emphasized_signal_num/sample_rate, emphasized_signal, color='black')
    plt.xlabel("Time(s)")
    plt.ylabel("Amplitude")
    plt.title("signal of Voice ")
    plt.show()
```

如图 3-19 所示的图形是采用峰值处理后的音频波形。

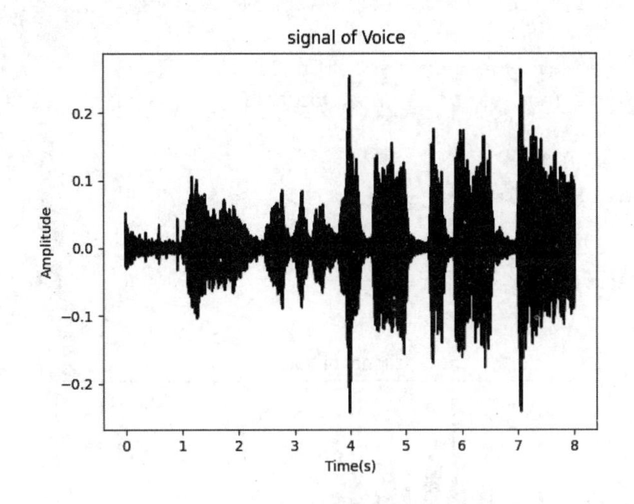

图 3-19　采用峰值处理后的音频波形

对比原始的音频波形图可以看到，其中的平坦部分是被均值化处理后的波形，而对于多个峰值算法保留了其峰值内容。

3. 信号的分帧处理

均值滤波后，需要将信号分成短时帧。这一步背后的基本原理是信号中的频率随时间而变化，所以在大多数情况下，对整个信号进行傅里叶变换是没有意义的，音频信号会随着时间的推移丢失信号的频率轮廓。

为了避免这种情况，可以安全地假设信号中的频率在很短的时间内是平稳的。因此，通过在这个短时间帧内进行傅里叶变换，可以通过连接相邻帧来获得信号的频率轮廓的良好近似。

语音处理范围内的典型帧大小范围为 20ms 到 40ms，连续帧之间重叠 50%（+/-10%）。较为常用的是设置 25ms 的帧大小，frame_size = 0.025ms 和 10ms 的步幅（15ms 重叠），而 frame_stride = 0.01。代码如下：

```
    frame_size = 0.025
    frame_stride = 0.01
    frame_length, frame_step = frame_size * sample_rate, frame_stride * sample_rate
#将帧时长转换为采样率
    signal_length = len(emphasized_signal)
    frame_length = int(round(frame_length))
```

```
    frame_step = int(round(frame_step))
    num_frames = int(np.ceil(float(np.abs(signal_length - frame_length)) / 
frame_step)) #确保最少有一个 frame 存在

    pad_signal_length = num_frames * frame_step + frame_length
    pad_signal = np.append(emphasized_signal, np.zeros((pad_signal_length - 
signal_length)))

    indices = 
np.tile(np.arange(0,frame_length),(num_frames,1))+np.tile(np.arange(0,num_frame
s*frame_step,frame_step), (frame_length, 1)).T
    frames = pad_signal[np.mat(indices).astype(np.int32, copy=False)]

    pad_signal_num = np.arange(len(pad_signal))
    plt.plot(pad_signal_num/sample_rate, pad_signal, color='blue')
    plt.xlabel("Time(s)")
    plt.ylabel("Amplitude")
    plt.title("signal of Voice ")
    plt.show()
```

经过分帧处理后的图形如图 3-20 所示。

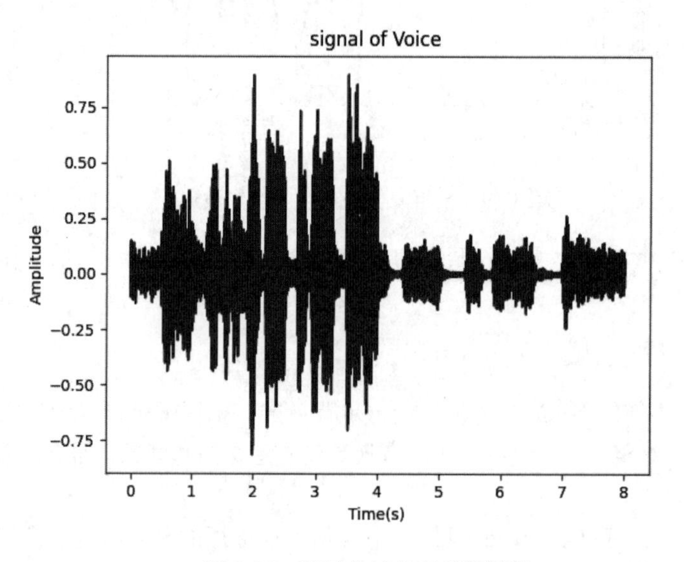

图 3-20　经过分帧处理后的图形

4. 信号的加窗处理

将信号分割成帧后，需要对每一帧应用一个窗口函数，如汉明窗口。汉明窗口具有以下形式：

$$w[n] = 0.54 - 0.46\cos(\frac{2\pi n}{N-1})$$

分窗操作旨在增强音频信号帧间的连续性，尤其在帧的左端和右端之间。当信号被分成多个帧后，我们将应用窗口函数（如 Hamming 窗口）到每一帧上。这种窗口函数的应用主要出于两个原因：一是为了抵消 FFT 假设的无限数据带来的问题，二是为了减少频谱泄露现象。通过应用窗口函数，我们能够更准确地处理有限长度的数据，并降低频谱泄露的影响，从而提高信号处理的准确性和可靠性。

假设分帧后的信号为 S(n), n=0,1,⋯,N−1，其中 N 为帧的大小，那么乘以汉明窗后得到的函数为：

$$s'(n) = s(n) \times w[n]$$

Hamming 窗的构成代码如下：

```
N = 200
x = np.arange(N)
y = 0.54 * np.ones(N) - 0.46 * np.cos(2*np.pi*x/(N-1))

plt.plot(x, y, label='Hamming')
plt.xlabel("Samples")
plt.ylabel("Amplitude")
plt.legend()
plt.savefig('hamming.png', dpi=500)
```

其图形由于 cos 的存在显式地构成一个余弦图形，如图 3-21 所示。

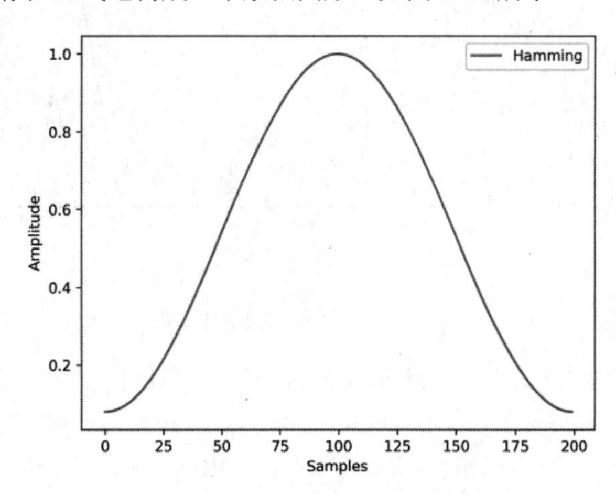

图 3-21　显式地构成一个余弦图形

加载“窗”的代码较为简单，直接将帧上的每个数值乘以对应的窗函数即可：

```
frames *= np.hamming(frame_length)
```

5. 快速傅里叶变换

由于信号依旧是在时域上对其进行处理的，而在时域上的变换通常很难看出信号的特性，因此通常将它转换为频域上的能量分布来观察，不同的能量分布代表不同语音的特性。

在乘以汉明窗后，每帧还必须经过快速傅里叶变换以得到在频谱上的能量分布。对分帧加窗后的各帧信号进行快速傅里叶变换得到各帧的频谱，并对语音信号的频谱取模平方得到语音信号的功率谱。代码如下：

```
NFFT = 512
mag_frames = np.absolute(np.fft.rfft(frames, NFFT))
pow_frames = (1.0 / NFFT) * (mag_frames ** 2)
```

上述代码中，frames 表示输入的语音信号帧，N 表示傅里叶变换的点数，最终得到 pow_frames 称为功率谱（pow_frames）。

顺便讲一下，分帧、加窗、FFT 这三个操作合起来是一种数字信号处理技术——STFT。利用 STFT 可以观察音频在不同时间的频率分布。

6. 基于梅尔滤波器组的梅尔变换

经过快速傅里叶变换后得到的功率谱图往往是很大的一幅图，且依旧包含大量无用的信息，所以我们需要通过梅尔标度滤波器组（Mel-Scale Filter Banks）将其变为梅尔频谱。

梅尔标度滤波器组是人们为了模拟人耳对声音的感知而发明的一组特殊滤波器。一组大约 20~40（通常 40）个三角滤波器组，它会对上一步得到的周期图的功率谱估计进行滤波，而且区间的频率越高，滤波器就越宽（但是如果把它变换到美尔尺度，则是一样宽的）。为了计算方便，通常把 40 个滤波器用一个矩阵来表示，这个矩阵有 40 行，列数就是傅里叶变换的点数，如图 3-22 所示。

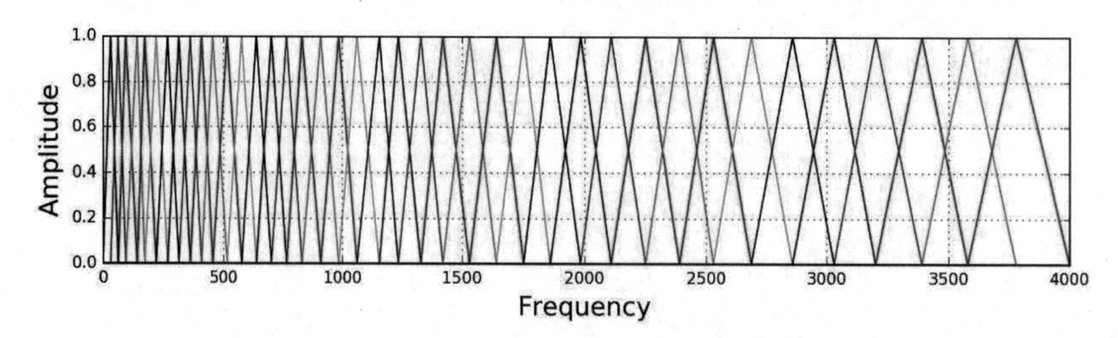

图 3-22　梅尔滤波器组

40 个三角滤波器组成滤波器组，低频处滤波器密集，门限值大，高频处滤波器稀疏，门限值低。恰好对应频率越高，人耳越迟钝这一客观规律。图 3-22 所示的滤波器形式叫作等面积梅尔滤波器（Mel-filter bank with same bank area），在人声（语音识别、说话人辨认）等领域应用广泛。

计算梅尔频谱的代码如下：

```
    low_freq_mel = 0
    nfilt = 40
    high_freq_mel = (2595 * np.log10(1 + (sample_rate / 2) / 700))  # 将频率转换为
梅尔系数
    mel_points = np.linspace(low_freq_mel, high_freq_mel, nfilt + 2)
    hz_points = (700 * (10**(mel_points / 2595) - 1))  # 将梅尔系数转换为频率
    bin = np.floor((NFFT + 1) * hz_points / sample_rate)

    fbank = np.zeros((nfilt, int(np.floor(NFFT / 2 + 1))))
    for m in range(1, nfilt + 1):
        f_m_minus = int(bin[m - 1])
        f_m = int(bin[m])
        f_m_plus = int(bin[m + 1])

        for k in range(f_m_minus, f_m):
```

```
            fbank[m - 1, k] = (k - bin[m - 1]) / (bin[m] - bin[m - 1])
        for k in range(f_m, f_m_plus):
            fbank[m - 1, k] = (bin[m + 1] - k) / (bin[m + 1] - bin[m])
    filter_banks = np.dot(pow_frames, fbank.T)
    filter_banks = np.where(filter_banks == 0, np.finfo(float).eps, filter_banks)
# Numerical Stability
    filter_banks = 20 * np.log10(filter_banks)
```

7. 对数运算

对数运算包括取绝对值和 log 运算。取绝对值是仅使用幅度值，忽略相位的影响，因为相位信息在语音识别中作用不大。而 log 运算则用于分离信号的包络和细节信息。在这里，包络代表音频的音色，而细节则携带着音高的信息。在语音识别中主要关注音色的特征，因为音色是识别语音的关键要素之一。因此，通过 log 运算能够更好地关注和提取音色特征，为后续的识别任务提供有效的输入。

```
    filter_banks = np.where(filter_banks == 0, np.finfo(float).eps, filter_banks)
# Numerical Stability
    filter_banks = 20 * np.log10(filter_banks)
```

8. 离散余弦计算

下面计算梅尔频率倒谱系数，在这一步中需要使用离散余弦变换对采样的数据进行处理，代码如下：

```
    mfcc = dct(filter_banks, type=2, axis=1, norm='ortho')[:, 1 : (num_ceps + 1)]
```

而完整的梅尔频率倒谱系数的计算如下：

```
    from scipy.fftpack import dct
    num_ceps = 12
    mfcc = dct(filter_banks, type=2, axis=1, norm='ortho')[:, 1 : (num_ceps + 1)]
    (nframes, ncoeff) = mfcc.shape
    n = np.arange(ncoeff)
    cep_lifter =22
    lift = 1 + (cep_lifter / 2) * np.sin(np.pi * n / cep_lifter)
    mfcc *= lift

    mfcc_features=mfcc.T
    ax = plt.matshow(mfcc_features[:48,:48], cmap=plt.cm.Blues)
    plt.title('MFCC')
    plt.show()
```

在这里截取了部分图谱内容进行展示，结果如图 3-23 所示。

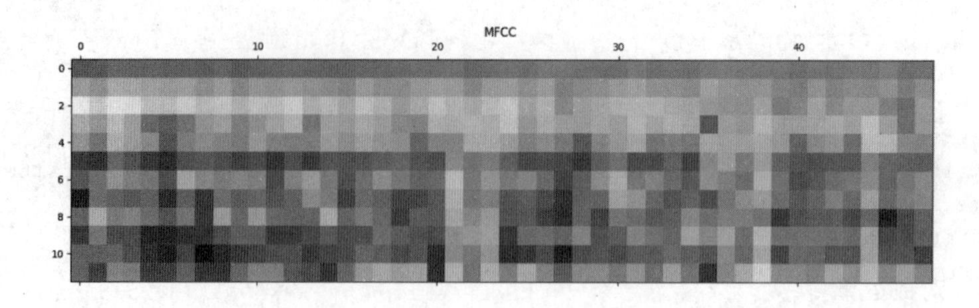

图 3-23　截取了部分图谱内容进行展示

这里输出的 MFCC 数据矩阵就是计算后得到的“梅尔频率倒谱系数”矩阵，这里截取了一小部分的 mfcc_features 进行展示，读者可以依需求展示信息量更多的内容，从而对比不同频率下的频谱图内容。

3.5　本章小结

本章讲解了音频信号处理的基本理论和内容的实现，并以 Python 实现语音特征提取的梅尔频率倒谱系数（MFCC）。

尽管可以用梅尔频谱本身作为声音特征，但使用 MFCC 有其优点并且可以提高识别性能。抛开均值滤波和梅尔刻度转换，倒谱的定义可以看作频谱对数的频谱，即将标准幅度谱的幅度值先取对数，然后形象化对数谱，使其看起来像声音波形。

倒谱的英文单词 cepstrum 正是将单词 spectrum（频谱）的前 4 个字母颠倒过来。频谱是将时域信号变换为频域信号，倒谱则是将频域信号又变换回时域信号。在波形上，倒谱与频谱有相似的波形，即如果频谱在低频处有个峰值，则倒谱在低倒谱系数上也有峰值；如果频谱在高频处有个峰值，则倒谱在高倒谱系数上也有峰值。

因此，如果是为了检测音元，可以用低倒谱系数；如果是检测音高，则可以用高倒谱系数。倒谱系数的优点是其不同系数的变化是不相关的，意味着高斯声学模型（高斯混合模型）无须表现所有 MFCC 特征的协方差，因而大大减少了参数数量。

但是在实现过程中，读者也注意到 MFCC 的提取过于烦琐，其需要设定和人工处理的细节较多，那么有没有一种直接对音频信号进行处理，从而直接提取 MFCC 的 Python 工具包存在呢？答案是有的，下一章将详解 Librosa 工具包，这是最常用的 Python 环境下对音频信号进行处理的库包。

第 4 章

音频处理工具包 Librosa 详解与实战

第 3 章讲解音频信号处理的基本理论和方法，并从头实现梅尔频率倒谱系数（MFCC）的完整流程，然而读者也应该注意到，手工完成的 MFCC 计算最少需要 8 个步骤才能得到正确的结果，那么有没有库包可以帮助我们实现此项工作呢？

答案是有的，Librosa 是 Python 中用于音频分析的一种库，通过使用 Librosa 中的 mfcc 函数进行音频特征提取，可以将音频数据转换为多维特征向量，从而进行深度学习等相关工作。

4.1 音频特征提取 Librosa 包基础使用

Librosa 是一个用于音频、音乐分析、处理的 Python 工具包，常见的音频处理、特征提取、绘制声音图形等功能应有尽有，功能十分强大。Librosa 提供了多种音频读取和写入的方法，支持多种音频格式的读取和写入，如 WAV、FLAC、MP3 等。Librosa 还提供了多种音频特征提取的方法，如 MFCC、Chromagram 等。此外，Librosa 还提供了多种音频可视化的方法，如绘制声谱图、绘制频谱图等。

下面将以 Librosa 为根据完成音频信号的特征提取以及可视化，并对其涉及的内容进行详细讲解。

4.1.1 基于 Librosa 的音频信号读取

音频信号是日常中存在最多、最常被人们接触的信号，声音以具有频率、频宽、分贝等参数的音频信号形式表示。典型的音频信号可以表示为振幅和时间的函数，如图 4-1 所示。

而落实到具体的音频文件上，音频文件的格式多种多样，可以使用计算机读取和分析它们。比如：

- MP3格式。
- WMA（Windows 媒体音频）格式。

- WAV（波形音频文件）格式。

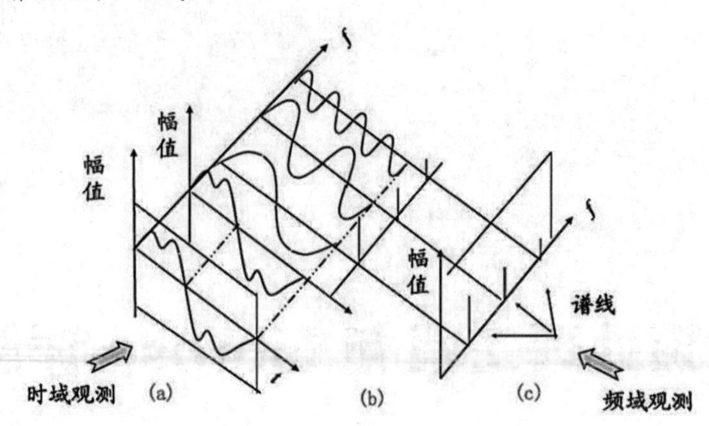

图 4-1　音频信号的分解

对于已经存在于计算机中的音频文件，则需要采用特定的 Python 类库进行处理，本章采用的是 Librosa。它是一个 Python 第三方库，用于分析一般的音频信号，但更适合分析音乐。它包括构建音乐信息检索（Music Information Retrieval，MIR）系统的具体细节。它有很好的文档记录，还有很多示例和教程。

1. 采用Librosa对音频进行读取

为了简化起见，在这里首先使用 Librosa 对音频信号进行读取，代码如下：

```
import librosa as lb

audio_path = "../第三章/carsound.wav"
audio, sr = lb.load(audio_path)
print(len(audio),type(audio))
print(sr,type(sr))
```

此时的 load 函数直接根据音频地址对数据进行读取，这里读取出的两个参数，audio 为音频序列，而 sr 则是音频的采样率，输出结果如下：

```
88200 <class 'numpy.ndarray'>
22050 <class 'int'>
```

第一行是音频的长度与生成的数据类型，而第二行打印出的是音频的采样率。此时如果想更换采样率对音频信号进行采集的话，则可以使用如下代码：

```
audio, sr = lb.load(audio_path,sr=16000)
```

同样可以对结果进行打印，请读者自行尝试。

对于将修正采样率后的音频复制写入的方法，我们可以使用 SciPy 类库完成，代码如下：

```
from scipy.io import wavfile
wavfile.write("example.wav",sr, audio)
```

读者可以自行尝试。

2. 可视化音频

对于获取的音频的描述，我们可以使用如下代码可视化音频信息：

```
import matplotlib.pyplot as plt
import librosa.display
#可视化音频信息
librosa.display.waveshow(audio, sr=sr)
plt.show()
```

这里使用 waveshow 函数对读取到的音频进行转换，并输出结果。形成的图形如图 4-2 所示。

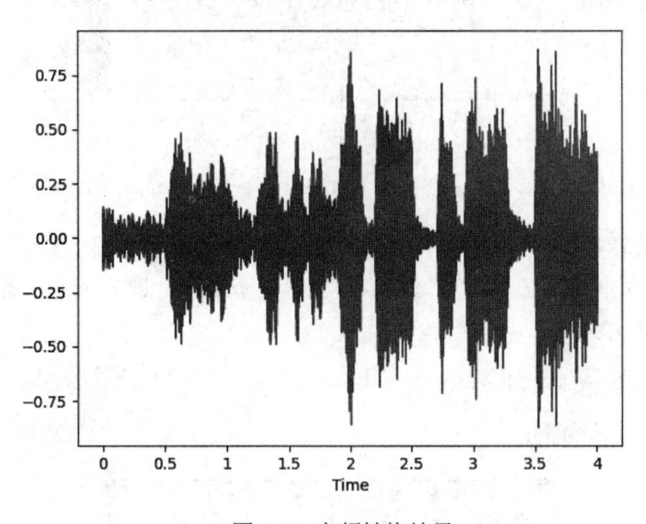

图 4-2　音频转换结果

3. 一般频谱图（非MFCC）的可视化展示

频谱图是音频信号频谱的直观表示，我们在 3.3.2 节中使用短时傅里叶变换完成了一般频谱图的展示，在这里可以使用同样的函数对信号进行处理，实现代码如下：

```
audio = lb.stft(audio)  #短时傅里叶变换
#将幅度频谱转换为 dB 标度频谱。也就是对序列取对数
audio_db = lb.amplitude_to_db(abs(audio))
#使用 specshow 对图谱进行展示
lb.display.specshow(audio_db, sr=sr, x_axis='time', y_axis='hz')
plt.colorbar()
plt.show()
```

首先使用短时傅里叶变换完成了图谱转换，而 amplitude_to_db 的作用将幅度频谱转换为 dB 标度频谱，也就是对序列取对数，读者可以使用如下代码对其进行验证，这里不再过多阐述。

```
arr = [10000,20000]
audio_db = librosa.amplitude_to_db(arr)
print(audio_db)
```

specshow 是对图谱进行展示的函数，生成的音频图谱，如图 4-3 所示（颜色越红，信息含量越多）。

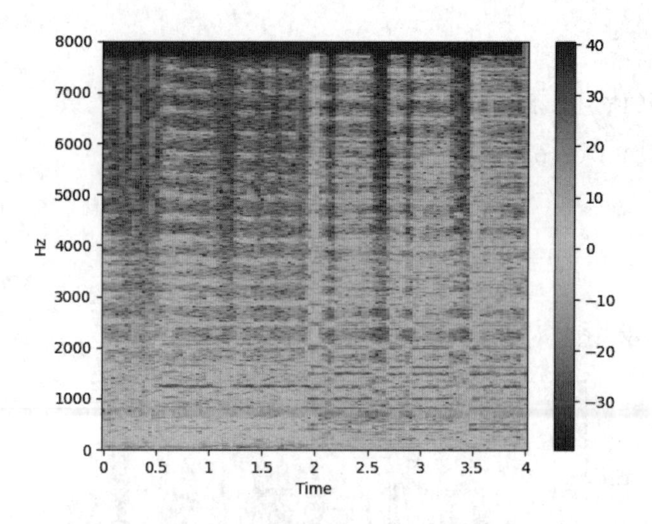

图 4-3　特定音频的频谱图（颜色参见下载资源中的相关图片）

图 4-3 所示是生成的音频频谱图，横坐标是时间的延续，而纵坐标是显示频率(从 0 到 10 000Hz)，注意到图谱的底部信息含量比顶部多，可以将纵坐标做一个变换，即对所有的数值取对数。代码如下：

```
lb.display.specshow(audio_db, sr=sr, x_axis='time', y_axis='log')
```

则新生成的图谱如图 4-4 所示。

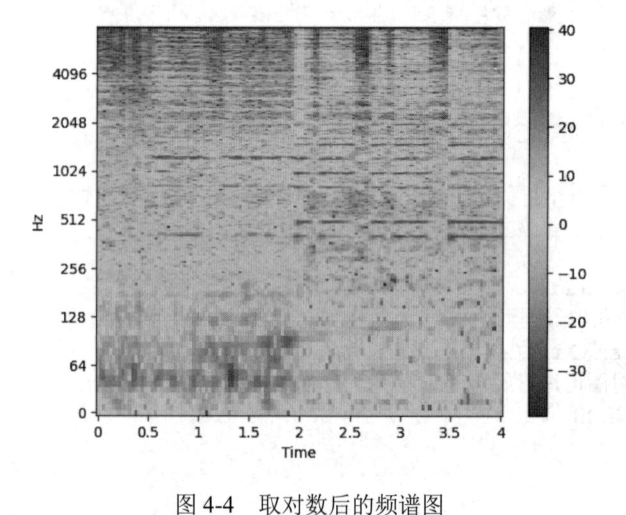

图 4-4　取对数后的频谱图

可以很明显地看到，相对于原始的频谱图，取对数后的频谱图对有信息含量的部分做了更为显著的表示。

4.1.2　基于 Librosa 的音频多种特征提取

1. MFCC音频特征

第 3 章完成了 MFCC 的特征提取，Librosa 同样可以完成 MFCC 的特征提取，其代码如下：

```
import librosa as lb
import matplotlib.pyplot as plt

audio , sr = lb.load("example.wav",sr=16000)
melspec = lb.feature.mfcc(y=audio, sr=sr, n_mels=40)

lb.display.specshow(melspec, sr=sr, x_axis='time', y_axis='log')
plt.colorbar()
plt.show()
```

最后生成的波形图请读者自行运行代码查看。

在生成的 MFCC 频谱的基础上还可以执行特征缩放，使得每个系数维度具有零均值和单位方差：

```
from sklearn import preprocessing
melspec = preprocessing.scale(melspec, axis=1)
```

请读者自行尝试使用特征缩放代码。

2. chroma_stft音频特征

除常用的 MFCC 外，Librosa 库还带有其他的特征提取函数，librosa.feature.chroma_stft 是 Librosa 库中的一个函数，用于计算音频信号中基于音高的谱图特征。该函数使用短时傅里叶变换将音频信号转换为频谱图，然后计算出每个分带中基于音高的强度。

具体来说，librosa.feature.chroma_stft 函数的输入参数包括音频时间序列和采样率，输出结果是一个二维数组，其中每一行代表一个分带，每一列代表一个时间帧，数组中的值表示该时间帧在该分带中的基于音高的强度。其实现代码如下：

```
import librosa as lb
import matplotlib.pyplot as plt
import numpy as np

audio , sr = lb.load("example.wav",sr=16000)

stft=np.abs(lb.stft(audio))
chroma = lb.feature.chroma_stft(S=stft, sr=sr)
lb.display.specshow(chroma, sr=sr, x_axis='time', y_axis='log')
plt.colorbar()
plt.show()
```

请读者自行运行代码打印频谱图。

顺便讲一下，chroma_stft 和 MFCC 都是音频处理中常用的特征提取方法。其中，MFCC 是一种基于梅尔倒谱系数的特征，用于描述音频信号的频谱特性；而 chroma_stft 则是基于音高的谱图特征，用于描述音频信号的时域特性。

3. 梅尔频谱图

librosa.feature.melspectrogram 也是 Librosa 库中的一个函数，用于计算音频信号的梅尔频谱图。该函数的输入参数包括音频时间序列 y 和采样率 sr，输出结果是一个二维数组，其中每一行代表一个时间帧，每一列代表一个频率，数组中的值表示该时间帧在该频率中的梅尔频谱强度。实现代码如下：

```
mel = lb.feature.melspectrogram(y=audio, sr=sr, n_mels=40, fmin=0, fmax=sr//2)
mel = lb.power_to_db(mel)
lb.display.specshow(mel, sr=sr, x_axis='time', y_axis='log')
plt.colorbar()
plt.show()
```

请读者自行运行代码查看梅尔频谱图。

梅尔频谱图是先将音频信号进行分帧，并对每一帧音频信号进行短时傅里叶变换，得到每个时间帧对应的频谱图。接着，对每个频谱图应用梅尔滤波器组进行变换，得到每个频率对应的梅尔功率谱密度。最后，将所有频率对应的梅尔功率谱密度合并成一个二维数组，即为梅尔频谱图。

MFCC 和梅尔频谱图都是音频信号处理中常用的特征提取方法。其中，MFCC 是一种基于梅尔倒谱系数的特征，用于描述音频信号的频谱特性；而梅尔频谱图则是基于梅尔滤波器组的变换，将音频信号从时域转换到频域，然后计算出每个频率对应的梅尔功率谱密度。

4.1.3　其他基于 Librosa 的音频特征提取工具

除了 4.1.2 节介绍的音频特征外，Librosa 库还提供了更多特征提取工具，分别介绍如下。

1. Zero-Crossing Rate

Zero-Crossing Rate 是符号随信号变化的速率，即信号从正变为负或反向的速率。此功能已大量用于语音识别和音乐信息检索。对于音频信号中的尖锐声音，它通常具有更高的值。

```
#audio 为读取的音频信号
zero_crossings = librosa.zero_crossings(audio, pad=False)
```

2. Spectral Centroid

Spectral Centroid 代表音频中的“质心”所在的位置，用于计算声音中存在的频率的加权平均值。例如两首歌曲，一首属于布鲁斯类型，另一首属于金属类型。现在，与整个长度相同的布鲁斯风格歌曲相比，金属歌曲在结尾处有更高的频率。因此，布鲁斯歌曲的频谱质心将位于其频谱中间附近的某个位置，而金属歌曲的频谱质心将接近其末端。

```
#audio 为读取的音频信号，sr 为采样率
spectral_centroids = librosa.feature.spectral_centroid(audio, sr=sr)[0]
```

3. Spectral Rolloff

Spectral Rolloff 是信号形状的度量。它表示总频谱能量的百分比（例如 95%）低于该频率。

```
#audio 为读取的音频信号，sr 为采样率
spectral_centroids = librosa. spectral_rolloff(audio + 0.01, sr=sr)[0]
```

以上三种是 Librosa 库提供的对音频特征提取的一些不常用的函数。对于音频来说，不同的音频需要关注不同的特征，或者以对多特征进行合成的方式来构建复合特征，具体用法请读者在后续的实战中学习。

4.2 基于音频特征的声音聚类实战

4.1 节演示了音频特征的提取。音频特征是音频内容分析的一个重要阶段，也是深度学习和机器学习中必不可少的处理步骤。它通常使用几十个或数百个特征来描述一个音频信号，大幅度减少了要处理的数据总量，并去除了与音频分析任务不相关的冗余信息，同时也将原始数据转换为更合适的表示形式。

常用的音频特征包括：功率谱密度、梅尔频率倒谱系数、梅尔频谱等。这些特征可以用于语音识别、情感分析、音乐分类等领域。例如，在语音识别中，MFCC 是一种常用的音频特征，它可以提取出语音信号中的频率、能量和节奏等信息，从而用于语音识别。

本节将完成基于音频特征的城市环境声分类。

4.2.1 数据集的准备

UrbanSound8K 是目前应用较为广泛的、用于自动城市环境声分类研究的公共数据集，涵盖 10 个不同城市环境中的 8 732 个音频。数据主要来自城市区域、道路、高速公路、公园、居民区、轻轨站、地铁站、公共汽车和火车。

数据集中的每个音频文件都被分类为 10 个不同的可能性之一，这些类别包括空调、汽车喇叭、儿童玩耍、狗叫声、钻头声、发动机声、枪声、敲击声、街道音乐和城市噪声。每个音频片段都持续了 4 秒钟，采用 44.1kHz 的采样率进行立体声录音，从而确保音频的高品质。这些音频片段已经经过了精细的过滤和精确的处理，以确保音频的强度准确无误。同时，这个处理过程考虑了不同录制设备和各种噪声环境对城市环境测量的影响。

该数据集的目的是为声音分类和识别算法的开发和测试提供一个具有挑战性和多样性的环境，并且可以应用于安全监控、城市规划和交通管理等领域。

读者可以自行下载 UrbanSound8K 数据集，其解压以后会有 10 个文件夹存在，如图 4-5 所示。

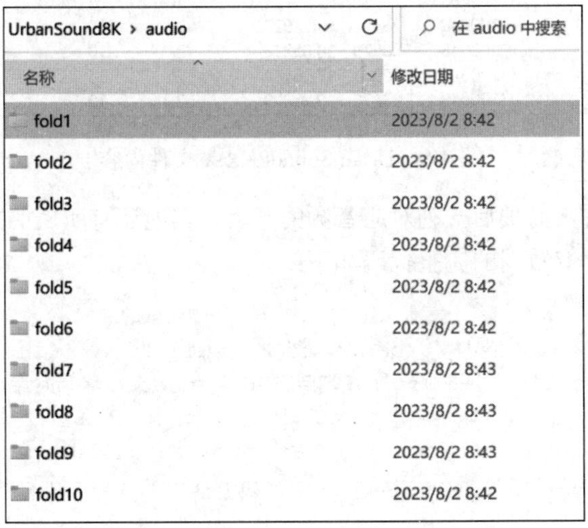

图 4-5　解压以后会有 10 个文件夹

这里需要注意的是，虽然UrbanSound8K数据集对音频的分类也是10种，但是与前面所介绍的语音命令数据集 SpeechCommands，即唤醒词分类有所不同，其数据的具体分类夹杂在单个文件夹中，也就是 fold1 文件夹中会有 10 种不同的数据分类，如图 4-6 所示。

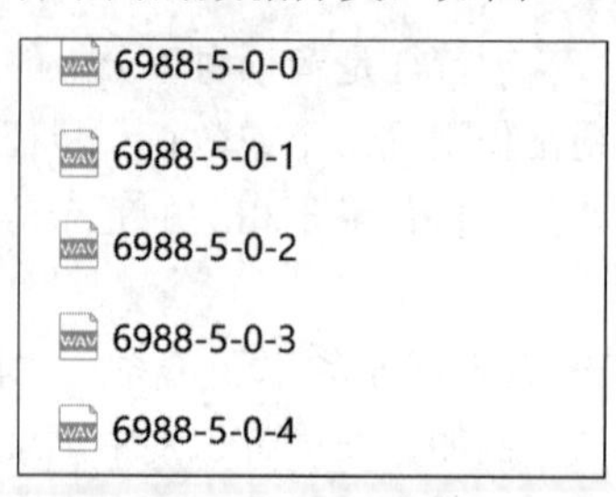

图 4-6　10 种不同的数据分类

而对于具体的每个音频所对应的类别，读者可以通过 metadata 文件夹下的 UrbanSound8K.csv 文件来获取，如图 4-7 所示。

UrbanSound8K > metadata　　在 metadata 中搜索

名称	修改日期	类型	大小
.DS_Store	2014/5/20 3:15	DS_STORE 文件	
UrbanSound8K	2014/5/20 3:15	Microsoft Excel 逗...	

图 4-7　UrbanSound8K.csv 文件

其内容如图 4-8 所示。

100263-2-0-117.wav	100263	58.5	62.5	1	5	2	children_playing
100263-2-0-121.wav	100263	60.5	64.5	1	5	2	children_playing
100263-2-0-126.wav	100263	63	67	1	5	2	children_playing
100263-2-0-137.wav	100263	68.5	72.5	1	5	2	children_playing
100263-2-0-143.wav	100263	71.5	75.5	1	5	2	children_playing
100263-2-0-161.wav	100263	80.5	84.5	1	5	2	children_playing
100263-2-0-3.wav	100263	1.5	5.5	1	5	2	children_playing
100263-2-0-36.wav	100263	18	22	1	5	2	children_playing
100648-1-0-0.wav	100648	4.823402	5.471927	2	10	1	car_horn
100648-1-1-0.wav	100648	8.998279	10.05213	2	10	1	car_horn
100648-1-2-0.wav	100648	16.69951	17.10484	2	10	1	car_horn
100648-1-3-0.wav	100648	17.63176	19.25308	2	10	1	car_horn

图 4-8　UrbanSound8K.csv 文件内容

其中第一列是音频的名称，而最后一列对应音频的分类，其他还有所属的文件夹和类的 ID，这些属性读者可以自行参考。读取数据的完整代码如下：

```
    import csv
    datafolder = "D:/音频数据库/UrbanSound8K/audio/"
    UrbanSound8K_name_list = "D:/音频数据库/UrbanSound8K/metadata/
UrbanSound8K.csv"
    class_list = ['air_conditioner', 'car_horn', 'children_playing', 'class',
'dog_bark', 'drilling', 'engine_idling', 'gun_shot', 'jackhammer', 'siren',
'street_music']
    class_wav_dict = {}
```

```
with open(UrbanSound8K_name_list, 'r') as csvfile:
    reader = csv.reader(csvfile)
    for row in reader:
        class_wav_dict[row[0]] = (row[-1])
```

代码中预先载入了所有的10个音频种类，datafolder是存放全部UrbanSound8K数据集的地址，而class_wav_dict的作用是建立数据名称和种类的对应关系。

前面介绍过，UrbanSound8K 数据集的音频文件分布在不同的文件夹中，因此在对数据进行读取时，需要遍历当前目录下所有的文件夹名称以及对应文件夹下的所有文件。列出目录下所有文件夹名称的函数如下：

```
import os
# 列出所有目录下文件夹的函数
def list_folders(path):
    """
    列出指定路径下的所有文件夹名
    """
    folders = []
    for root, dirs, files in os.walk(path):
        for dir in dirs:
            folders.append(os.path.join(root, dir))
    return folders
```

列出文件夹下所有文件名的函数如下：

```
def list_files(path):
    files = []
    for item in os.listdir(path):
        file = os.path.join(path, item)
        if os.path.isfile(file):
            files.append(file)
    return files
```

此时列出所有音频文件地址、音频文件名以及对应的类别名称的代码如下（注意将所有的工具类函数都存储在 sound_utils 文件中）：

```
#注意所有的音频工具函数都存储在 sound_utils 文件中
import sound_utils
datafolder = "D:/音频数据库/UrbanSound8K/audio/"
UrbanSound8K_name_list = "D:/音频数据库/UrbanSound8K/metadata/
UrbanSound8K.csv"
class_list = ['air_conditioner', 'car_horn', 'children_playing', 'class',
'dog_bark', 'drilling', 'engine_idling', 'gun_shot', 'jackhammer', 'siren',
'street_music']

import csv
class_wav_dict = {}
with open(UrbanSound8K_name_list, 'r') as csvfile:
    reader = csv.reader(csvfile)
    for row in reader:
        class_wav_dict[row[0]] = (row[-1])
```

```
folders = sound_utils.list_folders(datafolder)

for _folder in folders:
    files = sound_utils.list_files(_folder)
    for _file in files:
        _file_list = _file.split("\\")
        wav_name = (_file_list[-1])
        try:
            _class = class_wav_dict[wav_name]
            class_label = class_list.index(_class)
            print(_file)
            print(wav_name)
            print(_class)
            print(class_label)
            print("--------------------------")
        except:
            pass
```

打印结果如图 4-9 所示。

```
D:/语音数据库/UrbanSound8K/audio/fold9\99500-2-0-39.wav
99500-2-0-39.wav
children_playing
2
--------------------------
D:/语音数据库/UrbanSound8K/audio/fold9\99500-2-0-41.wav
99500-2-0-41.wav
children_playing
2
--------------------------
D:/语音数据库/UrbanSound8K/audio/fold9\99500-2-0-50.wav
99500-2-0-50.wav
children_playing
2
```

图 4-9　打印结果

4.2.2　按标签类别整合数据集

本小节根据标签类别对数据集进行整合，首先对每个音频类型中的数据量进行统计，在这里修改 4.2.1 节的输出代码如下：

```
from collections import defaultdict
class_wavpath_dict = defaultdict(list) #定义的根据类型名存储地址的字典
for _folder in folders:
    files = sound_utils.list_files(_folder)
    for _file in files:
        _file_list = _file.split("\\")
        wav_name = (_file_list[-1])
```

```
        try:
            _class = class_wav_dict[wav_name]
            class_label = class_list.index(_class)

            class_wavpath_dict[_class].append(_file)
        except:
            pass

    for _class in class_wavpath_dict:
        print(_class,len(class_wavpath_dict[_class]))
```

代码中使用 defaultdict 作为根据类型名存储地址的字典，之后将音频地址对应地加载到类型名列表中，最后使用 for 循环打印每个类型中的数据，输出结果如图 4-10 所示。

```
dog_bark 1000
gun_shot 374
jackhammer 1000
engine_idling 1000
children_playing 1000
siren 929
street_music 1000
air_conditioner 1000
drilling 1000
car_horn 429
```

图 4-10　打印结果

为了简化起见，这里选择 3 种特征较为突出的类别['dog_bark','engine_idling','children_playing']，同时对于每种类别随机选择 20 条相同编号的序列进行特征提取和聚类测试。

4.2.3　音频特征提取函数

为了更方便地获取音频特征，结合 4.2.1 节中对音频特征的分析，在这里整合了常用的音频特征分析方法，构成一个专门的特征提取函数，代码如下：

```
    import librosa as lb
    import numpy as np

    def audio_features(wav_file_path, mfcc = False, chroma = True, mel = 
False,sample_rate = 16000):
        audio,sample_rate =  lb.load(wav_file_path,sr=sample_rate)
        if len(audio.shape) != 1:
            return None
        result = np.array([])
        if mfcc:
            mfccs = np.mean(lb.feature.mfcc(y=audio, sr=sample_rate, n_mfcc=40).T, 
axis=0)
            result = np.hstack((result, mfccs))
        if chroma:
            stft = np.abs(lb.stft(audio))
```

```
            chroma = np.mean(lb.feature.chroma_stft(S=stft, sr=sample_rate).T, 
axis=0)
            result = np.hstack((result, chroma))
        if mel:
            mel = np.mean(lb.feature.melspectrogram(y=audio, sr=sample_rate, 
n_mels=40, fmin=0, fmax=sample_rate//2).T, axis=0)
            result = np.hstack((result, mel))
        # print("file_title: {}, result.shape: {}".format(file_title, 
result.shape))
    return result
```

其中的mfcc = True, chroma = False, mel = False分别设定了对音频提取采用不同的特征提取，注意在这里既可以单独提取又可以多特征结合，读者可以自行尝试，这里使用的是默认参数，即只使用MFCC特征进行计算。实现代码如下：

```
    focused_class_labels = ['dog_bark','engine_idling','children_playing']

    dog_bark_class = class_wavpath_dict["dog_bark"]
    engine_idling_class = class_wavpath_dict["engine_idling"]
    children_playing_class = class_wavpath_dict["children_playing"]

    #随机产生 20 个整数
    index = random.sample(range(0,1000),20)

    import utils
    features = []
    labels = []

    for idx in index:
        result = utils.audio_features(dog_bark_class[idx])
        features.append(result)
        labels.append(0)

        result = utils.audio_features(engine_idling_class[idx])
        features.append(result)
        labels.append(1)

        result = utils.audio_features(children_playing_class[idx])
        features.append(result)
        labels.append(2)

    features_data = np.array(features)
    labels_data = np.array(labels)
    print(features_data.shape)
    print(labels_data.shape)
```

4.2.4　音频特征提取之数据降维

对提取到的特征进行降维处理是机器学习中的一种常用功能，而最常用的降维方法为 PCA（Principal Component Analysis，主成分分析）和 TSNE（T-Stochastic Neighbor Embedding，T 分布随机邻域嵌入）。PCA 和 TSNE 都是常用的降维方法，但是它们的降维方法和应用场景有所不同。

- PCA 是一种线性降维方法，它通过将高维数据投影到低维空间中，找到最能代表原数据的方差方向，从而实现降维。PCA 的计算复杂度较低，适用于数据集较小的情况。
- TSNE 是一种非线性降维方法，它通过在低维空间中保持高维空间中的局部邻域关系来实现降维。TSNE 的计算复杂度较高，但是它可以更好地保留高维数据中的局部结构信息。

总体来说，PCA 适合数据集较小、需要快速进行降维的情况；而 TSNE 适合需要保留高维数据中局部结构信息、数据集较大的情况。

对于 PCA 和 TSNE 的算法这里不再展开讨论，有兴趣的读者可以查找相关资料自行学习，在这里只需要掌握它们的使用方法即可。

1. 基于PCA的降维方法的使用

```
from sklearn.decomposition import PCA
from sklearn.manifold import TSNE

#基于 PCA 的降维方法
pca =PCA(n_components=3)
pca.fit(x_data)
x_data = pca.transform(x_data) #降到三维
```

2. 基于TSNE的降维方法的使用

```
#基于 TSNE 的降维方法
pca_tsne = TSNE(n_components=3)
x_data = pca_tsne.fit_transform(x_data)
```

降维的目的是将高维数据映射到低维空间，以便数据的可视化和处理。在音频特征中，采用降维可以提取主要特征分量，以便更好地理解和分析音频信号。

并且在采用 3D 降维后，可以将音频特征在三维空间进行投影，从而人为地观察不同特征的音频信号的分布。

4.2.5　音频特征提取实战

本小节将完成音频特征提取的实战。对于输入的音频信号，先获取其特定的音频特征，之后使用降维工具对其进行处理，最后可视化降维后的音频特征图形。完整的实现代码如下：

```
import random
import numpy as np
import os

# 列出所有目录下文件夹的函数
def list_folders(path):
    """
    列出指定路径下的所有文件夹名
    """
    folders = []
    for root, dirs, files in os.walk(path):
```

```
        for dir in dirs:
            folders.append(os.path.join(root, dir))
    return folders

#列出文件夹下所有的文件名
def list_files(path):
    files = []
    for item in os.listdir(path):
        file = os.path.join(path, item)
        if os.path.isfile(file):
            files.append(file)
    return files

datafolder = "D:/语音数据库/UrbanSound8K/audio/"

UrbanSound8K_name_list = "D:/语音数据库/UrbanSound8K/metadata/
UrbanSound8K.csv"
#10 种文件名
class_list = ['air_conditioner', 'car_horn', 'children_playing', 'class',
'dog_bark', 'drilling', 'engine_idling', 'gun_shot', 'jackhammer', 'siren',
'street_music']

import csv

#建立类别是地址的索引
class_wav_dict = {}
with open(UrbanSound8K_name_list, 'r') as csvfile:
    reader = csv.reader(csvfile)
    for row in reader:
        class_wav_dict[row[0]] = (row[-1])

folders = list_folders(datafolder)
#建立类别和地址的字典存档
from collections import defaultdict
class_wavpath_dict = defaultdict(list)
for _folder in folders:
    files = list_files(_folder)
    for _file in files:
        _file_list = _file.split("\\")
        wav_name = (_file_list[-1])
        try:
            _class = class_wav_dict[wav_name]
            class_label = class_list.index(_class)

            class_wavpath_dict[_class].append(_file)
        except:
            pass

# for _class in class_wavpath_dict:
#    print(_class,len(class_wavpath_dict[_class]))
```

```
#选择特定的 3 种类别
focused_class_labels = ['dog_bark','engine_idling','children_playing']

dog_bark_class = class_wavpath_dict["dog_bark"]
engine_idling_class = class_wavpath_dict["engine_idling"]
children_playing_class = class_wavpath_dict["children_playing"]

#随机产生 20 个整数
index = random.sample(range(0,1000),20)

import utils
features = []
labels = []
#分类提取音频特征并存储
for idx in index:
    result = utils.audio_features(dog_bark_class[idx])
    features.append(result)
    labels.append(0)

    result = utils.audio_features(engine_idling_class[idx])
    features.append(result)
    labels.append(1)

    result = utils.audio_features(children_playing_class[idx])
    features.append(result)
    labels.append(2)

features_data = np.array(features)
labels_data = np.array(labels)
#导入需要的库包
import matplotlib.pyplot as plt
from mpl_toolkits.mplot3d import Axes3D
from sklearn.decomposition import PCA
from sklearn.manifold import TSNE
#使用 PCA 进行降维
pca = PCA(n_components=3)
pca.fit(features_data)
features_data_3d = pca.transform(features_data)

import matplotlib.pyplot as plt
# 创建 3D 图形对象
fig = plt.figure(figsize=(16,12))
ax = fig.add_subplot(111, projection='3d')

for feature,lab in zip(features_data_3d,labels_data):
    # 绘制散点图
    if lab == 0:
        ax.scatter(feature[0],feature[1],feature[2],s = 100,c = "red",marker =
"*")
    elif lab == 1:
```

```
            ax.scatter(feature[0], feature[1], feature[2], s=100, c="blue",marker =
"d")
        elif lab == 2:
            ax.scatter(feature[0], feature[1], feature[2], s=100, c="black")
    # 设置坐标轴标签
    ax.set_xlabel('X')
    ax.set_ylabel('Y')
    ax.set_zlabel('Z')

    plt.show()
```

上面代码对每一步的过程都做出了注解，根据输入的声音信号种类的不同，我们利用主成分分析（PCA）进行降维处理，将声音特征以可视化形式进行展示。展示图如图 4-11 所示。

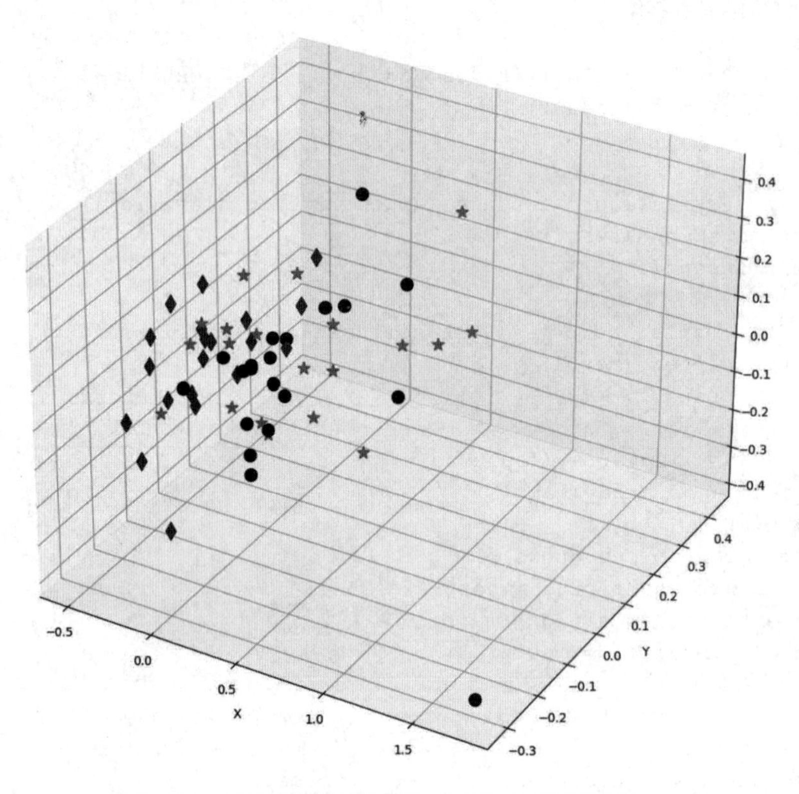

图 4-11 根据音频特征降维后的可视化音频信号图

图 4-11 中对每个音频特征分配了不同的形状，可以很明显地看到各个不同的音频信号在空间上存在一定的规律，这里仅仅使用了一个特征进行处理，更多的特征分配可以在 4.2.3 节讲解的 audio_features(wav_file_path, mfcc = False, chroma = True, mel = False,sample_rate = 16000)函数中进行设置。

4.3 本章小结

本章演示了使用 Librosa 包的基本使用方法，同时介绍了音频特征的提取及其对应的基本特征和特征所蕴含的意义。对于不同的音频特征，需要根据声音信号本身的特点以及所对应项目目标来进行特征提取，这一点需要读者在实战中更多地进行分析和体会。

本章还对部分音频特征数据进行可视化处理。通过这些可视化结果，可以清晰地观察到，经过降维处理后，部分音频特征在空间上呈现出一定的聚集性。然而，由于音频特征的特殊性，仍有一部分音频在聚类过程中并未实现良好的分割，导致它们散布在空间的不同区域。因此，简单地应用传统的机器学习算法可能无法对音频实现精确的处理。幸运的是，随着科学技术的不断进步，深度学习逐渐崭露头角，成为一项强大的分析工具。深度学习能够帮助使用者更准确地处理音频特征，从而提升音频分割的精度和效果。

从下一章开始将引导读者进入深度学习领域，从零开始手把手地教会读者使用深度学习完成分类任务，并最终实现多模态的语音文本转换。

第5章

基于深度神经网络的语音情绪分类识别

第4章讲解了音频信号处理的基本知识，包括音频信号处理的基本理论和处理方法，这对于了解和掌握音频系统的工作原理非常有帮助。现在让我们进入深度学习部分，本章将完成一个基于深度神经网络（Deep Neural Network，DNN）的语音情绪分类识别实战，综合利用前面讲解的知识，为大家演示一个PyTorch深度学习应用程序的基本构建与完整的训练过程。

PyTorch作为一个成熟的深度学习框架，对初学者来说，也能够很容易上手进行深度学习项目的训练，快速将这个框架作为深度学习常用工具来使用。通过PyTorch，只需要编写出最简单的代码，就可以构建相应的模型进行训练，而其缺点在于框架背后的内容都被隐藏起来了。本章首先使用PyTorch完成一个DNN模型搭建的示例，之后会通过语音情绪识别实战，带领读者了解完整的神经网络建模的过程和训练方法。

5.1 深度神经网络与多层感知机详解

深度神经网络是一种多层有监督神经网络，其本质是一个多层感知机（Multi-Layer Perceptron，MLP）结构，只不过层数较少时叫作多层感知机，层数较多时叫作深度神经网络。深度神经网络模型的特点是可以自动提取数据的特征，从而提高了模型的泛化能力。这里，模型的泛化能力指一个模型在面对新的、未见过的数据时，能够正确理解和预测这些数据的能力。在机器学习和人工智能领域，模型的泛化能力是评估模型性能的重要指标之一。

5.1.1 深度神经网络与多层感知机

深度神经网络的每个层都是由许多神经元组成的，每个神经元都与下一层的所有神经元相连。深度神经网络的训练过程是通过反向传播算法来实现的，该算法可以计算出每个参数的最佳值，以便在测试数据上获得最高准确率。

深度神经网络的具体实现就是多层感知机，这是一种基于多个层级神经元的人工神经网络，包含输入层、输出层以及多个隐藏层。最简单的多层感知机只含一个隐藏层，即三层的结构。每个隐藏层由若干神经元组成，每个神经元都与下一层的所有神经元相连。多层感知机的训练过程是通过反向传播算法来实现的，该算法可以计算出每个参数的最佳值，以便在测试数据上获得最高准确率。

基于这种思路，一个简单的模型设计想法就是同时对图像所有参数进行计算，即使用一个多层感知机对图像进行分类。整体的模型设计结构如图 5-1 所示。

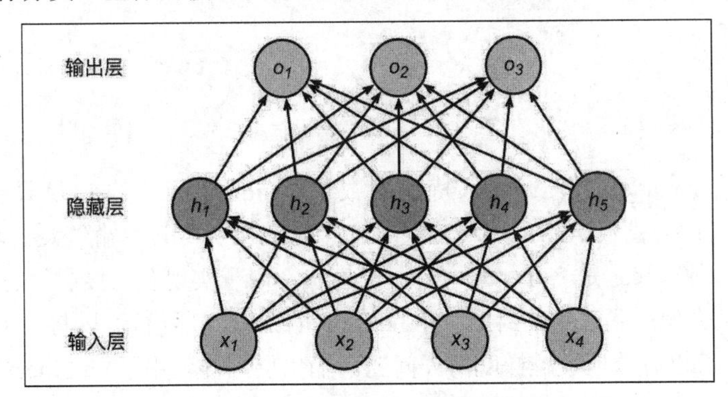

图 5-1　一个深度神经网络模型架构

从图 5-1 可以看到，一个多层感知机模型就是将数据输入后，分散到每个模型的节点(隐藏层)进行数据计算，然后将计算结果输出到对应的输出层中。

在 PyTorch 2.0 中，一个最简单的深度神经网络是通过堆叠多个全连接层完成的，全连接层（Fully Connected Layer，FCL）是神经网络中的一种常见层，也称为密集层。在全连接层中，每个神经元都与前一层的所有神经元相连，每个神经元的输出都是输入的加权和。全连接层的权重矩阵可以学习到输入数据的特征表示。在 PyTorch 中，可以使用 torch.nn.Linear 类来定义一个全连接层。例如，要定义一个输入大小为 20、输出大小为 5 的全连接层，可以使用以下代码来实现：

```
import torch.nn as nn
fc = nn.Linear(20, 5)
```

这里的 nn.Linear 类有两个参数：第一个参数 in_features 表示输入特征的数量，第一个参数 out_features 表示输出特征的数量。在这个例子中，输入特征的数量为 20，输出特征的数量为 5。

5.1.2　基于 PyTorch 2.0 的深度神经网络建模示例

前面介绍了深度神经网络与多层感知机的基本内容，下面将完成一个基于 PyTorch 2.0 的基本深度神经网络模型示例。顺便提醒一下，对于大多数的 PyTorch 2.0 模型搭建来说，都可以使用这个框架来完成。

1. 一个基本的深度神经网络模型架构

```
import torch
import torch.nn as nn
import torch.optim as optim

# 定义 DNN 模型
```

```
class DNN(torch.nn.Module):
    def __init__(self, input_size, hidden_size, output_size):
        super(DNN, self).__init__()
        self.hidden = torch.nn.Linear(input_size, hidden_size)
        self.relu = torch.nn.ReLU()
        self.output = torch.nn.Linear(hidden_size, output_size)

    def forward(self, x):
        x = self.hidden(x)
        x = self.relu(x)
        x = self.output(x)
        return x
```

在上面代码中，input_size 表示输入特征的数量，hidden_size 表示隐藏层神经元的数量，num_classes 表示分类的类别数。nn.Linear 定义了一个全连接层，其中输入大小为 input_size，输出大小为 hidden_size。nn.Linear 是 PyTorch 中的一个模块，用于实现全连接层的功能。

隐藏层的激活函数使用了 ReLU 函数，即 nn.ReLU()。ReLU 函数可以将小于 0 的值置为 0，大于 0 的值保持不变，可以有效地缓解梯度消失问题。输出层同样使用了 nn.Linear 模块，其输出大小为 output_size。

模型的初始化过程包括对模型中所有可学习参数的初始化。在上面代码中，作者使用 nn.init 模块中的函数对模型的参数进行初始化。具体来说，PyTorch 会在初始类的时候，使用 nn.init.xavier_uniform_()函数对模型的权重进行初始化，该函数会根据 Xavier 均匀分布来初始化权重，使得每一层的方差保持一致，从而加速模型的收敛速度。在定义完模型后，下一步将对模型进行训练和预测。

2. 深度神经网络模型的训练和预测

在训练模型之前，我们需要准备好训练数据和测试数据，并将它们转换为 PyTorch 张量格式。然后定义损失函数和优化器，并进行模型的训练。具体代码如下：

```
# 准备数据
train_data = torch.randn(100, 10)
train_labels = torch.randint(0, 2, (100,))
test_data = torch.randn(20, 10)
test_labels = torch.randint(0, 2, (20,))
```

上面代码中，对于训练数据，我们使用 torch.randn 函数生成了一个形状为(100,10)的张量，其中每个元素都是从标准正态分布中随机采样得到的。这个张量表示有 100 个样本，每个样本有 10 个特征。对于测试数据，也使用 torch.randn 函数生成了一个形状为(20, 10)的张量，其中每个元素也是从标准正态分布中随机采样得到的；这个张量表示有 20 个样本，每个样本有 10 个特征。

需要注意的是，这里假设标签是二进制的（只有 0 和 1 两个取值），因此使用 torch.randint 函数生成了相应形状的标签张量，其中每个元素也是从标准整数分布中随机采样得到的。最后，将训练数据、训练标签和测试数据、测试标签都转换为 PyTorch 张量格式，以便后续在模型中进行计算。

优化器的选择和参数设置对于模型的训练效果至关重要。在上面代码中，我们选择了随机梯度下降（Stochastic Gradient Descent，SGD）作为优化器，并设置了学习率为 0.001。随机梯度下降是一种常用的优化算法，它可以自适应地调整学习率，以最小化损失函数。

```
# 初始化模型和优化器
model = DNN(10, 50, 2)
optimizer = optim.SGD(model.parameters(), lr=0.001)
criterion = nn.CrossEntropyLoss()
```

注意：随机梯度下降是最基础和重要的优化算法，其具体内容将在下一章单独介绍。

3. 模型的训练与测试

接下来完成模型的训练与测试。在这里一个较传统的训练方式是按设定的次数对模型进行训练，代码如下：

```
# 训练模型
for epoch in range(10):
    optimizer.zero_grad()
    outputs = model(train_data)

    loss = criterion(outputs, train_labels)
    loss.backward()
    optimizer.step()

# 预测测试数据
with torch.no_grad():
    test_outputs = model(test_data)
    _, predicted = torch.max(test_outputs, 1)
    print('Predicted labels: ', predicted)
```

具体来说，一个完整的深度神经网络模型训练过程如下。

- 前向传播：将输入数据传入模型，计算输出结果。
- 反向传播：根据输出结果和真实标签，计算损失函数。
- 权重梯度计算：根据损失函数对模型参数的导数计算权重梯度。
- 权重更新：根据权重梯度和学习率更新模型参数。

在训练过程中，还需要注意一些优化技巧，例如使用一阶优化算法（Adam）代替随机梯度下降（SGD）、使用动量（Momentum）加速收敛、使用正则化防止过拟合等。此外，我们还需要选择合适的损失函数、优化器和学习率等超参数，以便更好地训练模型。

5.1.3　交叉熵损失函数详解

在前面的示例代码中，使用了交叉熵损失函数 torch.nn.CrossEntropyLoss()。交叉熵损失函数是一种常用的损失函数，用于衡量模型输出结果与真实结果之间的差异，如图 5-2 所示。

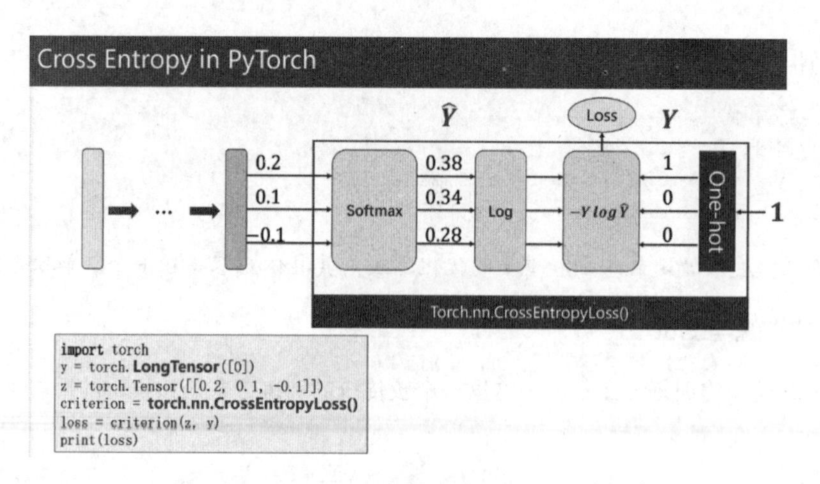

图 5-2　交叉熵损失函数

在分类问题中，交叉熵损失函数经常用于衡量模型的预测能力，其计算公式为：

$$H(p,q) = -\sum x(p(x)\log q(x) + (1-p(x))\log(1-q(x)))$$

其中，$p(x)$ 表示真实标签的概率分布，$q(x)$ 表示模型预测的概率分布。而 PyTorch 官网对其介绍如下：

```
    CLASS torch.nn.CrossEntropyLoss(weight=None, size_average=None,
ignore_index=- 100,reduce=None, reduction='mean', label_smoothing=0.0)
```

该损失函数计算输入值（Input）和目标值（Target）之间的交叉熵损失。交叉熵损失函数可用于训练一个单标签或者多标签类别的分类问题。参数 weight 给定时，其为分配给每个类别的权重的一维张量（Tensor）。当数据集分布不均衡时，这是很有用的。

同样需要注意的是，因为 torch.nn.CrossEntropyLoss 内置了 softmax 运算，而 softmax 的作用是计算分类结果中最大的那个类。从图 5-2 中的代码实现中可以看到，此时 CrossEntropyLoss 已经在实现计算时完成了 softmax 计算，因此在使用 CrossEntropyLoss 作为损失函数时，不需要在网络的最后添加 softmax 层。此外，label 应为一个整数，而不是 One-Hot 编码形式。

5.2　实战：基于深度神经网络的语音情绪识别

随着信息技术的不断发展，如何让机器识别人类情绪，这个任务受到了学术界和工业界的广泛关注。目前，情绪识别有两种方式，一种是检测生理信号，如呼吸、心率和体温等；另一种是检测情感行为，如人脸微表情识别、语音情绪识别和姿态识别。语音情绪识别是一种生物特征属性的识别方法，可通过一段语音的声学特征（与语音内容和语种无关）来识别说话人的情绪状态。语音情绪如图 5-3 所示。

上一节完成了深度神经网络的基本模型，并完成了一个具有示例意义的模型训练。本节将基于此完成一项语音实战任务，即基于深度神经网络的语音情感实战。

图 5-3　语音情绪

5.2.1　情绪数据的获取与标签的说明

首先是语音情绪数据集的下载，在这里使用瑞尔森情感语音和歌曲视听数据集（RAVDESS）。RAVDESS 语音数据集包含 1440 个文件，覆盖两种不同类型的数据：演讲和歌曲。这个数据集由 24 名专业演员（12 名女性，12 名男性）录制。言语情绪包括中性、平静、快乐、悲伤、愤怒、恐惧、惊讶和厌恶等 8 种情绪。每种情绪都包含两种情绪强度（正常、强烈）。

读者可以自行下载 RAVDESS 数据集，在这里使用 Audio_Speech_Actors_01-24.zip 这个子数据集进行情感分类，其结构如图 5-4 所示。

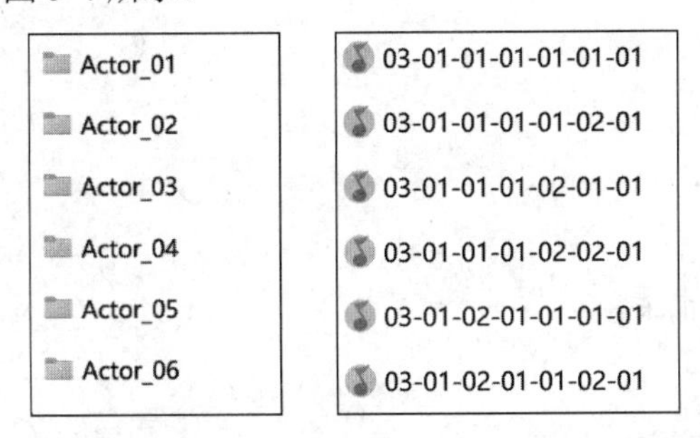

图 5-4　左图是 Audio 文件夹，右图是单个文件夹数据

下面讲解情绪文件的标签问题。这个数据包含中性、平静、快乐、悲伤、愤怒、恐惧、厌恶、惊讶 8 种情感，本项目只使用里面的 Audio_Speech_Actors_01-24.zip 数据集，说话的语句只有 Kids are talking by the door 和 Dogs are sitting by the door。这一点请读者注意。

在这里每个音频文件都拥有一个独一无二的文件名，例如图 5-4 所示的 03-01-01-01-01-01-01.wav。这些文件名由 7 部分数字标识符构成，并非随意命名。这些数字标识符实际上赋予了文件名特定的标签意义，通过文件名就能够了解音频文件的某些属性或特征：

- 模态（01 = 全 AV，02 = 仅视频，03 = 仅音频）。
- 人声通道（01 = 语音，02 = 歌曲）。
- 情绪（01 = 中性，02 = 平静，03 = 快乐，04 = 悲伤，05 = 愤怒，06 = 恐惧，07 = 厌恶，08 = 惊讶）。
- 情绪强度（01 = 正常，02 = 强烈）。注意，“中性”情绪没有情绪强度。
- 内容（01 = Kids are talking by the door，02 =Dogs are sitting by the door）。
- 重复（01 = 第一次重复，02 = 第二次重复）。
- 演员（01~24。奇数为男性，偶数为女性）。

通过对比，03-01-02-01-01-01-01.wav 这个文件对应的信息如下：

- 纯音频（03）。
- 语音（01）。
- 平静（02）。
- 正常强度（01）。
- 语调“正常”（01）。
- 第一次重复（01）。
- 第一号男演员（01）。

另外，需要注意的是，在数据集中，音频的采样率为 22 050，这点可以设定或者采用第 4 章介绍的 Librosa 库进行读取。

5.2.2 情绪数据集的读取

下面对情绪数据集进行读取，在读取之前需要注意，每个文件都存放在不同的文件夹中，而每个文件夹也有若干不同的情绪文件。因此，在读取时需要首先完成文件夹的读取函数：

```
import numpy as np
import torch
import os
import librosa as lb
import soundfile

# 列出所有目录下文件夹的函数
def list_folders(path):
    """
    列出指定路径下的所有文件夹名
    """
    folders = []
    for root, dirs, files in os.walk(path):
        for dir in dirs:
            folders.append(os.path.join(root, dir))
    return folders

def list_files(path):
    files = []
    for item in os.listdir(path):
        file = os.path.join(path, item)
        if os.path.isfile(file):
            files.append(file)
    return files
```

由于这里是对音频进行读取，我们在第 4 章对音频数据降维的时候完成了基于 Librosa 库的音频读取和转换，读者可以直接使用其代码，如下：

```
#注意采样率的变更
def audio_features(wav_file_path, mfcc = True, chroma = False, mel =
False,sample_rate = 22050):
    audio,sample_rate =  lb.load(wav_file_path,sr=sample_rate)
```

```
        if len(audio.shape) != 1:
            return None
        result = np.array([])
        if mfcc:
            mfccs = np.mean(lb.feature.mfcc(y=audio, sr=sample_rate, n_mfcc=40).T,
axis=0)
            result = np.hstack((result, mfccs))
        if chroma:
            stft = np.abs(lb.stft(audio))
            chroma = np.mean(lb.feature.chroma_stft(S=stft, sr=sample_rate).T,
axis=0)
            result = np.hstack((result, chroma))
        if mel:
            mel = np.mean(lb.feature.melspectrogram(y=audio, sr=sample_rate,
n_mels=40, fmin=0, fmax=sample_rate//2).T, axis=0)
            result = np.hstack((result, mel))
        # print("file_title: {}, result.shape: {}".format(file_title,
result.shape))
        return result
```

这里需要注意的是，由于读取的是不同数据集，而采样率会跟随数据集的不同而变化，因此这里的采样率设置为 22 050。

下面展示完整的数据读取代码。为了便于理解，我们对每种情绪做了文字定义，并将这些定义与相应的情绪序号进行关联。需要注意的是，在前面的讲解中，情绪序号是排在文件名的第三个位置的数据。因此，我们可以通过对文件名进行文本分割提取出情绪序号，并根据序号与情绪的对应关系读取并理解相应情绪的标签。代码如下：

```
    ravdess_label_dict = {"01": "neutral", "02": "calm", "03": "happy", "04": "sad",
"05": "angry", "06": "fear", "07": "disgust", "08": "surprise"}

    folders = list_folders("./dataset")
    label_dataset = []
    train_dataset =  []
    for folder in  folders:
        files = list_files(folder)
        for _file in files:

            label = _file.split("\\")[-1].replace(".wav","").split("-")[2]
            ravdess_label = ravdess_label_dict[label]
            label_num = int(label) -1 #这里减 1 是由于初始位置是 1，而一般列表的初始位置是 0

            result = audio_features(_file)
            train_dataset.append(result)
            label_dataset.append(label_num)

    train_dataset = torch.tensor(train_dataset,dtype=torch.float)
    label_dataset = torch.tensor(label_dataset,dtype=torch.long)

    print(train_dataset.shape)
```

```
print(label_dataset.shape)
```

最终的打印结果是将训练数据和 label 数据转换为 torch 的向量，代码如下：

```
torch.Size([1440,40])
torch.Size([1440])
```

在这里只使用了 MFCC 的特征作为音频特征，而对于其他特征读者可以自行尝试。特别需要注意的是，这里 MFCC 的维度是 40，这与后续模型的输入维度相同。当改变输入特征的长度后，后续的模型维度也要变化。

5.2.3 基于深度神经网络示例的模型设计和训练

本小节讲解情绪模型的设计和训练。在这里我们可以直接使用在 5.1.2 节中定义的深度神经网络示例框架，基于其实现模型的训练。完整代码如下：

```
import torch
import torch.nn as nn
import torch.optim as optim

# 定义模型
class DNN(torch.nn.Module):
    def __init__(self, input_size = 40, hidden_size = 128, output_size = 8):
        super(DNN, self).__init__()
        self.hidden = torch.nn.Linear(input_size, hidden_size)
        self.relu = torch.nn.ReLU()
        self.output = torch.nn.Linear(hidden_size, output_size)

    def forward(self, x):
        x = self.hidden(x)
        x = self.relu(x)
        x = self.output(x)
        return x

# 准备数据
import get_data
train_data = get_data.train_dataset.to("cuda")
train_labels = get_data.label_dataset.to("cuda")
train_num = 1440

# 初始化模型和优化器
model = DNN().to("cuda")
optimizer = optim.Adam(model.parameters(), lr=1E-4)
criterion = nn.CrossEntropyLoss()

# 训练模型，由于数据较少，这里一次性读取数据
for epoch in range(1024):
    optimizer.zero_grad()
    outputs = model(train_data)
    loss = criterion(outputs, train_labels)
```

```
        loss.backward()
        optimizer.step()

        if (epoch+ 1)%10 == 0:
            accuracy = (outputs.argmax(1) ==
train_labels).type(torch.float32).sum().item() / train_num
            print("epoch: ",epoch,"train_loss:", (loss),"accuracy:",(accuracy))
            print("-------------")
```

以上代码中，首先定义了一个 DNN 类，继承自 torch.nn.Module。在构造函数中，定义了三个层：一个线性层（hidden）、一个 ReLU 激活函数层（relu）和一个输出层（output）。在前向传播函数中，依次将输入数据 x 通过这三个层进行计算，最后返回输出结果。

接下来，将准备好的情绪语音数据集加载到 GPU 上。定义了一个简单的 DNN 模型实例，并将其转移到 GPU 上。设置优化器为 Adam，学习率为 1E-4。定义损失函数为交叉熵损失（CrossEntropyLoss）。

在训练循环中，每次迭代都先将梯度清零，然后计算模型的输出。接着计算损失值，并进行反向传播和参数更新。每 10 个 epoch 打印一次训练损失和准确率，结果如下所示。

```
...
epoch:  999 train_loss: tensor(1.5577, device='cuda:0',
grad_fn=<NllLossBackward0>) accuracy: 0.42569444444444443
-------------
epoch:  1009 train_loss: tensor(1.5536, device='cuda:0',
grad_fn=<NllLossBackward0>) accuracy: 0.4270833333333333
-------------
epoch:  1019 train_loss: tensor(1.5495, device='cuda:0',
grad_fn=<NllLossBackward0>) accuracy: 0.4305555555555556
-------------
```

5.3　本章小结

本章实现了对音频情绪的识别任务，并完成了基于深度神经网络的多层感知机建模示例，实际上大多数情况下 PyTorch 深度学习应用程序都可以按此框架完成。在本章中，我们讲解了 PyTorch 中最常用的神经网络层——全连接层，这是深度学习的重要内容，一定要认真掌握。

最后的实战部分演示了通过对数据的读取，模型可以较好地分辨出对应结果，但是对于准确率的提升，这里设计的模型采用的是最简单的 DNN 架构，即只有两层全连接层，读者可以自由增加内容连接层。另外，对于音频读取的特征，由于只使用了梅尔频率倒谱系数，因此读者可以使用更多特征进行处理。

第 6 章

一学就会的深度学习基础算法

深度学习是目前以及可以预见的将来最为重要也是最有发展前景的一个学科，而深度学习的基础则是神经网络，神经网络在本质上是一种无须事先确定输入输出之间映射关系的数学方程，通过自身的训练学习某种规则，在给定输入值时得到最接近期望输出值的结果。

作为一种智能信息处理系统，人工神经网络实现其功能的核心是反向传播（Back Propagation，BP）神经网络，如图 6-1 所示。

BP 神经网络是一种按误差反向传播（简称误差反传）训练的多层前馈网络，它的基本思想是梯度下降法，利用梯度搜索技术，以期使网络的实际输出值和期望输出值的误差均方差为最小。

图 6-1　BP 神经网络

本章将从 BP 神经网络的开始讲起，全面介绍其概念、原理及其背后的数学原理。

6.1　反向传播神经网络前身历史

在介绍反向传播神经网络之前，人工神经网络是必须提到的内容。人工神经网络（Artificial Neural Network，ANN）的发展经历了大约半个世纪，从 20 世纪 40 年代初到 80 年代，神经网络的研究经历了低潮和高潮几起几落的发展过程。

1930 年，B.Widrow 和 M.Hoff 提出了自适应线性元件网络（ADAptive LINear NEuron，ADALINE），这是一种连续取值的线性加权求和阈值网络。后来，在此基础上发展了非线性多层自适应网络。Widrow-Hoff 的技术被称为最小均方误差（Least Mean Square，LMS）学习规则。从此，神经网络的发展进入了第一个高潮期。

的确，在有限范围内，感知机有较好的功能，并且收敛定理得到证明。单层感知机能够通过学习把线性可分的模式分开，但对像 XOR（异或）这样简单的非线性问题却无法求解，这一点让人们大失所望，甚至开始怀疑神经网络的价值和潜力。

1939 年，麻省理工学院著名的人工智能专家 M.Minsky 和 S.Papert 出版了颇有影响力的 Perceptron 一书，从数学上剖析了简单神经网络的功能和局限性，并且指出多层感知机还不能找到有效的计算方法，由于 M.Minsky 在学术界的地位和影响，其悲观的结论被大多数人不做进一步分析而接受，加之当时以逻辑推理为研究基础的人工智能和数字计算机的辉煌成就，大大减低了人们对神经网络研究的热情。

其后，人工神经网络的研究进入了低潮。尽管如此，神经网络的研究并未完全停顿下来，仍有不少学者在极其艰难的条件下致力于这一研究。

1943 年，心理学家 W • McCulloch 和数理逻辑学家 W • Pitts 在分析、总结神经元基本特性的基础上提出了神经元的数学模型（McCulloch-Pitts 模型，简称 MP 模型），标志着神经网络研究的开始。由于受当时研究条件的限制，很多工作不能模拟，在一定程度上影响了 MP 模型的发展。尽管如此，MP 模型对后来的各种神经元模型及网络模型都有很大的启发作用，在此后的 1949 年，D.O.Hebb 从心理学的角度提出了至今仍对神经网络理论有着重要影响的 Hebb 法则。

1945 年，冯 • 诺依曼领导的设计小组试制成功存储程序式电子计算机，标志着电子计算机时代的开始。1948 年，他在研究工作中比较了人脑结构与存储程序式计算机的根本区别，提出了以简单神经元构成的再生自动机网络结构。但是，由于指令存储式计算机技术的发展非常迅速，迫使他放弃了神经网络研究的新途径，继续投身于指令存储式计算机技术的研究，并在此领域作出了巨大贡献。虽然，冯 • 诺依曼的名字是与普通计算机联系在一起的，但他也是人工神经网络研究的先驱之一，如图 6-2 所示。

图 6-2　冯 • 诺依曼

1958 年，F • Rosenblatt 设计制作了“感知机”，它是一种多层的神经网络。这项工作首次把人工神经网络的研究从理论探讨付诸工程实践。感知机由简单的阈值性神经元组成，初步具备了诸如学习、并行处理、分布存储等神经网络的一些基本特征，从而确立了从系统角度进行人工神经网络研究的基础。

1972 年，T.Kohonen 和 J.Anderson 不约而同地提出具有联想记忆功能的新神经网络。1973 年，S.Grossberg 与 G.A.Carpenter 提出了自适应共振理论（Adaptive Resonance Theory，ART），并在以后的若干年内发展了 ART1、ART2、ART3 这 3 个神经网络模型，从而为神经网络研究的发展奠定了理论基础。

进入 20 世纪 80 年代，特别是 80 年代末期，对神经网络的研究从复兴很快转入了新的热潮。

这主要是因为：

- 一方面，经过十几年迅速发展，以逻辑符号处理为主的人工智能理论和冯·诺依曼计算机在处理诸如视觉、听觉、形象思维、联想记忆等智能信息处理问题上受到了挫折。
- 另一方面，并行分布处理的神经网络本身的研究成果使人们看到了新的希望。

1982 年，美国加州工学院的物理学家 J.Hoppfield 提出了 HNN（Hoppfield Neural Network，Hopfield 神经网络）模型，并首次引入了网络能量函数概念，使网络稳定性研究有了明确的判据，其电子电路实现为神经计算机的研究奠定了基础，同时也开拓了神经网络用于联想记忆和优化计算的新途径。

1983 年，K.Fukushima 等提出了神经认知机网络理论；1985 年，D.H.Ackley、G.E.Hinton 和 T.J.Sejnowski 将模拟退火概念移植到 Boltzmann 机模型的学习中，以保证网络能收敛到全局最小值。1983 年，D.Rumelhart 和 J.McCelland 等提出了 PDP（Parallel Distributed Processing，并行分布处理）理论，致力于认知微观结构的探索，同时发展了多层网络的 BP 算法，使 BP 网络成为目前应用最广的网络。

反向传播（见图 6-3）一词的使用出现在 1985 年后，它的广泛使用是在 1983 年 D.Rumelhart 和 J.McCelland 所著的 *Parallel Distributed Processing* 这本书出版以后。1987 年，T.Kohonen 提出了自组织映射（Self Organizing Map，SOM）。1987 年，美国电气和电子工程师学会（Institute For Electrical and Electronic Engineers，IEEE）在圣地亚哥（San Diego）召开了盛大规模的神经网络国际学术会议，国际神经网络学会（International Neural Networks Society）也随之诞生。

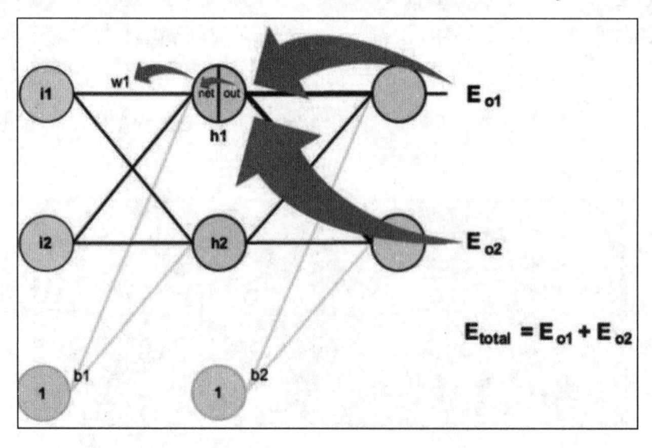

图 6-3　反向传播

1988 年，国际神经网络学会的正式杂志 *Neural Networks* 创刊；从 1988 年开始，国际神经网络学会和 IEEE 每年联合召开一次国际学术年会。1990 年，IEEE 神经网络会刊问世，各种期刊的神经网络特刊层出不穷，神经网络的理论研究和实际应用进入了一个蓬勃发展的时期。

BP 神经网络（见图 6-4）的代表者是 D.Rumelhart 和 J.McCelland，BP 神经网络是一种按误差逆传播算法训练的多层前馈网络，是目前应用最广泛的神经网络模型之一。

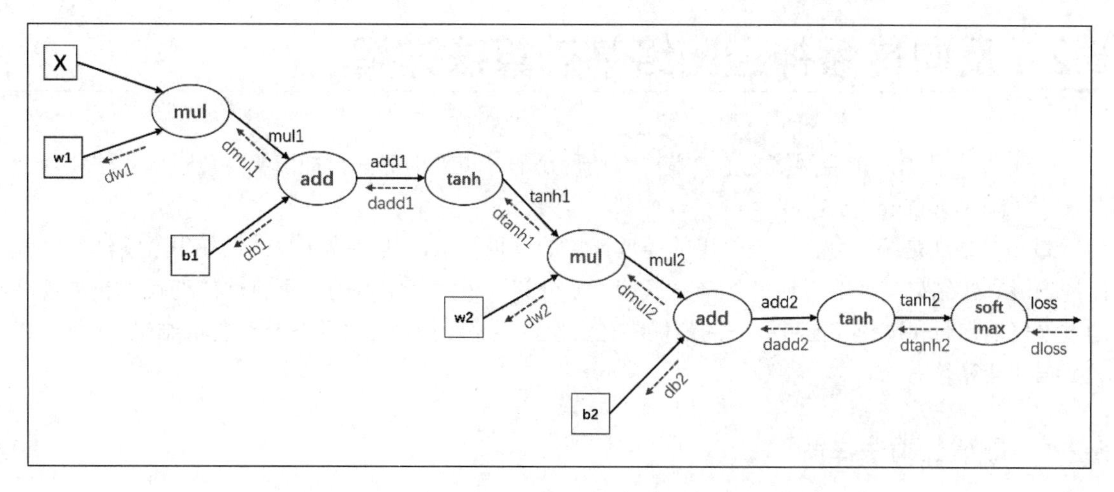

图 6-4　BP 神经网络

BP 算法的学习过程由信息的正向传播和误差的反向传播两个过程组成。

- 输入层：各神经元负责接收来自外界的输入信息，并传递给中间层各神经元。
- 中间层：中间层是内部信息处理层，负责信息变换，根据信息变换能力的需求，中间层可以设计为单隐藏层或者多隐藏层结构。
- 输出层：传递到输出层各神经元的信息，经进一步处理后，完成一次学习的正向传播处理过程，由输出层向外界输出信息处理结果。

当实际输出与期望输出不符时，进入误差的反向传播阶段。误差通过输出层，按误差梯度下降的方式修正各层权值，向隐藏层、输入层逐层反传。周而复始的信息正向传播和误差反向传播过程是各层权值不断调整的过程，也是神经网络学习训练的过程，此过程一直进行到网络输出的误差减少到可以接受的程度，或者预先设定的学习次数为止。

目前神经网络的研究方向和应用很多，反映了多学科交叉技术领域的特点。主要的研究工作集中在以下几个方面：

- 生物原型研究。从生理学、心理学、解剖学、脑科学、病理学等生物科学方面研究神经细胞、神经网络、神经系统的生物原型结构及其功能机理。
- 建立理论模型。根据生物原型的研究，建立神经元、神经网络的理论模型。其中包括概念模型、知识模型、物理化学模型、数学模型等。
- 网络模型与算法研究。在理论模型研究的基础上构建具体的神经网络模型，以实现计算机模拟或硬件的仿真，还包括网络学习算法的研究。这方面的工作也称为技术模型研究。
- 人工神经网络应用系统。在网络模型与算法研究的基础上，利用人工神经网络组成实际的应用系统。例如，完成某种信号处理或模式识别的功能、构建专家系统、制造机器人等。

纵观当代新兴科学技术的发展历史，人类在征服宇宙空间、基本粒子、生命起源等科学技术领域的进程中历经了崎岖不平的道路。我们也会看到，探索人脑功能和神经网络的研究将伴随着重重困难的克服而日新月异。

6.2 反向传播神经网络基础算法详解

在正式介绍 BP 神经网络之前，首先介绍两个非常重要的算法，即随机梯度下降算法和最小二乘法（Least Square，LS）。

最小二乘法是统计分析中最常用的逼近计算的一种算法，其交替计算结果使得最终结果尽可能地逼近真实结果。而随机梯度下降算法使其充分利用了深度学习的运算特性的迭代性和高效性，通过不停地判断和选择当前目标下的最优路径，使得能够在最短路径下达到最优的结果，从而提高大数据的计算效率。

6.2.1 最小二乘法详解

最小二乘法（LS 算法）是一种数学优化技术，也是一种机器学习常用算法。它通过最小化误差的平方和寻找数据的最佳函数匹配。利用最小二乘法可以简便地求得未知的数据，并使得这些求得的数据与实际数据之间误差的平方和为最小。最小二乘法还可用于曲线拟合。其他一些优化问题也可通过最小化能量或最大化熵用最小二乘法来表达。

由于最小二乘法不是本章的重点内容，笔者只通过一个图示演示最小二乘法的原理。最小二乘法的原理如图 6-5 所示。

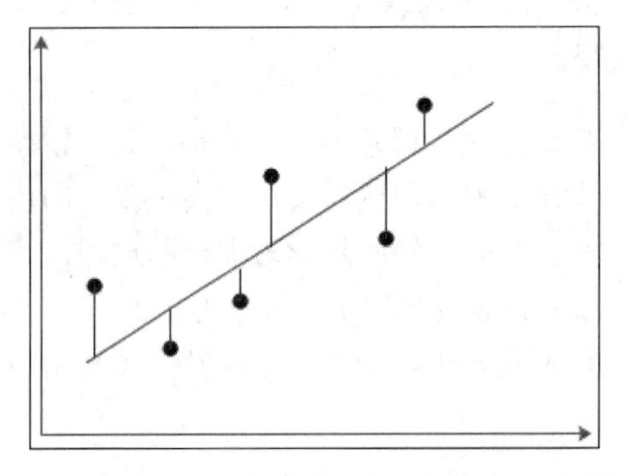

图 6-5 最小二乘法的原理

从图 6-5 可以看到，若干点依次分布在向量空间中，如果希望找出一条直线和这些点达到最佳匹配，那么最简单的方法是希望这些点到直线的值最小，即下面的最小二乘法实现公式最小。

$$f(x) = ax + b$$

$$\delta = \sum (f(x_i) - y_i)^2$$

这里直接引用的是真实值与计算值之间的差的平方和，具体而言，这种差值有个专门的名称为“残差”。基于此，表达残差的方式有以下 3 种。

- ∞-范数：残差绝对值的最大值 $\max\limits_{1 \leqslant i \leqslant m} |r_i|$，即所有数据点中残差距离的最大值。
- L1-范数：绝对残差和 $\sum_{i=1}^{m} |r_i|$，即所有数据点残差距离之和。
- L2-范数：残差平方和 $\sum_{i=1}^{m} r_i^2$ 。

可以看到，所谓的最小二乘法也就是L2范数的一个具体应用。通俗地说，就是看模型计算出的结果与真实值之间的相似性。

因此，最小二乘法可如下定义：

对于给定的数据（xi，yi）(i=1,⋯,m)，在取定的假设空间 H 中，求解 f(x)∈H，使得残差 $\delta=\sum(f(x_i)-y_i)^2$ 的 L2-范数最小。

看到这里，可能有同学又会提出疑问，这里的 f(x)又该如何表示？

实际上，函数 f(x)是一条多项式函数曲线：

$$f(x)=w_0+w_1x^1+w_2x^2+\cdots+w_nx^n\ (w_n\text{为一系列的权重})$$

由上面的公式可以知道，所谓的最小二乘法，就是找到这么一组权重 w，使得 $\delta=\sum(f(x_i)-y_i)^2$ 最小。那么问题又来了，如何能使得最小二乘法的计算结果最小？

对于求出最小二乘法的结果，可以通过数学上的微积分处理方法，这是一个求极值的问题，只需要对权值依次求偏导数，最后令偏导数为 0，即可求出极值点。

$$\frac{\partial J}{\partial w_0}=\frac{1}{2m}*2\sum_1^m(f(x)-y)*\frac{\partial(f(x))}{\partial w_0}=\frac{1}{m}\sum_1^m(f(x)-y)=0$$

$$\frac{\partial J}{\partial w_1}=\frac{1}{2m}*2\sum_1^m(f(x)-y)*\frac{\partial(f(x))}{\partial w_1}=\frac{1}{m}\sum_1^m(f(x)-y)*x=0$$

$$\vdots$$

$$\frac{\partial J}{\partial w_n}=\frac{1}{2m}*2\sum_1^m(f(x)-y)*\frac{\partial(f(x))}{\partial w_n}=\frac{1}{m}\sum_1^m(f(x)-y)*x=0$$

具体实现最小二乘法的代码如下（注意，为了简化起见，使用了一元一次方程组进行演示拟合）。

【程序6-1】

```
import numpy as np
from matplotlib import pyplot as plt

A = np.array([[5],[4]])
C = np.array([[4],[6]])
B = A.T.dot(C)
AA = np.linalg.inv(A.T.dot(A))
l=AA.dot(B)
P=A.dot(l)
x=np.linspace(-2,2,10)
x.shape=(1,10)
xx=A.dot(x)
fig = plt.figure()
ax= fig.add_subplot(111)
ax.plot(xx[0,:],xx[1,:])
ax.plot(A[0],A[1],'ko')
ax.plot([C[0],P[0]],[C[1],P[1]],'r-o')
ax.plot([0,C[0]],[0,C[1]],'m-o')
ax.axvline(x=0,color='black')
ax.axhline(y=0,color='black')
margin=0.1
```

```
ax.text(A[0]+margin, A[1]+margin, r"A",fontsize=20)
ax.text(C[0]+margin, C[1]+margin, r"C",fontsize=20)
ax.text(P[0]+margin, P[1]+margin, r"P",fontsize=20)
ax.text(0+margin,0+margin,r"O",fontsize=20)
ax.text(0+margin,4+margin, r"y",fontsize=20)
ax.text(4+margin,0+margin, r"x",fontsize=20)
plt.xticks(np.arange(-2,3))
plt.yticks(np.arange(-2,3))
ax.axis('equal')
plt.show()
```

最终结果如图 6-6 所示。

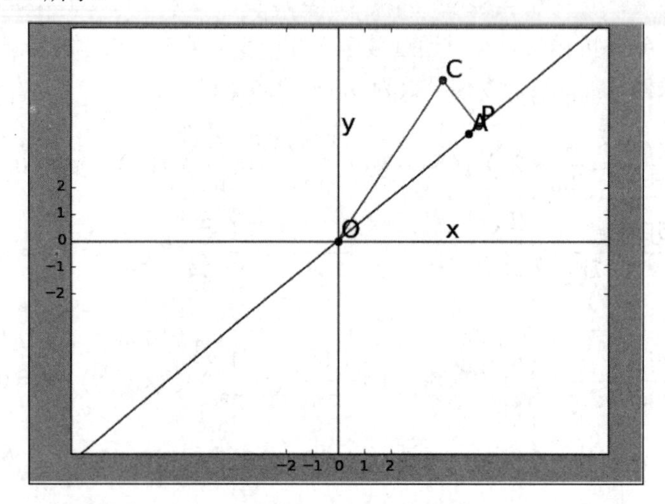

图 6-6　最小二乘法拟合曲线

6.2.2　梯度下降算法（道士下山的故事）

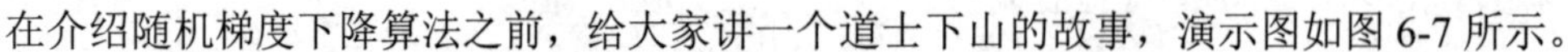

在介绍随机梯度下降算法之前，给大家讲一个道士下山的故事，演示图如图 6-7 所示。

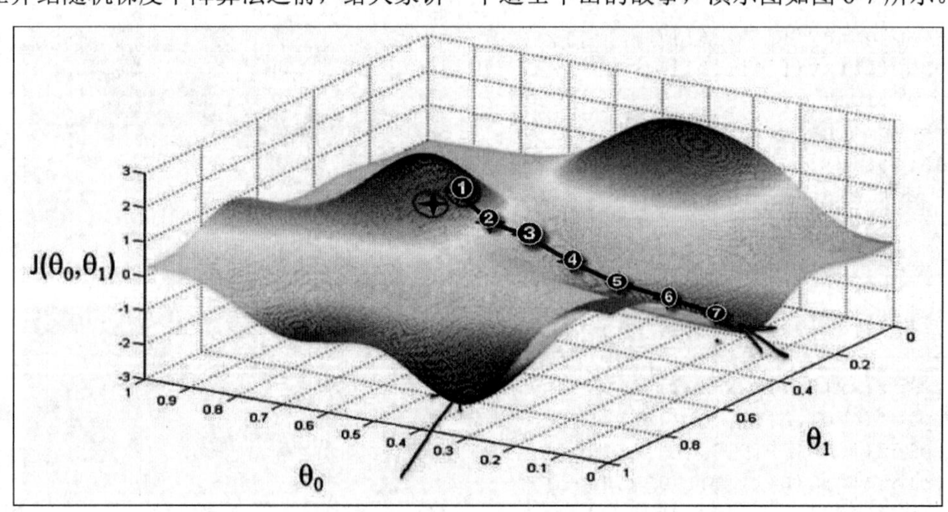

图 6-7　模拟随机梯度下降算法的演示图

这是一个模拟随机梯度下降算法的演示图。为了便于理解，我们将其比喻成道士想要出去游玩的一座山。

设想道士有一天和道友一起到一座不太熟悉的山上去玩，在兴趣盎然中很快登上了山顶。但是天有不测，下起了雨。如果这时需要道士和其同来的道友用最快的速度下山，那么怎么办呢？

如果想以最快的速度下山，那么最快的办法就是顺着坡度最陡峭的地方走下去。但是，由于不熟悉路，道士在下山的过程中，每走过一段路程就需要停下来观望，从而选择最陡峭的下山路。这样一路走下来的话，可以在最短时间内走到底。

在图 6-7 上可以近似地表示为：

① → ② → ③ → ④ → ⑤ → ⑥ → ⑦

每个数字代表每次停顿的地点，这样只需要在每个停顿的地点选择最陡峭的下山路即可。

这就是道士下山的故事，随机梯度下降算法和这个类似。如果想要使用最迅捷的下山方法，那么最简单的办法就是在下降一个梯度的阶层后，寻找一个当前获得的最大坡度继续下降。这就是随机梯度算法的原理。

从上面的例子可以看到，随机梯度下降算法就是不停地寻找某个节点中下降幅度最大的那个趋势进行迭代计算，直到将数据收缩到符合要求的范围为止。通过数学公式计算的话，公式如下：

$$f(\theta)=\theta_0 x_0+\theta_1 x_1+\cdots+\theta_n x_n=\sum \theta_i x_i$$

在 6.2.1 节讲最小二乘法的时候，我们通过最小二乘法说明了直接求解最优化变量的方法，也介绍了在求解过程中的前提条件是要求计算值与实际值的偏差的平方最小。

然而，在随机梯度下降算法中，系数的求解策略有所不同。在这种算法中，我们需要不断地求解当前位置下的最优化数据。从数学角度来看，这相当于持续地对系数 θ 求偏导数。公式如下：

$$\frac{\partial f(\theta)}{\partial w_n}=\frac{1}{2m}*2\sum_1^m\left(f(\theta)-y\right)*\frac{\partial(f(\theta))}{\partial\theta}=\frac{1}{m}\sum_1^m\left(f(x)-y\right)*x$$

公式中，θ 会向着梯度下降最快的方向减少，从而推断出 θ 的最优解。

因此，随机梯度下降算法最终被归结为：通过迭代计算特征值，从而求出最合适的值。求解 θ 的公式如下：

$$\theta_{i+1}=\theta_i-\frac{\alpha}{m}\sum_{i=1}^{m}(f(\theta_i)-y_i)x_i，\text{m 为总数据量}$$

公式中，α 是下降系数。用较为通俗的话表示，就是用来计算每次下降的幅度大小。系数越大，每次计算中的差值就越大，系数越小，则差值越小，但是计算时间也相对延长。

随机梯度下降算法的迭代过程如图 6-8 所示。

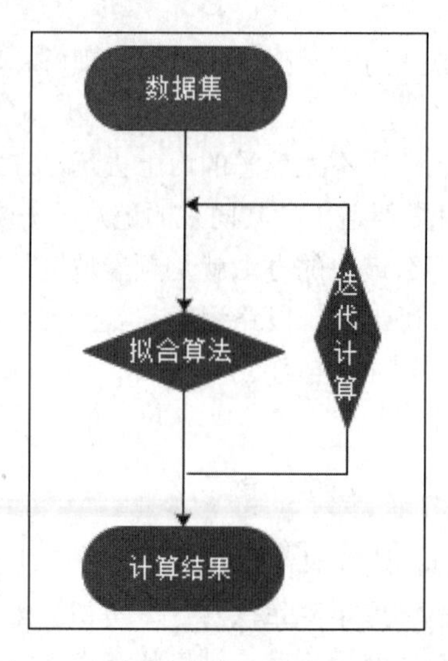

图 6-8 随机梯度下降算法的迭代过程

从图 6-8 中可以看到，实现随机梯度下降算法的关键是拟合算法的实现。而本例的拟合算法实现较为简单，通过不停地修正数据值，从而达到数据的最优值。

随机梯度下降算法在神经网络特别是机器学习中应用较广，但是由于其天生的缺陷，噪声较多，使得在计算过程中并不是都向着整体最优解的方向优化，往往可能只是一个局部最优解。因此，为了克服这些困难，最好的办法就是增大数据量，在不停地使用数据进行迭代处理的时候，能够确保整体的方向是全局最优解，或者最优结果在全局最优解附近。

【程序6-2】

```
x = [(2, 0, 3), (1, 0, 3), (1, 1, 3), (1,4, 2), (1, 2, 4)]
y = [5, 6, 8, 10, 11]
epsilon = 0.002
alpha = 0.02
diff = [0, 0]
max_itor = 1000
error0 = 0
error1 = 0
cnt = 0
m = len(x)
theta0 = 0
theta1 = 0
theta2 = 0
while True:
   cnt += 1
   for i in range(m):
      diff[0] = (theta0 * x[i][0] + theta1 * x[i][1] + theta2 * x[i][2]) - y[i]
      theta0 -= alpha * diff[0] * x[i][0]
      theta1 -= alpha * diff[0] * x[i][1]
      theta2 -= alpha * diff[0] * x[i][2]
   error1 = 0
   for lp in range(len(x)):
      error1 += (y[lp] - (theta0 + theta1 * x[lp][1] + theta2 * x[lp][2])) **
2 / 2
```

```
        if abs(error1 - error0) < epsilon:
            break
        else:
            error0 = error1
    print('theta0 : %f, theta1 : %f, theta2 : %f, error1 : %f' % (theta0, theta1, 
theta2, error1))
    print('Done: theta0 : %f, theta1 : %f, theta2 : %f' % (theta0, theta1, theta2))
    print('迭代次数: %d' % cnt)
```

最终结果打印如下：

```
theta0 : 0.100684, theta1 : 1.564907, theta2 : 1.920652, error1 : 0.569459
Done: theta0 : 0.100684, theta1 : 1.564907, theta2 : 1.920652
迭代次数: 24
```

从结果来看，这里迭代 24 次即可获得最优解。

6.2.3　最小二乘法的梯度下降算法及其 Python 实现

从前面的介绍可以看到，任何一个需要进行梯度下降的函数可以被比作一座山，而梯度下降的目标就是找到这座山的底部，也就是函数的最小值。根据之前道士下山的场景，最快的下山方式就是找到最为陡峭的山路，然后沿着这条山路走下去，直到下一个观望点。之后在下一个观望点重复这个过程，寻找最为陡峭的山路，直到山脚。

下面带领读者实现这个过程来求解最小二乘法的最小值，但是在开始之前，展示部分需要掌握的数学原理给读者。

1. 微分

在高等数学中，对函数微分的解释有很多，最主要的有两种：

- 函数曲线上某点切线的斜率。
- 函数的变化率。

因此，对于一个二元微分的计算如下：

$$\frac{\partial(x^2y^2)}{\partial x} = 2xy^2d(x)$$

$$\frac{\partial(x^2y^2)}{\partial y} = 2x^2yd(y)$$

$$(x^2y^2)' = 2xy^2d(x) + 2x^2yd(y)$$

2. 梯度

所谓的梯度，就是微分的一般形式，对于多元微分来说，微分则是各个变量的变化率的总和，例子如下：

$$J(\theta) = 2.17 - (17\theta_1 + 2.1\theta_2 - 3\theta_3)$$

$$\nabla J(\theta) = \left[\frac{\partial J}{\partial\theta_1}, \frac{\partial J}{\partial\theta_2}, \frac{\partial J}{\partial\theta_3}\right] = [17, 2.1, -3]$$

可以看到，求解的梯度值则是分别对每个变量进行微分计算，之后用逗号隔开。而这里用中括号“[]”将每个变量的微分值包裹在一起形成一个三维向量，因此可以将微分计算后的梯度认为是一个向量。

可以得出梯度的定义：在多元函数中，梯度是一个向量，而向量具有方向性，梯度的方向指出了函数在给定点上变化最快的方向。

这与前面道士下山的过程联系在一起表达就是，如果道士想最快到达山底，就需要在每一个观察点寻找梯度下降最陡峭的地方，如图 6-9 所示。

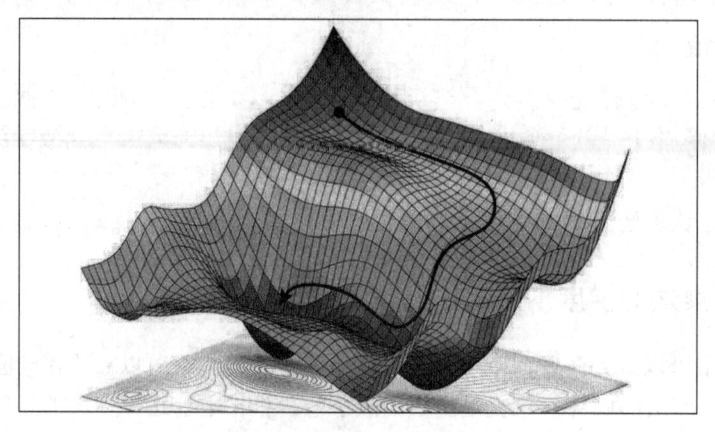

图 6-9　每个观测点下降最快的方向

而梯度计算的目标就是得到这个多元向量的具体值。

3. 梯度下降的数学计算

6.6.2 节已经给出了梯度下降的公式，此时对其进行变形：

$$\theta' = \theta - \alpha \frac{\partial}{\partial \theta} f(\theta) = \theta - \alpha \nabla J(\theta)$$

其中，J是关于参数θ的函数，假设当前点为θ，如果需要找到这个函数的最小值，也就是山底的话，那么首先需要确定行进的方向，也就是梯度计算的反方向，之后走α的步长，走完这个步长之后就到了下一个观察点。

α的意义在 6.6.2 节已经接受，是学习率或者步长，使用α来控制每一步走的距离。α过小会造成拟合时间过长，而α过大会造成下降幅度太大错过最低点，如图 6-10 所示。

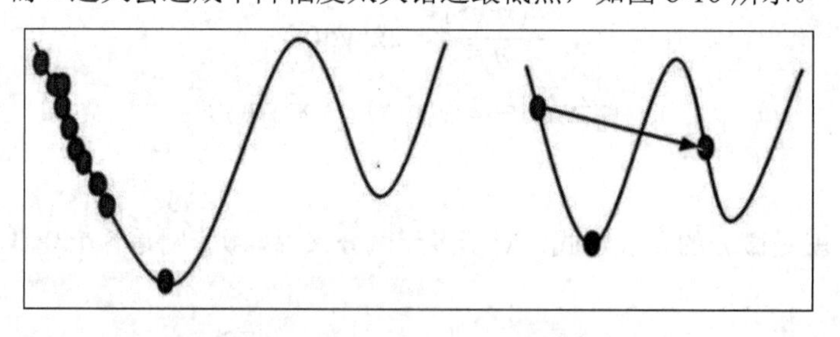

图 6-10　学习率太小（左）与学习率太大（右）

这里读者需要注意的是，地图下降公式中$\nabla J(\theta)$求出的是斜率最大值，也就是梯度上升最大的方向，而这里需要的是梯度下降最大的方向，因此在$\nabla J(\theta)$前加一个负号。下面我们用一个例子来演示梯度下降法的计算。

假设这里的公式为：

$$J(\theta) = \theta^2$$

此时的微分公式为：

$$\nabla J(\theta) = 2\theta$$

设第一个值$\theta^0 = 1$，$\alpha = 0.3$，则根据梯度下降公式：

$$\theta^1 = \theta^0 - \alpha * 2\theta^0 = 1 - \alpha * 2 * 1 = 1 - 0.6 = 0.4$$
$$\theta^2 = \theta^1 - \alpha * 2\theta^1 = 0.4 - \alpha * 2 * 0.4 = 0.4 - 0.24 = 0.16$$
$$\theta^3 = \theta^2 - \alpha * 2\theta^2 = 0.16 - \alpha * 2 * 0.16 = 0.16 - 0.096 = 0.064$$

这样依次经过运算，即可得到J(θ)的最小值，也就是“山底”，如图 6-11 所示。

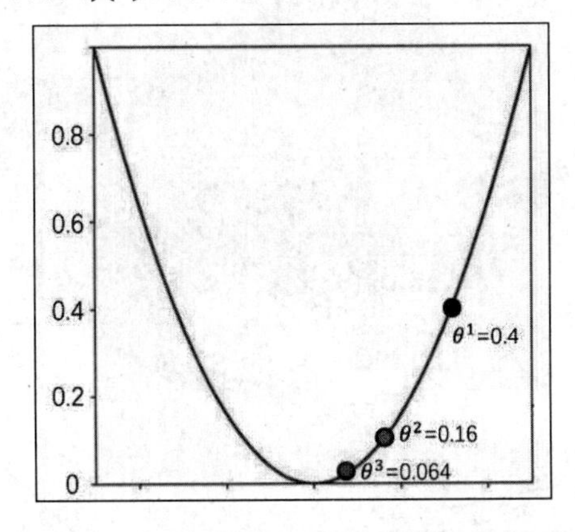

图 6-11　J(θ)的最小值，也就是“山底”

实现程序如下：

```
import numpy as np

x = 1

def chain(x,gama = 0.1):
    x = x - gama * 2 * x
    return x

for _ in range(4):
    x = chain(x)
    print(x)
```

多变量的梯度下降方法和前文所述的多元微分求导类似。例如一个二元函数形式如下：

$$J(\theta) = \theta_1^2 + \theta_2^2$$

此时对其梯度微分为：

$$\nabla J(\theta) = 2\theta_1 + 2\theta_2$$

此时如果设置：

$$J(\theta^0) = (2,5), \alpha = 0.3$$

则依次计算的结果如下：

$$\nabla J(\theta^1) = (\theta_{1\_0} - \alpha 2\theta_{1_0}, \theta_{2_0} - \alpha 2\theta_{2_0}) = (0.8,4.7)$$

剩下的计算请读者自行完成。

如果把二元函数采用图像的方式展示出来，可以很明显地看到梯度下降的每个“观察点”坐标，如图 6-12 所示。

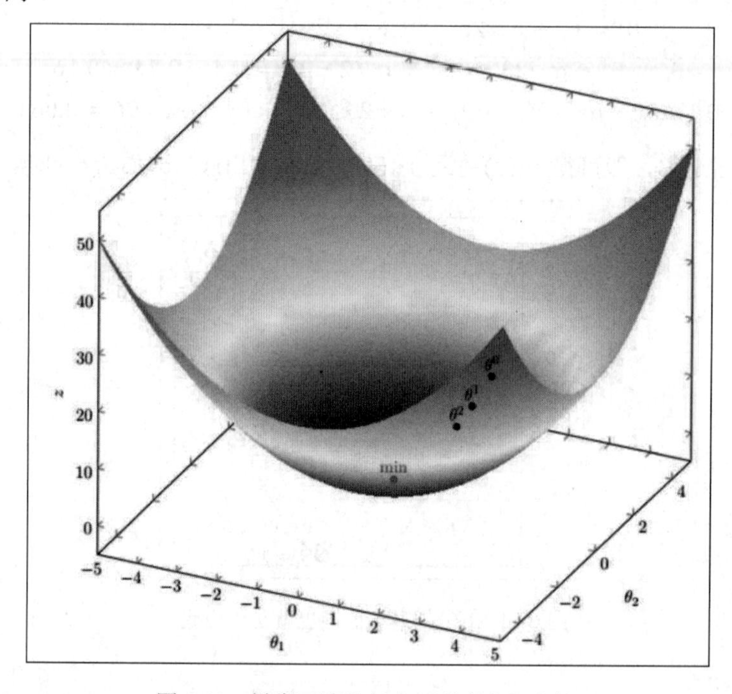

图 6-12　梯度下降的每个“观察点”坐标

4. 使用梯度下降法求解最小二乘法

下面是本节的实战部分，使用梯度下降法计算最小二乘法的结果。假设最小二乘法的公式如下：

$$J(\theta) = \frac{1}{2m}\sum_{1}^{m}(h_\theta(x) - y)^2$$

其中，m 是数据点总数；$\frac{1}{2}$是一个常量，这样是为了在求梯度的时候，二次方微分后的结果与$\frac{1}{2}$抵消，自然就没有多余的常数系数，方便后续的计算，同时对结果不会有影响；y 是数据集中每个点的真实 y 坐标的值；$h_\theta(x)$为预测函数，形式如下：

$$h_\theta(x) = \theta_0 + \theta_1 x$$

根据每个输入 x，都有一个经过参数计算后的预测值输出。

$h_\theta(x)$的 Python 实现如下（解释在文后）：

```
h_pred = np.dot(x,theta)
```

其中 x 是输入的维度为[-1,2]的二维向量，-1 的意思是维度不定。这里作者使用了一个技巧，即将 $h_\theta(x)$的公式转换成矩阵相乘的形式，而 theta 是一个[2,1]维度的二维向量。

依照最小二乘法实现的 Python 代码如下：

```
def error_function(theta,x,y):
    h_pred = np.dot(x,theta)
    j_theta = (1./2*m) * np.dot(np.transpose(h_pred), h_pred)
    return j_theta
```

这里 j_theta 的实现同样是将原始公式转换成矩阵计算，即：

$$(h_\theta(x)-y)^2=(h_\theta(x)-y)^T*(h_\theta(x)-y)$$

下面分析一下最小二乘法公式$J(\theta)$，此时如果求$J(\theta)$的梯度，则需要对其中涉及的两个参数θ_0和θ_1进行微分：

$$\nabla J(\theta)=[\frac{\partial J}{\partial\theta_0},\frac{\partial J}{\partial\theta_1}]$$

下面分别对这两个参数进行求导：

$$\frac{\partial J}{\partial\theta_0}=\frac{1}{2m}*2\sum_1^m(h_\theta(x)-y)*\frac{\partial(h_\theta(x))}{\partial\theta_0}=\frac{1}{m}\sum_1^m(h_\theta(x)-y)$$

$$\frac{\partial J}{\partial\theta_1}=\frac{1}{2m}*2\sum_1^m(h_\theta(x)-y)*\frac{\partial(h_\theta(x))}{\partial\theta_1}=\frac{1}{m}\sum_1^m(h_\theta(x)-y)*x$$

此时将分开求导的参数合并，可得新的公式如下：

$$\frac{\partial J}{\partial\theta}=\frac{\partial J}{\partial\theta_0}+\frac{\partial J}{\partial\theta_1}=\frac{1}{m}\sum_1^m(h_\theta(x)-y)+\frac{1}{m}\sum_1^m(h_\theta(x)-y)*x=\frac{1}{m}\sum_1^m(h_\theta(x)-y)*(1+x)$$

此时公式最右边的常数 1 可以被去掉，此时公式变为

$$\frac{\partial J}{\partial\theta}=\frac{1}{m}*(x)*\sum_1^m(h_\theta(x)-y)$$

此时依旧采用矩阵相乘的方式，则使用矩阵相乘表示的公式为：

$$\frac{\partial J}{\partial\theta}=\frac{1}{m}*(x)^T*(h_\theta(x)-y)$$

这里$(x)^T*(h_\theta(x)-y)$已经转换为矩阵相乘的表示形式。使用 Python 表示如下：

```
def gradient_function(theta, X, y):
    h_pred = np.dot(X, theta) - y
    return (1./m) * np.dot(np.transpose(X), h_pred)
```

其中 np.dot(np.transpose(X), h_pred)如果读者对此理解有难度，可以将公式使用逐个 x 值的形式列出来，这里就不罗列了。

最后是梯度下降的 Python 实现，代码如下：

```
def gradient_descent(X, y, alpha):
    theta = np.array([1, 1]).reshape(2, 1)  #[2,1]  这里的theta是参数
    gradient = gradient_function(theta,X,y)
    for i in range(17):
        theta = theta - alpha * gradient
        gradient = gradient_function(theta, X, y)
    return theta
```

或者使用如下代码：

```
def gradient_descent(X, y, alpha):
    theta = np.array([1, 1]).reshape(2, 1)  #[2,1]  这里的theta是参数
    gradient = gradient_function(theta,X,y)
    while not np.all(np.absolute(gradient) <= 1e-4):   #采用abs是因为
gradient计算的是负梯度
        theta = theta - alpha * gradient
        gradient = gradient_function(theta, X, y)
        print(theta)
    return theta
```

这两个程序段的区别在于第一个是固定循环次数，可能会造成欠下降或者过下降，而第二个代码段使用的是数值判定，可以设定阈值或者停止条件。

全部代码如下：

```
import numpy as np

m = 20

# 生成数据集x，此时的数据集x是一个二维矩阵
x0 = np.ones((m, 1))
x1 = np.arange(1, m+1).reshape(m, 1)
x = np.hstack((x0, x1)) #【20,2】

y = np.array([
    3, 4, 5, 5, 2, 4, 7, 8, 11, 8, 12,
    11, 13, 13, 16, 17, 18, 17, 19, 21
]).reshape(m, 1)

alpha = 0.01

#这里的theta是一个[2,1]大小的矩阵，用来与输入x进行计算获得计算的预测值y_pred，而
y_pred是与y计算误差
def error_function(theta,x,y):
    h_pred = np.dot(x,theta)
    j_theta = (1./2*m) * np.dot(np.transpose(h_pred), h_pred)
    return j_theta

def gradient_function(theta, X, y):
    h_pred = np.dot(X, theta) - y
    return (1./m) * np.dot(np.transpose(X), h_pred)

def gradient_descent(X, y, alpha):
```

```
    theta = np.array([1, 1]).reshape(2, 1)  #[2,1]  这里的theta是参数
    gradient = gradient_function(theta,X,y)
    while not np.all(np.absolute(gradient) <= 1e-6):
        theta = theta - alpha * gradient
        gradient = gradient_function(theta, X, y)
    return theta

theta = gradient_descent(x, y, alpha)
print('optimal:', theta)
print('error function:', error_function(theta, x, y)[0,0])
```

打印结果和拟合曲线请读者自行完成。

现在请读者回到前面的道士下山这个问题，这个下山的道士实际上就代表了反向传播算法，而要寻找的下山路径其实就代表着算法中一直在寻找的参数θ，山上当前点最陡峭的方向实际上就是代价函数在这一点的梯度方向，场景中观察最陡峭方向所用的工具就是微分。

6.3　反馈神经网络反向传播算法介绍

反向传播算法是神经网络的核心与精髓，在神经网络算法中起到一个举足轻重的地位。用通俗的话说，所谓的反向传播算法就是复合函数的链式求导法则的一个强大应用，而且实际上的应用比起理论上的推导强大得多。本节主要介绍反馈神经网络反向传播链式法则以及公式的推导，虽然整体过程简单，但这却是整个深度学习神经网络的理论基础。

6.3.1　深度学习基础

机器学习在理论上可以看作统计学在计算机科学上的一个应用。在统计学上，一个非常重要的内容就是拟合和预测，即基于以往的数据，建立光滑的曲线模型，实现数据结果与数据变量的对应关系。

深度学习为统计学的应用，同样是为了这个目的，寻找结果与影响因素的一一对应关系。只不过样本点由狭义的x和y扩展到向量、矩阵等广义的对应点。此时，由于数据的复杂性，对应关系模型的复杂度也随之增加，而不能使用一个简单的函数表达。

数学上通过建立复杂的高次多元函数解决复杂模型拟合的问题，但是大多数都失败，因为过于复杂的函数式是无法进行求解的，也就是其公式的获取不可能。

基于前人的研究，科研工作人员发现可以通过神经网络来表示这样的一一对应关系，而神经网络本质就是一个多元复合函数，通过增加神经网络的层次和神经单元可以更好地表达函数的复合关系。

图6-13所示是多层神经网络的图像表达方式，通过设置输入层、隐藏层与输出层可以形成一个多元函数用于求解相关问题。

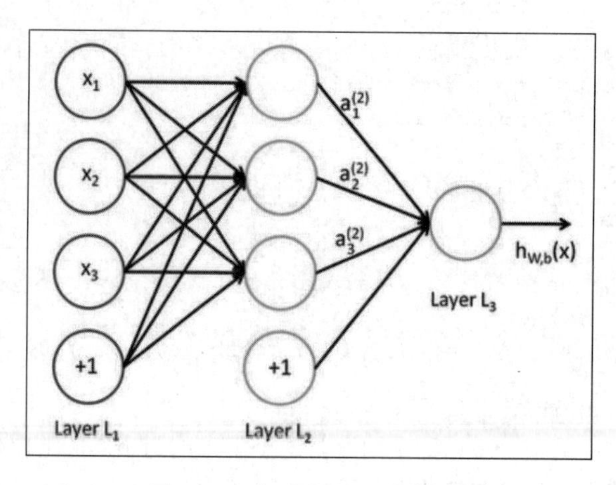

图 6-13　多层神经网络的表示

通过数学表达式将多层神经网络模型表达出来，公式如下：

$$a_1 = f(w_{11} \times x_1 + w_{12} \times x_2 + w_{13} \times x_3 + b_1)$$
$$a_1 = f(w_{21} \times x_1 + w_{22} \times x_2 + w_{23} \times x_3 + b_2)$$
$$a_1 = f(w_{31} \times x_1 + w_{32} \times x_2 + w_{33} \times x_3 + b_3)$$
$$h(x) = f(w_{11} \times a_1 + w_{12} \times a_2 + w_{13} \times a_3 + b_1)$$

其中，x 是输入数值，而 w 是相邻神经元之间的权重，也就是神经网络在训练过程中需要学习的参数。而与线性回归类似的是，神经网络学习同样需要一个“损失函数”，即训练目标通过调整每个权重值 w 来使得损失函数最小。前面在讲解梯度下降算法的时候已经讲过，如果权重过大多或者指数过大，直接求解系数是一件不可能的事情，因此梯度下降算法是能够求解权重问题的比较好的方法。

6.3.2　链式求导法则

在前面梯度下降算法的介绍中，没有对其背后的原理做出更为详细的介绍。实际上，梯度下降算法就是链式法则的一个具体应用，如果把前面公式中的损失函数以向量的形式表示为：

$$h(x) = f(w_{11}, w_{12}, w_{13}, w_{14}, \cdots, w_{ij})$$

那么其梯度向量为：

$$\nabla h = \frac{\partial f}{\partial W_{11}} + \frac{\partial f}{\partial W_{12}} + \cdots + \frac{\partial f}{\partial W_{ij}}$$

可以看到，其实所谓的梯度向量就是求出函数在每个向量上的偏导数之和。这也是链式法则善于解决的问题。

下面以 e=(a+b)×(b+1)，其中 a = 2、b = 1 为例，计算其偏导数，如图 6-14 所示。

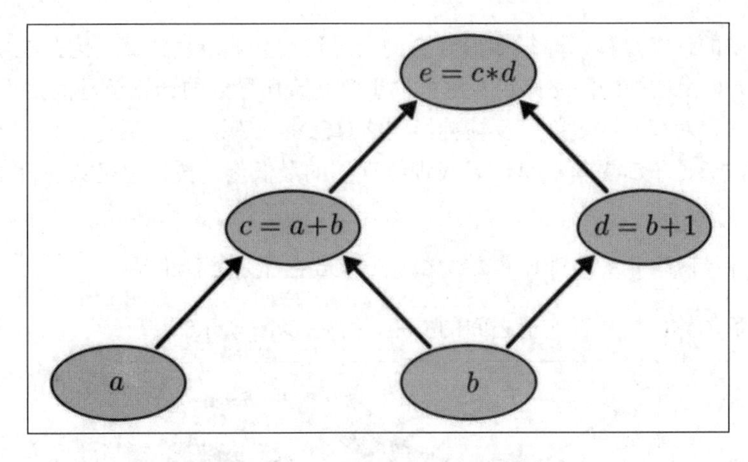

图 6-14　e=(a+b)×(b+1)示意图

本例中为了求得最终值 e 对各个点的梯度，需要将各个点与 e 联系在一起，例如期望求得 e 对输入点 a 的梯度，则只需要求得：

$$\frac{\partial \mathrm{e}}{\partial \mathrm{a}}=\frac{\partial \mathrm{e}}{\partial \mathrm{c}}\times\frac{\partial \mathrm{c}}{\partial \mathrm{a}}$$

这样就把 e 与 a 的梯度联系在一起了，同理可得：

$$\frac{\partial \mathrm{e}}{\partial \mathrm{b}}=\frac{\partial \mathrm{e}}{\partial \mathrm{c}}\times\frac{\partial \mathrm{c}}{\partial \mathrm{b}}+\frac{\partial \mathrm{e}}{\partial \mathrm{d}}\times\frac{\partial \mathrm{d}}{\partial \mathrm{b}}$$

用图表示如图 6-15 所示。

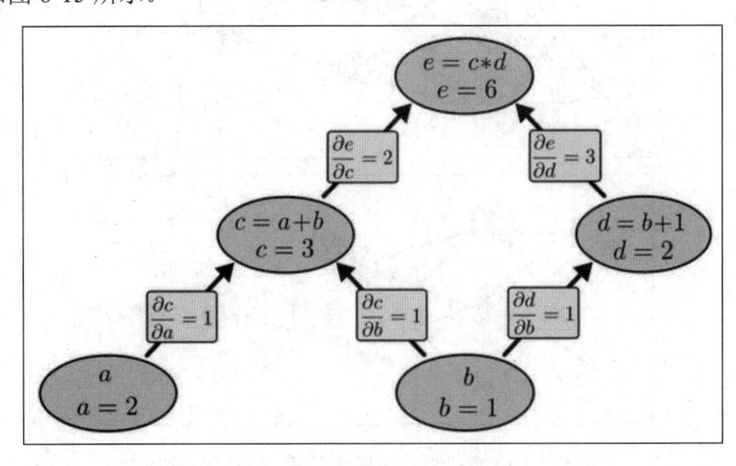

图 6-15　链式法则的应用

这样做的好处是显而易见的，求 e 对 a 的偏导数只要建立一个 e 到 a 的路径，图中经过 c，那么通过相关的求导链接就可以得到所需要的值。对于求 e 对 b 的偏导数，也只需要建立所有 e 到 b 路径中的求导路径，从而获得需要的值。

6.3.3　反馈神经网络原理与公式推导

在求导过程中，可能有读者已经注意到，如果拉长了求导过程或者增加了其中的单元，那么就会大大增加其中的计算过程，即很多偏导数的求导过程会被反复计算，因此在实际中对于权值达到十万或者百万以上的神经网络来说，这样的重复冗余所导致的计算量是很大的。

同样是为了求得对权重的更新，反馈神经网络算法将训练误差 E 看作以权重向量每个元素为变量的高维函数，通过不断更新权重，寻找训练误差的最低点，按误差函数梯度下降的方向更新权值。

提示： 反馈神经网络算法具体计算公式在本小节后半部分进行推导。

首先求得最后的输出层与真实值之间的差距，如图 6-16 所示。

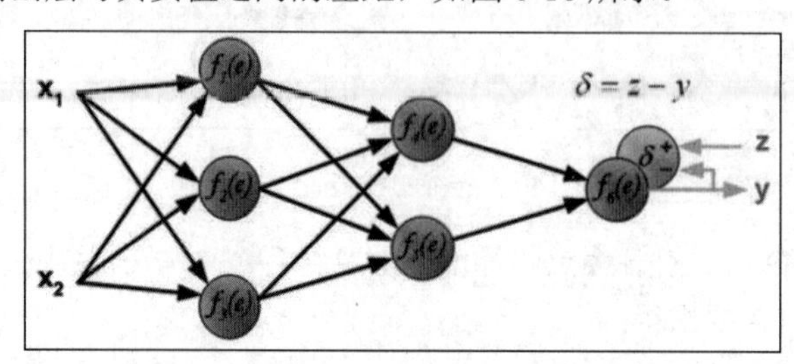

图 6-16　反馈神经网络最终误差的计算

之后以计算出的测量值与真实值为起点，反向传播到上一个节点，并计算出节点的误差值，如图 6-17 所示。

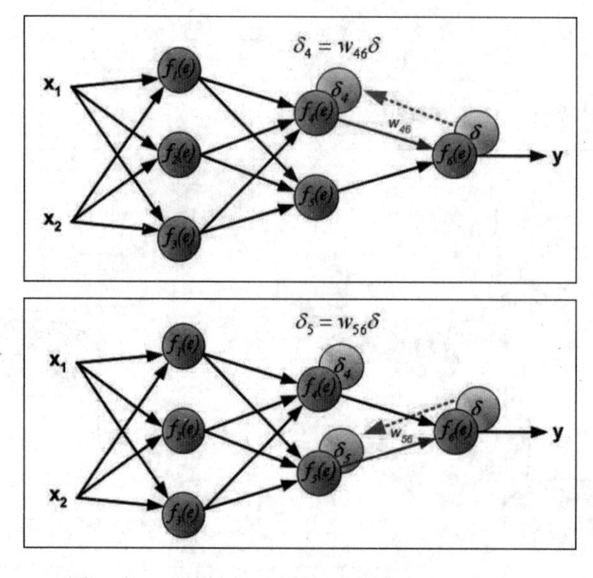

图 6-17　反馈神经网络输出层误差的反向传播

以后将计算出的节点误差重新设置为起点，依次向后传播误差，如图 6-18 所示。

注意： 对于隐藏层，误差并不像输出层一样由单个节点确定，而是由多个节点确定的，因此对它的计算要求得所有的误差值之和。

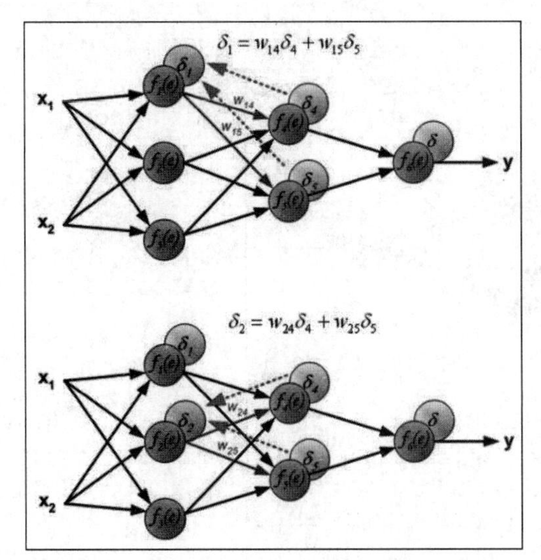

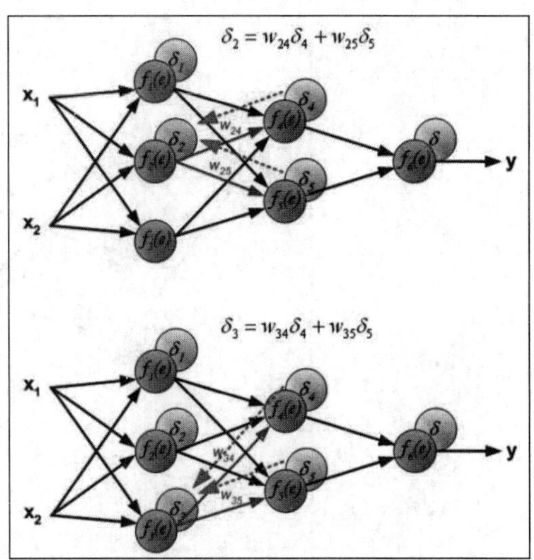

图 6-18　反馈神经网络隐藏层误差的反向传播

通俗地解释，一般情况下误差的产生是由于输入值与权重的计算产生了错误，而输入值往往是固定不变的，因此对于误差的调节，需要对权重进行更新。而权重的更新又是以输入值与真实值的偏差为基础的，当最终层的输出误差被反向一层一层地传递回来后，每个节点被相应地分配适合其在神经网络地位中所担负的误差，即只需要更新其所需承担的误差量，如图 6-19 所示。

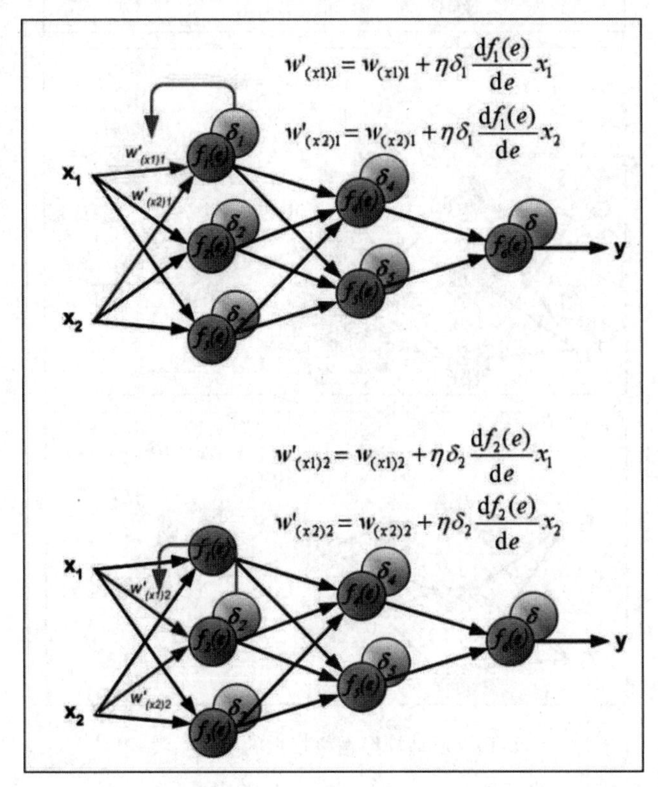

图 6-19　反馈神经网络权重的更新

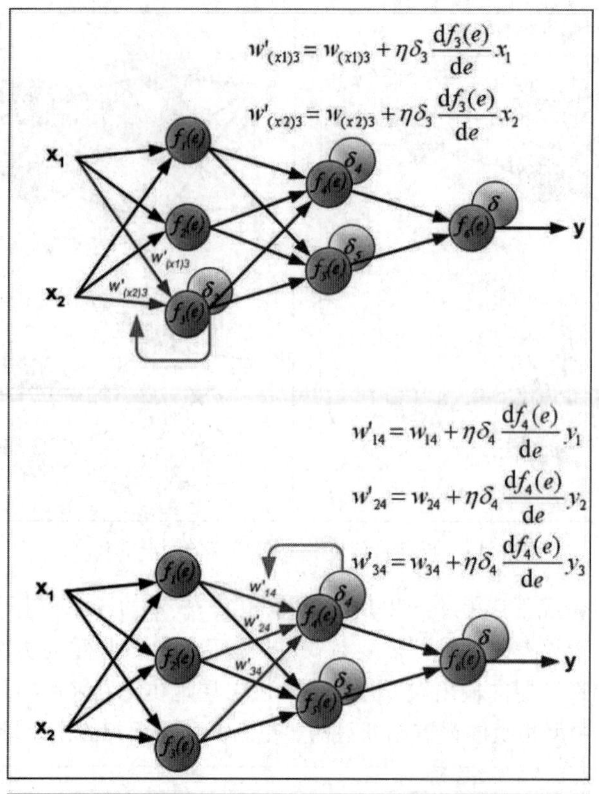

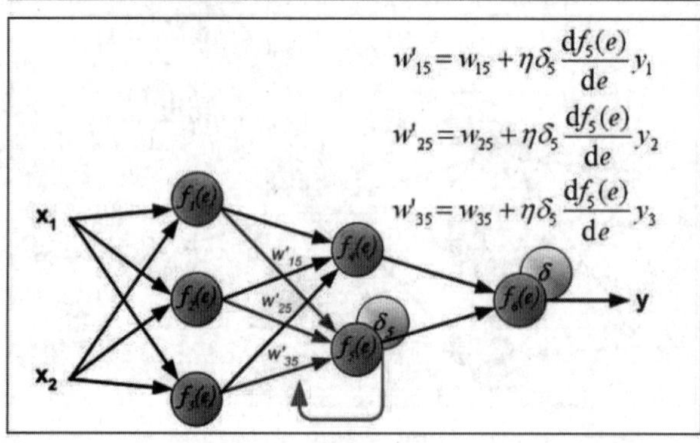

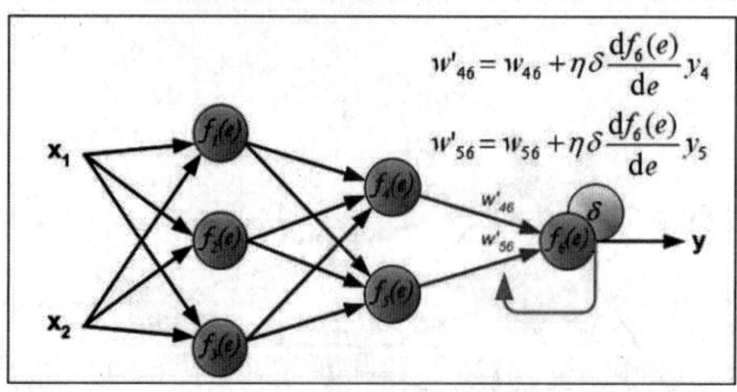

图 6-19　反馈神经网络权重的更新（续）

即在每一层，需要维护输出对当前层的微分值，该微分值相当于被复用于之前每一层中权值的微分计算。因此，空间复杂度没有变化。同时也没有重复计算，每一个微分值都在之后的迭代中使用。

下面介绍一下公式的推导。公式的推导需要使用一些高等数学的知识，因此读者可以自行决定是否学习。

首先是算法的分析。从前文的分析来看，对于反馈神经网络算法主要需要得到输出值与真实值之前的差值，之后再利用这个差值对权重进行更新。而这个差值在不同的传递层有着不同的计算方法：

- 对于输出层单元，误差项是真实值与模型计算值之间的差值。
- 对于隐藏层单元，由于缺少直接的目标值来计算隐藏层单元的误差，因此需要以间接的方式来计算隐藏层的误差项，并对受隐藏层单元影响的每一个单元的误差进行加权求和。

而在其后的权值更新部分，则主要依靠学习速率、该权值对应的输入以及单元的误差项完成。

定义一：前向传播算法

对于前向传播的值传递，隐藏层输出值定义如下：

$$a_h^{Hl} = W_h^{Hl} \times X_i$$
$$b_h^{Hl} = f(a_h^{Hl})$$

其中，X_i 是当前节点的输入值，W_h^{Hl} 是连接到此节点的权重，a_h^{Hl} 是输出值。f 是当前阶段的激活函数，b_h^{Hl} 为当前节点的输入值经过计算后被激活的值。

而对于输出层，定义如下：

$$a_k = \sum W_{hk} \times b_h^{Hl}$$

其中，W_{hk} 为输入的权重，b_h^{Hl} 为将节点输入数据经过计算后的激活值作为输入值。这里对所有输入值进行权重计算后求得和值，作为神经网络的最后输出值 a_k。

定义二：反向传播算法

与前向传播类似，首先需要定义两个值 δ_k 与 δ_h^{Hl}：

$$\delta_k = \frac{\partial L}{\partial a_k} = (Y - T)$$
$$\delta_h^{Hl} = \frac{\partial L}{\partial a_h^{Hl}}$$

其中，δ_k 为输出层的误差项，其计算值为真实值与模型计算值之间的差值。Y 是计算值，T 是真实值。δ_h^{Hl} 为输出层的误差。

提示：对于 δ_k 与 δ_h^{Hl} 来说，无论定义在哪个位置，都可以看作当前的输出值对于输入值的梯度计算。

通过前面的分析可以知道，所谓的神经网络反馈算法，就是逐层地将最终误差进行分解，即每一层只与下一层打交道，如图 6-20 所示。那么，据此可以假设每一层均为输出层的前一个层级，通过计算前一个层级与输出层的误差得到权重的更新。

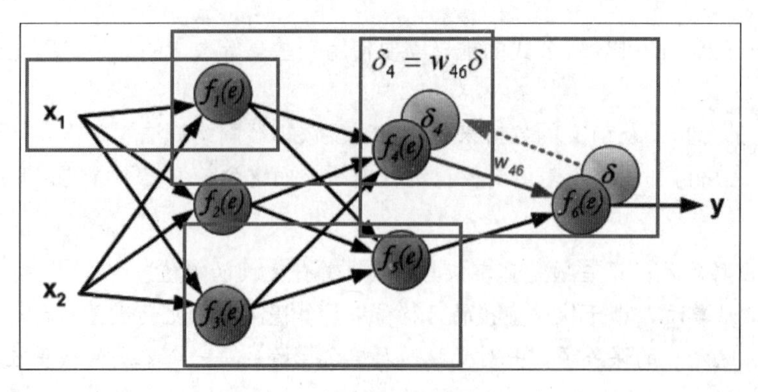

图 6-20　权重的逐层反向传导

因此，反馈神经网络计算公式定义为：

$$
\begin{aligned}
\delta_h^{Hl} &= \frac{\partial L}{\partial a_h^{Hl}} \\
&= \frac{\partial L}{\partial b_h^{Hl}} \times \frac{\partial b_h^{Hl}}{\partial a_h^{Hl}} \\
&= \frac{\partial L}{\partial b_h^{Hl}} \times f'(a_h^{Hl}) \\
&= \frac{\partial L}{\partial a_k} \times \frac{\partial a_k}{\partial b_h^{Hl}} \times f'(a_h^{Hl}) \\
&= \delta_k \times \sum W_{hk} \times f'(a_h^{Hl}) \\
&= \sum W_{hk} \times \delta_k \times f'(a_h^{Hl})
\end{aligned}
$$

即当前层输出值对误差的梯度可以通过下一层的误差与权重和输入值的梯度乘积获得。公式 $\sum W_{hk} \times \delta_k \times f'(a_h^{Hl})$ 中，若 δ_k 为输出层，则可以通过 $\delta_k = \frac{\partial L}{\partial a_k} = (Y - T)$ 求得，若 δ_k 为非输出层，则可以使用逐层反馈的方式求得 δ_k 的值。

提示：这里千万要注意，对于 δ_k 与 δ_h^{Hl} 来说，其计算结果都是当前的输出值对于输入值的梯度计算，是权重更新过程中一个非常重要的数据计算内容。

或者换一种表述形式将前面的公式表示为：

$$\delta^l = \sum W_{ij}^l \times \delta_j^{l+1} \times f'(a_i^l)$$

可以看到，通过更为泛化的公式，把当前层的输出对输入的梯度计算转换成求下一个层级的梯度计算值。

定义三：权重的更新

反馈神经网络计算的目的是对权重的更新，因此与梯度下降算法类似，其更新可以仿照梯度下降对权值的更新公式：

$$\theta = \theta - a(f(\theta) - y_i)x_i$$

即：

$$W_{ji} = W_{ji} + a \times \delta_j^l \times x_{ji}$$

$$b_{ji} = b_{ji} + a \times \delta_j^l$$

其中 ji 表示为反向传播时对应的节点系数，通过对 δ_j^l 的计算，就可以更新对应的权重值。W_{ji} 的计算公式如上所示。而对于没有推导的 b_{ji}，其推导过程与 W_{ji} 类似，但是在推导过程中输入值是被消去的，请读者自行学习。

6.3.4　反馈神经网络原理的激活函数

现在回到反馈神经网络的函数：

$$\delta^l = \sum W_{ij}^l \times \delta_j^{l+1} \times f'(a_i^l)$$

对于此公式中的 W_{ij}^l 和 δ_j^{l+1} 以及所需要计算的目标 δ^l 已经做了较为详尽的解释。但是对于 $f'(a_i^l)$ 来说，却一直没有做出介绍。

回到前面生物神经元的图示中，传递进来的电信号通过神经元进行传递，由于神经元的突触强弱是有一定的敏感度的，因此只会对超过一定范围的信号进行反馈。即这个电信号必须大于某个阈值，神经元才会被激活引起后续的传递。

在训练模型中，同样需要设置神经元的阈值，即神经元被激活的频率用于传递相应的信息，模型中这种能够确定是否为当前神经元节点的函数被称为“激活函数”，如图 6-21 所示。

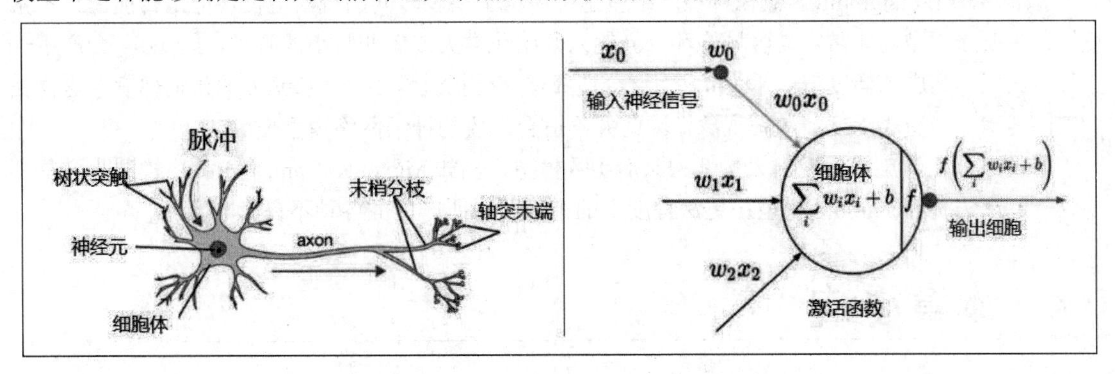

图 6-21　激活函数示意图

激活函数代表生物神经元中接收到的信号强度，例如目前应用较广的 sigmoid 函数。因为其在运行过程中只接受一个值，输出也是一个经过公式计算后的值，且其输出值在 0 和 1 之间。

$$y = \frac{1}{1 + e^{-x}}$$

其图形如图 6-22 所示。

而其倒函数的求解方法也较为简单，即：

$$y' = \frac{e^{-x}}{(1 + e^{-x})^2}$$

换一种表示方式为：

$$f(x)' = f(x) \times (1 - f(x))$$

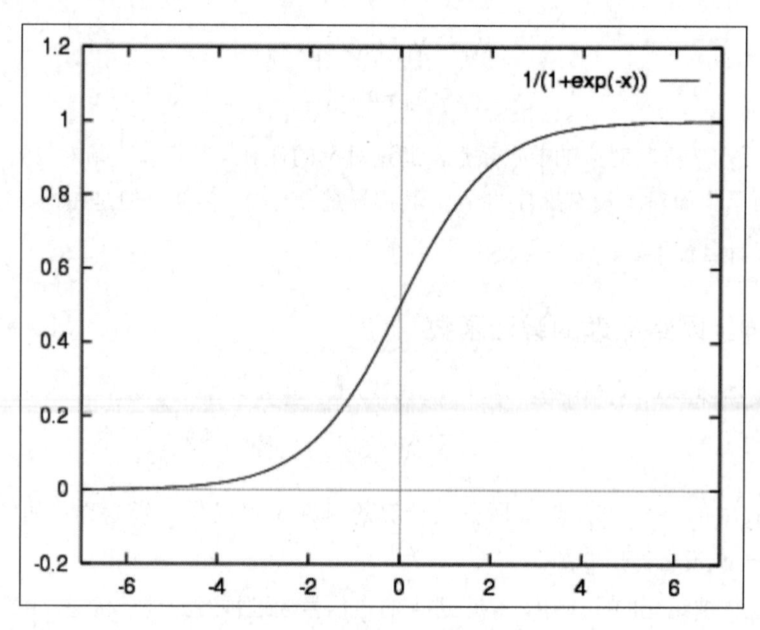

图 6-22　sigmoid 激活函数曲线

sigmoid 输入一个实值的数，之后将其压缩到 0 和 1 之间。特别是对于较大值的负数被映射成 0，而大的正数被映射成 1。

顺带讲一下，sigmoid 函数在神经网络模型中占据了很长时间的统治地位，但是目前已经不常使用，主要原因是其非常容易区域饱和，当输入开始非常大或者非常小的时候，sigmoid 会产生一个平缓区域，其中的梯度值几乎为 0，而这会造成梯度传播过程中产生接近 0 的传播梯度。这样在后续的传播中会造成梯度消散的现象，因此并不适合现代的神经网络模型使用。

除此之外，近年来涌现出大量新的激活函数模型，例如 Maxout、Tanh 和 ReLU 模型，这些都是为了解决传统的 sigmoid 模型在更深程度上的神经网络所产生的各种不良影响。

6.4　本章小结

本章完整介绍了深度学习最基础的知识——BP 神经网络的原理和实现。这是整个深度学习最核心的内容，可以说深度学习所有的后续发展，都是建立在对 BP 神经网络的修正上而来的。在后续章节中，我们会依次讲解更多的神经网络相关知识。

第 7 章

基于 PyTorch 卷积层的语音情绪分类识别

在第 5 章中，我们使用 DNN 完成了语音情绪分类实战的演示。DNN 是一种对目标数据整体分类的计算方法，虽然从演示结果来看，DNN 可以较好地完成项目目标，对数据进行完整分类，但是读者应该也注意到，DNN 对参数的依赖非常大，就是说使用 DNN 因为神经元设置的不同，会在模型中使用大规模的参数，同时多层感知机由于是对数据进行总体性的处理，从而不可避免地忽略数据局部特征的处理和掌握，因此我们需要一种新的能够对输入数据局部特征进行抽取和计算的工具。

卷积神经网络是从信号处理衍生过来的另一种对数字信号处理的方式，应用到图像信号处理上，演变成一种专门用来处理具有矩阵特征的网络结构处理方式。卷积神经网络在很多应用上都有独特的优势，甚至可以说是无可比拟的，例如音频的处理和图像处理。

本章将详细介绍什么是卷积神经网络。卷积实际上是一种不太复杂的数学运算，是一种特殊的线性运算形式。之后会介绍“池化”这一概念，这是卷积神经网络中必不可少的操作。再就是为了消除过拟合，会介绍 drop-out 这一常用的方法。这些概念代表着让卷积神经网络运行得更加高效的一些常用方法。

7.1 卷积运算的基本概念

在数字图像处理中有一种基本的处理方法，即线性滤波。它将待处理的二维数字看作一个大型矩阵，图像中的每个像素可以看作矩阵中的每个元素，像素的大小就是矩阵中的元素值。

而使用的滤波工具是另一个小型矩阵，这个矩阵被称为卷积核。卷积核的大小远远小于图像矩阵，而具体的计算方式就是对于图像大矩阵中的每个像素，计算其周围的像素和卷积核对应位置的乘积，之后将结果相加，最终得到的值就是该像素的值，这样就完成了一次卷积。最简单的图像卷积方式如图 7-1 所示。

本节将详细介绍卷积的运算和定义以及一些调整细节，这些都是卷积使用中必不可少的技术要点。

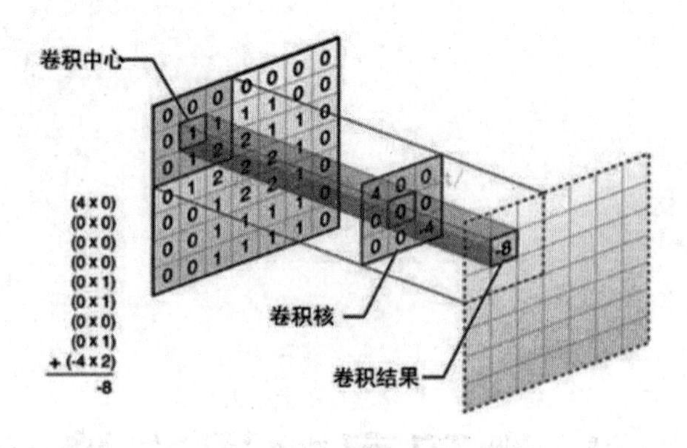

图 7-1　卷积运算

7.1.1　基本卷积运算示例

前面已经讲到过，卷积实际上是使用两个大小不同的矩阵进行的一种数学运算。为了便于理解，我们从一个例子开始。

比如，我们需要对高速公路上的跑车进行位置追踪，这是卷积神经网络图像处理的一个非常重要的应用。摄像头接收到的信号被计算为 x(t)，表示跑车在路上时刻 t 的位置。

但是往往实际上的处理没这么简单，这是因为在自然界无时无刻不面临各种影响和摄像头传感器的滞后。因此，为了得到跑车位置的实时数据，采用的方法就是对测量结果进行均值化处理。对于运动中的目标，采样时间越长，由于滞后性的原因，定位的准确率越低；而采样时间越短，则可以认为接近真实值。因此，可以对不同的时间段赋予不同的权重，即通过一个权值定义来计算。这个可以表示为：

$$s(t) = \int x(a)\omega(t-a)da$$

换个符号表示为：这种运算方式被称为卷积运算。

$$s(t) = (x * \omega)(t)$$

在上面卷积公式中，第一个参数 x 被称为“输入数据”，第二个参数 ω 被称为“核函数”。s(t)是输出，即特征映射。

首先对于稀疏矩阵来说，卷积网络具有稀疏性，即卷积核的大小远远小于输入数据矩阵的大小。例如，当输入一幅图片的信息时，数据的大小可能为上万的结构，但是使用的卷积核只有几十，这样能够在计算后获取更少的参数特征，极大地减少了后续的计算量，如图 7-2 所示。

在传统的神经网络中，每个权重只对其连接的输入输出起作用，当其连接的输入输出元素结束后就不会再用到。而参数共享指的是在卷积神经网络中核的每一个元素都被用在输入的每一个位置上，在过程中只需学习一个参数集合，就能把这个参数应用到所有的图片元素中。

```
import  numpy as np
dateMat = np.ones((7,7))
kernel = np.array([[2,1,1],[3,0,1],[1,1,0]])
def convolve(dateMat,kernel):
    m,n = dateMat.shape
    km,kn = kernel.shape
    newMat = np.ones(((m - km + 1),(n - kn + 1)))
```

```
        tempMat = np.ones(((km),(kn)))
        for row in range(m - km + 1):
            for col in range(n - kn + 1):
                for m_k in range(km):
                    for n_k in range(kn):
                        tempMat[m_k,n_k] = dateMat[(row + m_k),(col + n_k)] *
kernel[m_k,n_k]
                newMat[row,col] = np.sum(tempMat)
        return newMat
```

上面实现了由 Python 基础运算包实现的卷积操作，这里卷积核从左到右、从上到下进行卷积计算，最后返回新的矩阵。

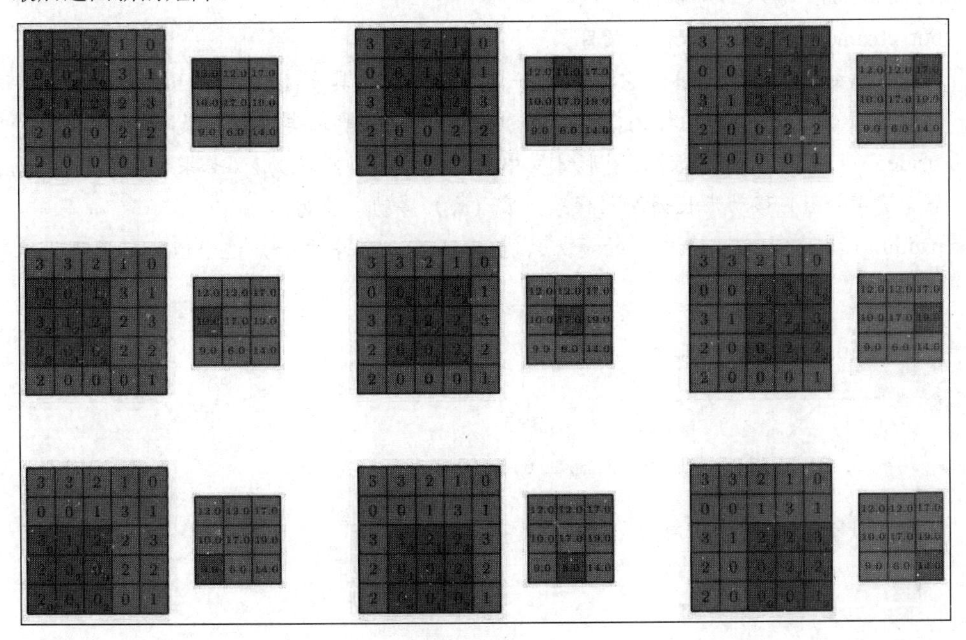

图 7-2　稀疏矩阵

7.1.2　PyTorch 中的卷积函数实现详解

前面章节中通过 Python 实现了卷积的计算，PyTorch 为了框架计算的迅捷，同样也使用了专门的高级 API 函数 Conv2D(Conv)作为卷积计算函数，如图 7-3 所示。

```
pytorch_nn\train.py
import to   self: Conv2d, in_channels: int, out_channels: int,
            kernel_size: tuple[int, ...], stride: tuple[int, ...] = 1,
            padding: str = 0, dilation: tuple[int, ...] = 1, groups: int = 1,
            bias: bool = True, padding_mode: str = 'zeros', device=None,
            dtype=None
image = to
conv2d = torch.nn.Conv2d(3,10,)
```

图 7-3　Conv2D(Conv)作为卷积计算函数

这个函数是搭建卷积神经网络最为核心的函数之一，其说明如下：

```
class Conv2d(_ConvNd):
  ...
```

```
    def __init__(
        self, in_channels: int, out_channels: int, kernel_size: _size_2_t,
stride: _size_2_t = 1
        padding: Union[str, _size_2_t] = 0,dilation: _size_2_t = 1,groups: int
= 1, bias: bool = True,
        padding_mode: str = 'zeros',  # TODO: refine this type
        device=None,
        dtype=None
    ) -> None:
```

Conv2D 是 PyTorch 的卷积层自带的函数，其最重要的 5 个参数说明如下：

- in_channels：输入的卷积核数目。
- out_channels：输出的卷积核数目。
- kernel_size：卷积核大小，它要求是一个输入向量，具有[filter_height, filter_width]这样的维度，具体含义是[卷积核的高度，卷积核的宽度]，要求类型与参数input相同。
- stride：步进大小，卷积时在图形计算中移动的步长，默认为1；如果参数是stride=(2,1)，2代表着高（h）移动步长为2，1代表着宽（w）移动步长为1。
- padding：补偿方式，int类型的量，只能是"1"、"0"其中之一，这个值决定了不同的卷积方式。

一个使用卷积计算的示例如下：

```
import torch

image = torch.randn(size=(5,3,128,128))

#下面是定义的卷积层示例
"""
输入维度：3
输出维度：10
卷积核大小：基本写法是[3,3]，这里简略写法 3 代表卷积核的长和宽大小一致
步长：2
补偿方式：维度不变补偿
"""
conv2d = torch.nn.Conv2d(3,10,kernel_size=3,stride=1,padding=1)
image_new = conv2d(image)
print(image_new.shape)
```

上面的代码段展示了一个使用 TensorFlow 高级 API 进行卷积计算的例子，在这里随机生成了 5 个[3,128,128]大小的矩阵，之后使用 1 个大小为[3,3]的卷积核对其进行计算，打印结果如下：

```
torch.Size([5,10,128,128])
```

可以看到，这是计算后生成的新图形，其大小根据设置而没有变化，这是由于我们所使用的 padding 补偿方式将其按原有大小进行补偿。具体来说，这是由于卷积在工作时边缘被处理消失，因此生成的结果小于原有的图像。

但是有时候需要生成的卷积结果和原输入矩阵的大小一致，则需要将参数 padding 的值设为"1"，此时表示图像边缘将由一圈 0 补齐，使得卷积后的图像大小和输入大小一致，示意如下：

```
00000000000
0xxxxxxxxx0
0xxxxxxxxx0
0xxxxxxxxx0
00000000000
```

可以看到，这里 x 是图片的矩阵信息，而外面一圈是补齐的 0，而 0 在卷积处理时对最终结果没有任何影响。这里略微对其进行修改，更多的参数调整请读者自行调试研究。

下面我们修改一下卷积核 stride，也就是步进的大小，代码如下：

```
import torch

image = torch.randn(size=(5,3,128,128))
conv2d = torch.nn.Conv2d(3,10,kernel_size=3,stride=2,padding=1)
image_new = conv2d(image)
print(image_new.shape)
```

我们使用同样大小的输入数据，修正了卷积层的步进距离，最终结果如下：

```
torch.Size([5,10,64,64])
```

下面我们对这个情况进行总结，经过卷积计算后图像的大小变化可以由如下公式进行确定：

$$N = (W - F + 2p) / / S + 1$$

- 输入图片大小 $W \times W$。
- Filter大小 $F \times F$。
- 步长S。
- padding的像素数 P，一般情况下P=1或者P=0（参考PyTorch官网）。

此时我们把上述数据代入公式可得（注意取模运算）：

$$N = (128 - 3 + 2) / / 2 + 1$$

此时需要注意的是，我们在这里进行取模运算，因此 127//2 = 63。请读者注意。

7.1.3　池化运算

在通过卷积获得了特征（Features）之后，下一步希望利用这些特征进行分类。从理论上讲，人们可以用所有提取得到的特征来训练分类器，例如 softmax 分类器，但这样做面临着计算量的挑战。因此，为了降低计算量，我们尝试利用神经网络的“参数共享”这一特性。

这就意味着在一个图像区域有用的特征，极有可能在另一个区域同样适用。因此，为了描述大的图像，一个很自然的想法就是对不同位置的特征进行聚合统计。

例如，特征提取可以计算图像一个区域上的某个特定特征的平均值（或最大值），如图 7-4 所示。这些概要统计特征不仅具有低得多的维度（相比使用所有提取得到的特征），同时还会改善结果（不容易过拟合）。这种聚合的操作就叫作池化（Pooling），有时也称为平均池化或者最大池化（取决于计算池化的方法）。

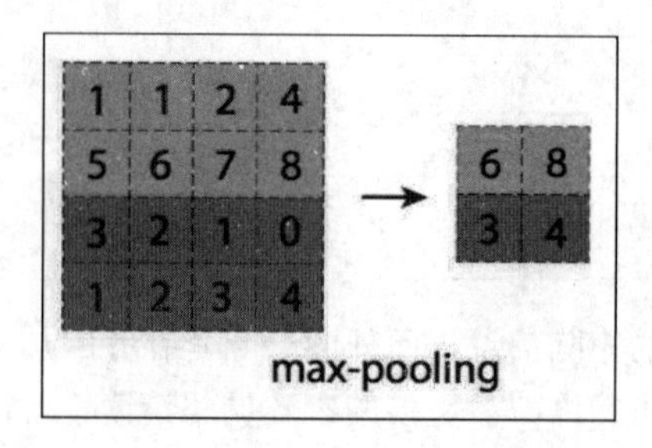

图 7-4 max-pooling 后的图片

如果选择图像中的连续范围作为池化区域，并且只是池化相同（重复）的隐藏单元产生的特征，那么这些池化单元就具有平移不变性（Translation Invariant）。这就意味着即使图像经历了一个小的平移之后，依然会产生相同的(池化的)特征。在很多任务(例如物体检测、声音识别)中，我们都更希望得到具有平移不变性的特征，因为即使图像经过了平移，样例（图像）的标记仍然保持不变。

PyTorch 2.0 中池化运算的函数如下：

```
    class AvgPool2d(_AvgPoolNd):
        ...
        def __init__(self, kernel_size: _size_2_t, stride: Optional[_size_2_t] =
None, padding: _size_2_t = 0, ceil_mode: bool = False, count_include_pad: bool =
True, divisor_override: Optional[int] = None) -> None:
```

这个函数的重要的参数说明如下。

- kernel_size：池化窗口的大小，默认大小是[2, 2]。
- strides：和卷积类似，窗口在每一个维度上滑动的步长，默认大小也是[2,2]。
- padding：和卷积类似，可以取1或者0，返回一个Tensor，类型不变，shape仍然是[batch, channel,height, width]这种形式。

池化的一个非常重要的作用就是能够帮助输入的数据表示近似不变性。对于平移不变性，指的是对输入的数据进行少量平移时，经过池化后的输出结果并不会发生改变。局部平移不变性是一个很有用的性质，尤其是在只关心某个特征是否出现而不关心它出现的具体位置的情形。

例如，当判定一幅图像中是否包含人脸时，并不需要判定眼睛的位置，而是需要知道有一只眼睛出现在脸部的左侧，另一只出现在右侧就可以了。使用池化层的代码如下：

```
import torch

image = torch.randn(size=(5,3,28,28))
pool = torch.nn.AvgPool2d(kernel_size=3,stride=2,padding=0)
image_pooled = pool(image)
print(image_pooled.shape)
```

除此之外，PyTorch 2.0 中还提供了一种新的池化层——全局池化层，其使用方法如下：

```
import torch

image = torch.randn(size=(5,3,28,28))
image_pooled = torch.nn.AdaptiveAvgPool2d(1)(image)
```

```
print(image_pooled.shape)
```

这个函数的作用是对输入的图形进行全局池化，也就是在每个channel上对图形整体进行“归一化”的池化计算，结果请读者自行打印验证。

7.1.4　softmax 激活函数

softmax函数在前面已经介绍过了，并且我们使用NumPy自定义实现了softmax的功能和函数。softmax是一个对概率进行计算的模型，因为在真实的计算模型系统中，对一个实物的判定并不是100%，而是具有一定的概率。并且在所有的结果标签上，都可以求出一个概率。

$$f(x)=\sum_{i}^{j} w_{ij}x_j+b$$

$$softmax=\frac{e^{xi}}{\sum_{0}^{j} e^{x_j}}$$

$$y=softmax(f(x))=softmax(w_{ij}x_j+b)$$

其中，第一个公式是人为定义的训练模型，这里采用的是输入数据与权重的乘积和，并加上一个偏置b的方式。偏置b是为了加上一定的噪声。

对于求出的 $f(x)=\sum_{i}^{j} w_{ij}x_j+b$，softmax 的作用就是将其转换成概率。换句话说，这里的softmax可以被看作一个激励函数，将计算的模型输出转换为在一定范围内的数值，并且在总体中这些数值的和为1，而每个单独的数据结果都有其特定的概率分布。

用更正式的语言表述，即softmax是模型函数定义的一种形式：把输入值当成幂指数求值，再正则化这些结果值。而这个幂运算表示，更大的概率计算结果对应更大的假设模型里面的乘数权重值。反之，拥有更少的概率计算结果意味着在假设模型里面拥有更小的乘数权重值。

而假设模型里的权值不可以是0值或者负值。然后softmax会正则化这些权重值，使它们的总和等于1，以此构造一个有效的概率分布。

对于最终的公式 $y=softmax(f(x))=softmax(w_{ij}x_j+b)$ 来说，可以将其认为是图 7-5 所示的形式。

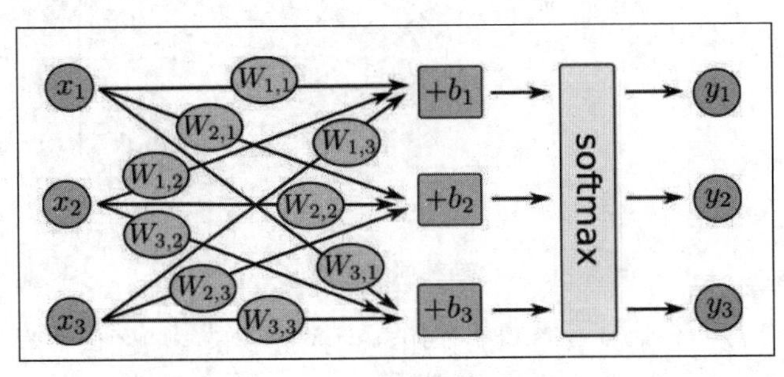

图 7-5　softmax 计算形式

上面图示演示了softmax的计算公式，这实际上就是输入的数据通过与权重乘积之后，对其进行softmax计算得到的结果。如果将其用数学方法表示出来，则其形式如图 7-6 所示。

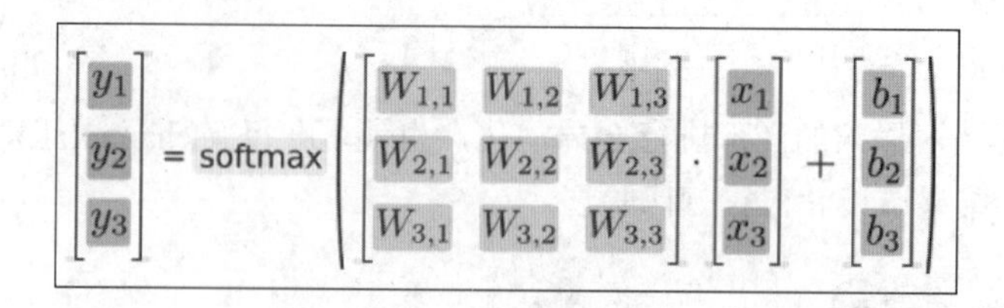

$$\begin{bmatrix} y_1 \\ y_2 \\ y_3 \end{bmatrix} = \text{softmax}\left(\begin{bmatrix} W_{1,1} & W_{1,2} & W_{1,3} \\ W_{2,1} & W_{2,2} & W_{2,3} \\ W_{3,1} & W_{3,2} & W_{3,3} \end{bmatrix} \cdot \begin{bmatrix} x_1 \\ x_2 \\ x_3 \end{bmatrix} + \begin{bmatrix} b_1 \\ b_2 \\ b_3 \end{bmatrix}\right)$$

图 7-6　softmax 矩阵表示

将这个计算过程用矩阵的形式表示出来，即矩阵乘法和向量加法，这样有利于使用 PyTorch 内置的数学公式进行计算，极大地提高了程序效率。

7.1.5　卷积神经网络的原理

前面介绍了卷积运算的基本原理和概念，从本质上来说，卷积神经网络就是将图像处理中的二维离散卷积运算和神经网络相结合。这种卷积运算可以用于自动提取特征，而卷积神经网络也主要应用于二维图像的识别。下面我们将采用图示的方法直观地介绍卷积神经网络的工作原理。

一个卷积神经网络一般包含一个输入层、一个卷积层和一个输出层。但是在真正使用的时候，一般会使用多层卷积神经网络不断地提取特征，特征越抽象，越有利于识别（分类）。而且通常卷积神经网络包含池化层、全连接层，最后接输出层。

图 7-7 展示了一幅图片进行卷积神经网络处理的过程。其主要包含以下 4 个步骤。

- 图像输入：获取输入的数据图像。
- 卷积层：对图像特征进行提取。
- 池化层：用于缩小在卷积时获取的图像特征。
- 全连接层：用于对图像进行分类。

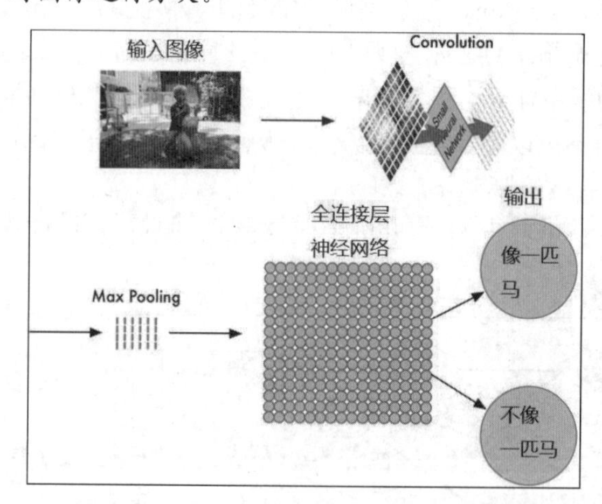

图 7-7　卷积神经网络处理图像的步骤

这几个步骤依次进行，分别具有不同的作用。而经过卷积层的图像被卷积核心提取后，获得分块的、同样大小的图片，如图 7-8 所示。

图 7-8　卷积处理的分解图像

可以看到，经过卷积处理后的图像被分为若干大小相同的、只具有局部特征的图片。图 7-9 表示对分解后的图片使用一个小型神经网络进行进一步的处理，即将二维矩阵转换成一维数组。

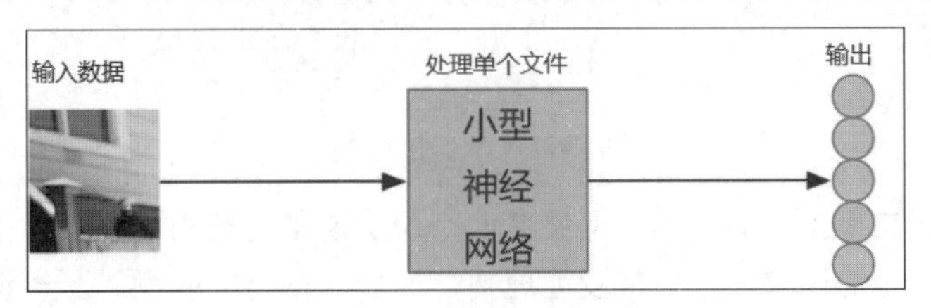

图 7-9　分解后图像的处理

需要说明的是，在这个卷积处理步骤，也就是对图片进行卷积化处理时，卷积算法对所有分解后的局部特征进行同样的计算，这个步骤称为"权值共享"。这样做的依据如下：

- 对图像等数组数据来说，局部数组的值经常是高度相关的，可以形成容易被探测到的独特的局部特征。
- 图像和其他信号的局部统计特征与其位置是不太相关的，如果特征图能在图片的一个部分出现，也能出现在任何地方。所以不同位置的单元共享同样的权重，并且在数组的不同部分探测相同的模式。

数学上，这种由一个特征图执行的过滤操作是一个离散的卷积，卷积神经网络由此得名。

池化层的作用是对获取的图像特征进行缩减，从前面的例子中可以看到，使用[2,2]大小的矩阵来处理特征矩阵，使得原有的特征矩阵可以缩减到 1/4 大小，特征提取的池化效应如图 7-10 所示。

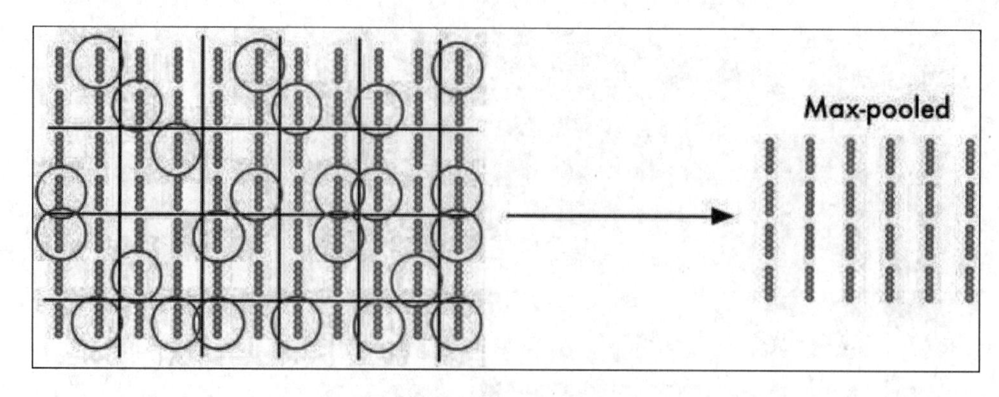

图 7-10　池化处理后的图像

经过池化处理后的矩阵作为下一层神经网络的输入，使用一个全连接层对输入的数据进行分类计算（见图 7-11），从而计算出这个图像所对应位置最大的概率类别。

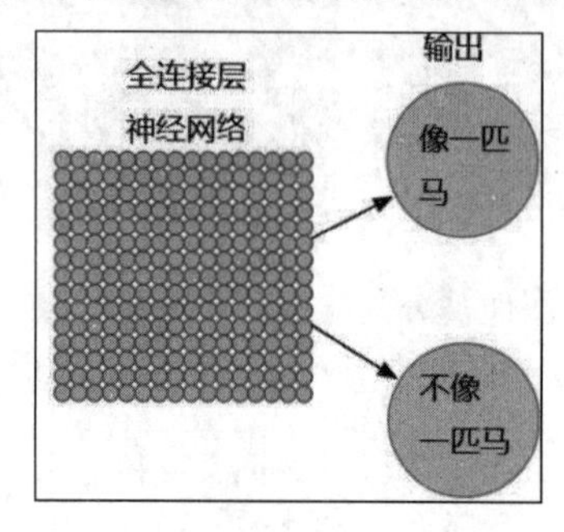

图 7-11　全连接层判断

采用较通俗的语言概括，卷积神经网络是一个层级递增的结构，也可以将其认为是一个人在读报纸，首先一字一句地读取，之后整段地理解，最后获得全文的意思。卷积神经网络也是从边缘、结构和位置等一起感知物体的形状。

7.2　基于卷积神经网络的语音情绪分类识别

在第 5 章中，我们完成了基于 DNN 的语音情绪分类识别，可以看到通过使用 DNN 可以较准确地完成语音情绪识别。本节将换一种方法，使用上一节讲解的内容——卷积神经网络，来再次完成语音情绪识别的实战。

7.2.1　串联到并联的改变——数据的准备

在本例中我们依旧使用第 5 章的数据集，在第 5 章完成对 DNN 模型的训练后，建议读者尝试通过“串联”的形式完成对多个特征的整合。然而对于数据结构来说，串联并不是唯一的一种连接方式，还可以通过并联的形式完成数据的组合。而这种并联的组合方式，其好处在于可以通过卷积的形式进行分析。新的数据处理核心如下：

```
    def audio_features(wav_file_path, mfcc = True, chroma = True, mel =
True,sample_rate = 22050):
```

```
        audio,sample_rate =  lb.load(wav_file_path,sr=sample_rate)
        if len(audio.shape) != 1:
            return None
        result_temp = []
        if mfcc:
            mfccs = np.mean(lb.feature.mfcc(y=audio, sr=sample_rate, n_mfcc=40).T,
axis=0)  #40
            result_temp.append(mfccs)
        if chroma:
            stft = np.abs(lb.stft(audio))
            chroma = np.mean(lb.feature.chroma_stft(S=stft, sr=sample_rate).T,
axis=0)  #12
             #由于输入的色度图（Chroma）长度不到 40，需要对其进行补 0 处理
            chroma = np.concatenate((chroma , [0.]* 28),axis=0)
            result_temp.append(chroma)
        if mel:
            mel = np.mean(lb.feature.melspectrogram(y=audio, sr=sample_rate,
n_mels=40, fmin=0, fmax=sample_rate//2).T, axis=0)
            result_temp.append(mel)
        # print("file_title: {}, result.shape: {}".format(file_title,
result.shape))
        #result =
np.concatenate((result_temp[0],result_temp[1],result_temp[2]),axis=0)
        result = ((result_temp))
        return result
```

首先，由于输入的色度图（Chroma）长度不到 40，需要对其进行补 0 处理。将其补全到 40 长度，之后的 result_temp 的作用是保存 3 组不同的特性数据并返回其值。此时每个音频信号生成的特征信号的维度为[3,40]，而这样的全量音频信号维度为[1440,3,40]。但是对于我们将要使用的二维卷积来说，需要输入的是一个 4 维结构的数据，下面还需要对数据进行一次手动扩张维度，将维度由三维变成四维，即[1440,3,40] -> [1440,3,40,1]，才能让卷积进行较好的识别。完整的数据处理代码如下：

```
import numpy as np
import torch
import os
import librosa as lb
import soundfile
from tqdm import tqdm
# 这个是列出所有目录下文件夹的函数
def list_folders(path):
    """
    列出指定路径下的所有文件夹名
    """
    folders = []
    for root, dirs, files in os.walk(path):
        for dir in dirs:
            folders.append(os.path.join(root, dir))
    return folders
```

```
def list_files(path):
    files = []
    for item in os.listdir(path):
        file = os.path.join(path, item)
        if os.path.isfile(file):
            files.append(file)
    return files

ravdess_label_dict = {"01": "neutral", "02": "calm", "03": "happy", "04": "sad",
"05": "angry", "06": "fear", "07": "disgust", "08": "surprise"}

folders = list_folders("../第五章/dataset")
label_dataset = []
train_dataset =  []
for folder in  folders:
    files = list_files(folder)
    for _file in files:

        label = _file.split("\\")[-1].replace(".wav","").split("-")[2]
        ravdess_label = ravdess_label_dict[label]
        label_num = int(label) - 1  #这里初始位置是 1，而一般列表的初始位置是 0

        result = audio_features(_file)
        train_dataset.append(result)
        label_dataset.append(label_num)

train_dataset = torch.tensor(train_dataset,dtype=torch.float)
#这里完成了维度扩张
train_dataset = torch.unsqueeze(train_dataset,dim=-1)
label_dataset = torch.tensor(label_dataset,dtype=torch.long)

print(train_dataset.shape)
print(label_dataset.shape)
```

7.2.2 基于卷积的模型设计

接下来需要完成模型的设计，由于此时我们想要使用二维卷积来完成对数据的训练，新的模型架构如下：

```
class ConvMoudle(torch.nn.Module):
    def __init__(self,output_size = 8):
        super().__init__()
         #注意这里没有进行 Padding 操作
        self.hidden_0 = torch.nn.Conv2d(3, 128,kernel_size=(3,1))
        self.relu = torch.nn.ReLU()
         #这里完成 padding 操作
        self.hidden_1 = torch.nn.Conv2d(128, 64,kernel_size=3,padding=1)
        self.relu = torch.nn.ReLU()
        self.logits_layer = torch.nn.Linear(64*38,output_size)

    def forward(self, x):
```

```
        x = self.hidden_0(x)
        x = self.relu(x)
        x = self.hidden_1(x)
        x = torch.nn.Flatten()(x)
        x = self.logits_layer(x)
        return x
```

这是一个使用PyTorch实现的卷积神经网络模块。它包含两个卷积层、两个ReLU激活函数和一个全连接层。具体来说：

- __init__方法定义了网络结构，包括两个卷积层（hidden_0和hidden_1）、两个ReLU激活函数（relu）和一个全连接层（logits_layer）。卷积层的参数包括输入通道数、输出通道数和卷积核大小。全连接层的参数包括输入特征数和输出特征数。
- forward方法定义了数据在网络中的传播过程。首先，输入数据x通过hidden_0和relu层进行卷积和激活操作；然后，将结果通过hidden_1和relu层进行卷积和激活操作；接着，将结果展平并通过logits_layer层进行全连接操作；最后，返回输出结果。

这里需要特别注意的是，对于 hidden_0 和 hidden_1 这两个卷积层，由于 padding 的不同，kernel_size 也不同，这是由于对于输入的数据来说，最后一个维度是 1，需要对 kernel 的大小进行限制。

同时，由于卷积处理后的结果为一个 4 维结构，还需要将其展平成一个二维结构，因此在进入最后的 logits 分类层之前，Flatten 类的作用就是对其进行展平处理。

7.2.3　模型训练

接下来就是模型的训练过程，在这里我们可以采用第 5 章提出的示例框架完成模型的训练，具体实现只需要将 DNN 模型替换成本章的 Conv 模型。完整的训练代码如下：

```
import torch
import torch.nn as nn
import torch.optim as optim
# 定义模型
class ConvMoudle(torch.nn.Module):
    def __init__(self,output_size = 8):
        super().__init__()
        self.hidden_0 = torch.nn.Conv2d(3, 128,kernel_size=(3,1))
        self.relu = torch.nn.ReLU()
        self.hidden_1 = torch.nn.Conv2d(128, 64,kernel_size=3,padding=1)
        self.relu = torch.nn.ReLU()
        self.logits_layer = torch.nn.Linear(64*38,output_size)

    def forward(self, x):
        x = self.hidden_0(x)
        x = self.relu(x)
        x = self.hidden_1(x)
        x = torch.nn.Flatten()(x)
        x = self.logits_layer(x)
        return x
```

```
    # 准备数据
    import get_data
    train_data = get_data.train_dataset.to("cuda")
    train_labels = get_data.label_dataset.to("cuda")
    train_num = 1440

    # 初始化模型和优化器
    model = ConvMoudle().to("cuda")
    optimizer = optim.Adam(model.parameters(), lr=1E-4)
    criterion = nn.CrossEntropyLoss()

    # 训练模型
    for epoch in range(1024):
        optimizer.zero_grad()
        outputs = model(train_data)
        loss = criterion(outputs, train_labels)
        loss.backward()
        optimizer.step()
        if (epoch+ 1)%10 == 0:
            accuracy = (outputs.argmax(1) ==
train_labels).type(torch.float32).sum().item() / train_num
            print("epoch: ",epoch,"train_loss:", (loss),"accuracy:",(accuracy))
            print("-------------")
```

读者可以完成模型的训练，在这里同样经过 1024 轮的训练，结果如图 7-12 所示。

```
epoch:  989 train_loss: tensor(0.3983, device='cuda:0', grad_fn=<NllLossBackward0>) accuracy: 0.8715277777777778
-------------
epoch:  999 train_loss: tensor(0.3932, device='cuda:0', grad_fn=<NllLossBackward0>) accuracy: 0.8756944444444444
-------------
epoch:  1009 train_loss: tensor(0.3875, device='cuda:0', grad_fn=<NllLossBackward0>) accuracy: 0.8756944444444444
-------------
epoch:  1019 train_loss: tensor(0.3822, device='cuda:0', grad_fn=<NllLossBackward0>) accuracy: 0.8777777777777778
```

图 7-12　卷积模型训练结果

可以很明显地看到，经过同样的训练次数，参数也相同的情况下，准确率的提升明显超过采用单纯的 DNN 结构。这是一个较好的成绩，读者可以自行尝试。

7.3　PyTorch 的深度可分离膨胀卷积详解

我们在本章开始时就做了说明，相对于多层感知机来说，卷积神经网络能够对输入特征局部进行计算，同时能够节省大量的待训练参数。本节将继续介绍更为深入的内容，即本章的进阶部分——深度可分离膨胀卷积。

需要说明的是，本节的深度可分离膨胀卷积可以按功能分为“深度”“可分离”“膨胀”“卷积”四个部分。

在继续讲解之前，首先让我们回顾一下 PyTorch 2.0 中的卷积定义类：

```
class Conv2d(_ConvNd):
```

```
    ...
    def __init__(
        self, in_channels: int, out_channels: int, kernel_size: _size_2_t,
        stride: _size_2_t = 1,
        padding: Union[str, _size_2_t] = 0,
        dilation: _size_2_t = 1, groups: int = 1, bias: bool = True,
        padding_mode: str = 'zeros',  # TODO: refine this type
        device=None,
        dtype=None
    ) -> None:
```

在前面的讲解中，我们讲解了卷积类中常用的输入维度（in_channels）、输出维度（out_channels）的定义、卷积核大小（kernel_size），以及步长大小（stride）的设置，而对于其他部分的参数定义却没有做更详细的说明。本节将通过对深度可分离膨胀卷积的讲解，更加细致地说明卷积类的定义与使用。

7.3.1　深度可分离卷积的定义

在普通的卷积中，可以将其分为两个步骤的计算：

- 跨通道计算。
- 平面内计算。

这是由于卷积的局部跨通道计算的性质所形成的，一个非常简单的思想是：能否使用另一种方法将这部分计算过程分开计算，从而获得参数上的数据量减少？

答案是可以使用深度可分离卷积对这两个步骤分开计算，如图 7-13 所示。

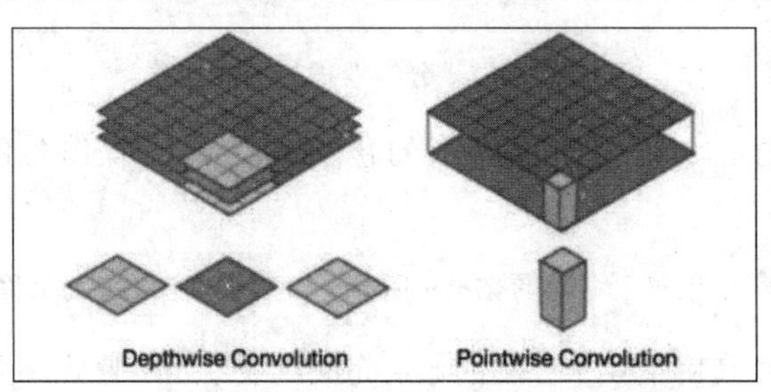

图 7-13　深度可分离卷积

在进行深度卷积的时候，每个卷积核只关注单个通道的信息，而在分离卷积中，每个卷积核可以联合多个通道的信息。这在 PyTorch 2.0 中的具体实现如下：

```
Conv2d(in_channels=3, out_channels=3, kernel_size=3, groups=3) #这是第一步完成跨通道计算，group=3 是依据通道数设置的分离卷积数
Conv2d(in_channels=4, out_channels=4, kernel_size=1)        #完成平面内计算
```

从上面代码可以看到，此时我们在传统的卷积层定义上额外增加了 groups=4 的定义，这是根据通道数对卷积类的定义进行划分的。下面通过一个具体的例子说明常规卷积与深度可分离卷积的区别。

常规卷积操作如图 7-14 所示。

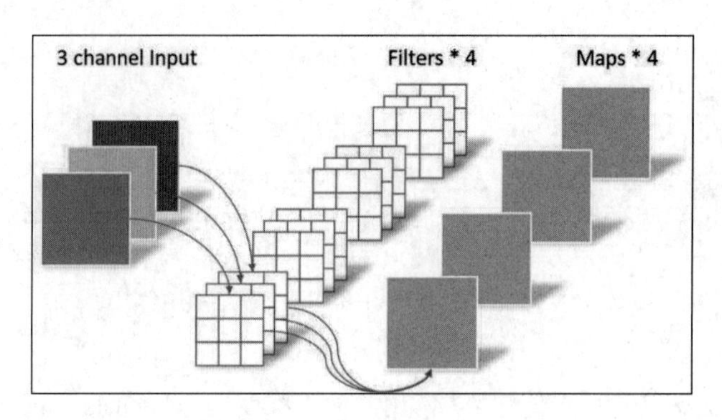

图 7-14　常规卷积操作

假设输入层为一个大小为 28×28 像素、三通道的彩色图片。经过一个包含 4 个卷积核的卷积层，卷积核尺寸为 3×3×3。最终会输出具有 4 个通道数据的特征向量，而尺寸大小由卷积的填充（padding）方式决定。

深度可分离卷积操作中，深度卷积操作由以下两个步骤完成。

（1）分离卷积的独立计算，如图 7-15 所示。

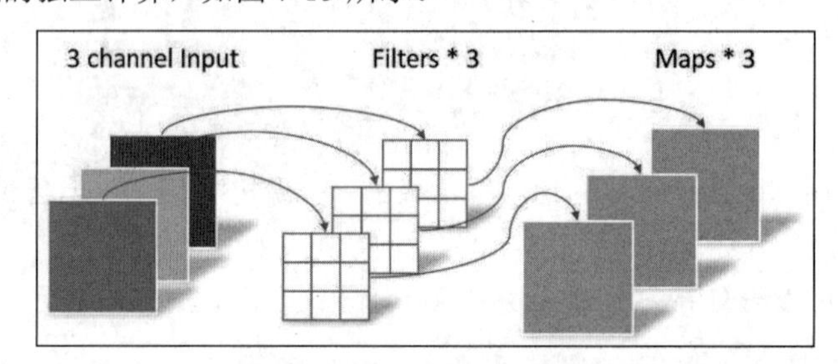

图 7-15　分离卷积的独立计算

图中深度卷积使用的是 3 个尺寸为 3×3 的卷积核，经过该操作之后，输出的特征图尺寸为 28×28×3（pad=1）。

（2）堆积多个可分离卷积计算，如图 7-16 所示（注意图中的输入是图 7-15 第一步的输出）。

可以看到，图 7-16 中使用了 4 个独立的通道完成，经过此步骤后，由第一个步骤输入的特征图在 4 个独立的通道计算下，输出维度变为 28×28×3。

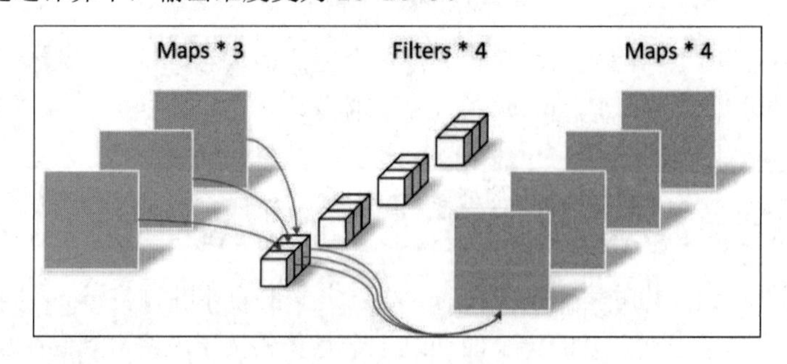

图 7-16　堆积多个可分离卷积计算

7.3.2　深度的定义以及不同计算层待训练参数的比较

在前面的讲解中，我们介绍了深度可分离卷积，并提到了使用深度可分离卷积可以减少待训练参数，那么事实是否如此呢？我们通过打印参数数量的方式进行比较，代码如下：

```
    import torch
    from torch.nn import Conv2d,Linear

    linear = Linear(in_features=3*28*28, out_features=3*28*28)
    linear_params = sum(p.numel() for p in linear.parameters() if p.requires_grad)

    conv = Conv2d(in_channels=3, out_channels=3, kernel_size=3)
    params = sum(p.numel() for p in conv.parameters() if p.requires_grad)

    depth_conv = Conv2d(in_channels=3, out_channels=3, kernel_size=3, groups=3)
    point_conv = Conv2d(in_channels=3, out_channels=3, kernel_size=1)

    # 这里首先进行深度卷积，然后进行逐点卷积，将两者相结合，就得到了“深度，分离，卷积”
    depthwise_separable_conv = torch.nn.Sequential(depth_conv, point_conv)
    params_depthwise = sum(p.numel() for p in depthwise_separable_conv.parameters()
if p.requires_grad)

    print(f"多层感知机使用参数为 {params} parameters.")
    print("----------------")
    print(f"普通卷积层使用参数为 {params} parameters.")
    print("----------------")
    print(f"深度可分离卷积使用参数为 {params_depthwise} parameters.")
```

在上面的代码段中，我们依次准备了多层感知机、普通卷积层以及深度可分离卷积，对其输出待训练参数，结果如图 7-17 所示。

```
多层感知机使用参数为 84 parameters.
----------------
普通卷积层使用参数为 84 parameters.
----------------
深度可分离卷积使用参数为 42 parameters.
```

图 7-17　参数的比较

从图 7-17 中对参数数量的输出可以很明显地看到，随着采用不同的计算层，待训练参数数量也会随之变化，即使一个普通的深度可分离卷积层也能减少一半的参数使用量。

7.3.3　膨胀卷积详解

我们先回到 PyTorch 2.0 对卷积的说明，大家应该掌握 group 参数的含义，此时还有一个不常用的参数 dilation，这个参数是决定卷积层在计算时的“膨胀系数”。dilation 有点类似于 stride，其实际含义为：每个点之间有空隙的过滤器，即 dilation（膨胀）。标准卷积与膨胀卷积的区别如图 7-18 所示。

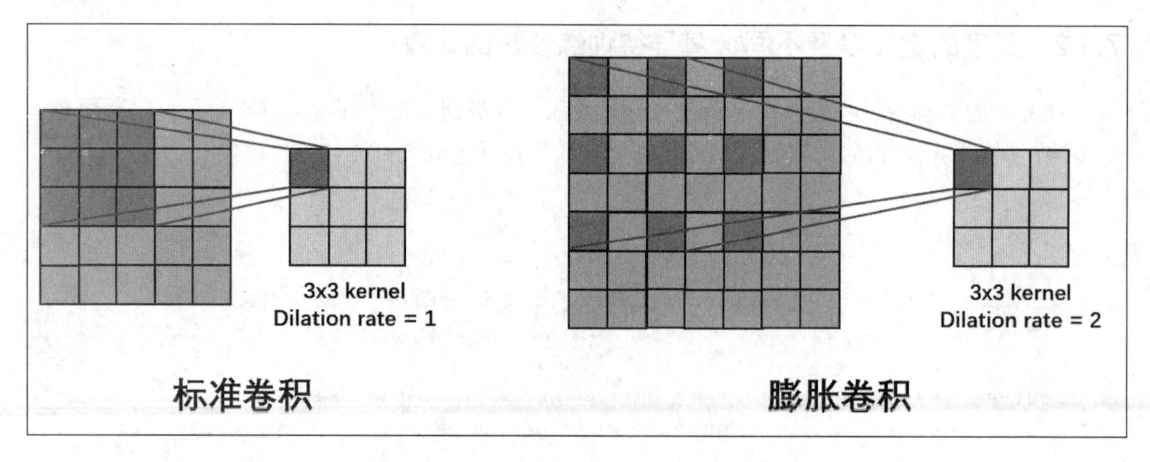

图 7-18　标准卷积与膨胀卷积

简单地说，膨胀卷积通过在卷积核中增加空洞，可以增加单位面积中计算的大小，从而扩大模型的计算视野。

卷积核的膨胀系数（空洞的大小）每一层是不同的，一般可以取 (1, 2, 4, 8, …)，即前一层的两倍。注意，膨胀卷积的上下文大小和层数是指数相关的，可以通过比较少的卷积层得到更大的计算面积。使用膨胀卷积的方法如下：

```
#注意这里 dilation 被设置为 2
depth_conv = Conv2d(in_channels=3, out_channels=3, kernel_size=3,
groups=3,dilation=2)
point_conv = Conv2d(in_channels=3, out_channels=3, kernel_size=1)
# 深度、可分离、膨胀卷积的定义
depthwise_separable_conv = torch.nn.Sequential(depth_conv, point_conv)
```

需要注意的是，在卷积层的定义中，只有 dilation 被设置成大于或等于 2 的整数时，才能实现膨胀卷积。

对于使用膨胀卷积完成卷积模型的设计，请读者自行尝试。

7.4　本章小结

首先，本章详细介绍了卷积神经网络的基本概念和结构，如何使用 PyTorch 的 Conv2d 类来创建卷积层，如何使用激活函数 ReLU 和池化层 Flatten 来增加网络的复杂性，以及如何构建全连接层 nn.Linear，并解释了其作为分类器的用法。

其次，本章讲解了如何使用 PyTorch 2.0 来构建一个复杂的卷积神经网络模型，并对语音情绪进行识别。这个案例是一个卷积神经网络入门级别的实战，但是其包含的内容非常丰富，涵盖了多种不同的层和类的使用。

最后，本章还详解了深度可分离膨胀卷积，为读者深入使用膨胀卷积完成卷积模型打下基础。

第 8 章

词映射与循环神经网络

在前面几章的学习中，我们完成了基于数字信号处理和深度神经网络（全连接层和卷积层）的音频识别，从一个简单的特征词唤醒，到音频特征提取，再到语音情绪识别，这一系列的实战项目标志着读者逐渐掌握深度学习应用开发的技能。

但是，仅仅掌握对音频识别的处理是不够的，本书的目标是多模态语音文字转换，因此除基本的卷积神经网络和全连接神经网络外，还需要进一步掌握自然语言处理相关的内容，特别是词映射（Embedding）方面的知识。

而循环神经网络是深度学习的重要方向，也是对卷积神经网络的补充内容。循环神经网络是一类以序列数据为输入，在序列的演进方向进行递归且所有节点（循环单元）按链式连接的递归神经网络。

RNN 是一种特殊的神经网络结构，它是根据人的认知是基于过往的经验和记忆这一观点提出的。RNN 之所以称为循环神经网络，是因为它的一个序列当前的输出与前面的输出也有关。

常见的循环神经网络有长短时记忆网络（Long Short-Term Memory Network，LSTM）和门控循环单元（Gated Recurrent Unit，GRU）。LSTM 是一种适用于序列到序列建模的循环神经网络，它可以有效地解决长序列建模问题。GRU 是另一种适用于序列到序列建模的循环神经网络，它比 LSTM 更加简洁高效。

本章将以循环神经网络为主要讲解目标，结合词嵌入方面的内容，并完成基于文本内容的情感分类实战。

8.1 有趣的词映射

为什么要词映射（Word Embedding）？在深入了解这个概念之前，我们先看几个例子：

- 在购买商品或者入住酒店后，会邀请顾客填写相关的评价，对服务的满意程度进行反馈。
- 使用几个词在搜索引擎上搜索一下。
- 有些博客网站会在博客下面标记一些相关的标签。

那么问题来了，这些是怎么做到的呢？

或者说，我们在读文章或者评论的时候，可以准确地说出这个文章大致讲了什么、评论的倾向如何，但是计算机系统是怎么做到这些的呢？计算机可以匹配字符串，然后告诉你是否与所输入的字符串相同，但是我们怎么能让计算机在你搜索梅西的时候告诉你有关足球或者世界杯的相关事情？

Embedding 的作用就是映射。词映射也由此诞生，其作用就是将文本信息映射到另一个维度空间，包含而不仅限于数字矩阵空间。因此，通过词映射后，一句文本通过其表示和计算可以使得计算机很容易得到如下公式：

梅西 — 阿根廷 + 巴西 = 内马尔

本节将着重介绍词映射的相关内容，首先通过多种计算词映射的方式循序渐进地讲解如何获取对应的词映射，之后使用词映射进行文本内容情感分类实战。

另外需要注意的是，Embedding 是一个外来词汇，并没有一个统一的翻译，因此有部分人将其称作“映射”，无论是称为“嵌入”还是“映射”，都可以较好地表达其映射行为。而本书为方便起见，后续统一将 Embedding 翻译成“映射”。

8.1.1　什么是词映射

词映射是在高维向量空间中对单个字或词进行精准表示的过程。在实现这一映射的过程中，存在多种方法和策略。其中，一种较简单且直观的方法就是采用所谓的 One-Hot 表示。具体而言，我们将每一个字或词与序列集中的一个独一无二的序列相对应。这个序列集的长度和宽度均等于类别的总数，从而确保每一个字或词都能够清晰且独立地表示出来。那么，这种表示方法是否适用呢？

答案是可以的。

例如 5 个词组成的词汇表，词"Queen"的序号为 2，那么它的词向量就是(0,1,0,0,0)(0,1,0,0,0)。同样的道理，词"king"的词向量就是(0,0,0,1,0)(0,0,0,1,0)。这种词向量的编码方式一般叫作 1-of-N representation 或者 One-Hot。

One-Hot 用来表示词向量非常简单，但是却存在很多问题。最大的问题是词汇表一般都非常大，比如达到百万级别，这样每个词都用百万维的向量来表示基本是不可能的。而且这样的向量其实除一个位置是 1 外，其余的位置全部是 0，表达的效率不高。将其使用在卷积神经网络中会使得网络难以收敛。

词映射是一种可以解决使用 one-hot 构建词库时向量长度过长、数值过于稀疏的问题。它的思路是通过训练，将每个词都映射到一个较短的词向量上来。所有的这些词向量就构成了向量空间，进而可以用普通的统计学方法来研究词与词之间的关系。

词映射可以将高维的稀疏向量映射到低维的稠密向量，使得语义上相近的单词在向量空间中距离较近。词映射是自然语言处理中的一种常见技术，它可以将文本数据转换为计算机可以处理的数字形式，方便进行后续的处理和分析，如图 8-1 所示。

单词	长度为 3 的词向量		
我	0.3	-0.2	0.1
爱	-0.6	0.4	0.7
我	0.3	-0.2	0.1
的	0.5	-0.8	0.9
祖	-0.4	0.7	0.2
国	-0.9	0.3	-0.4

图 8-1　词映射

从图 8-1 可以看到，对于每个单词可以设定一个固定长度的向量参数，从而用这个向量来表示这个词，这样做的好处是，它可以将文本通过一个低维向量来表达，不像 One-Hot 那么长。语意相似的词在向量空间上也会比较相近。通用性很强，可以用在不同的任务中。

8.1.2　PyTorch 中的词映射处理函数详解

在 PyTorch 中，对于词映射的处理方法是使用 torch.nn.Embedding 类。这个类可以将离散变量映射到连续向量空间，将输入的整数序列转换为对应的向量序列，这些向量可以用于后续的神经网络模型中。例如，可以使用以下代码创建一个包含 5 个大小为 3 的张量的 embedding_layer 层：

```
import torch
embedding_layer = torch.nn.Embedding(num_embeddings=6, embedding_dim=3)
```

其中，num_embeddings 表示 embedding_layer 层所代表的词典数目（字库大小），embedding_dim 表示 embedding 向量维度大小。在训练过程中，embedding_layer 层中的参数会自动更新。

而这个 embedding_layer 层的调用，可以通过如下代码完成：

```
embedding = embedding_layer(torch.tensor([3]))
print(embedding.shape)
```

其中的数字 3 是字库中序号为 3 的索引所指代的字符，通过 embedding_layer 对其向量进行读取。一个完整的例子如下：

```
import torch

text = "我爱我的祖国"
vocab = ["我","爱","的","祖","国"]
embedding_layer = torch.nn.Embedding(num_embeddings=len(vocab),
embedding_dim=3)
token = [vocab.index("我"),vocab.index("爱"),vocab.index("我"),vocab.index("
的"),vocab.index("祖"),vocab.index("国")]
token = torch.tensor(token)
embedding = embedding_layer(token)
print(embedding.shape)
```

在上面的代码中，首先通过全文本提取到对应的字符组成一个字库，之后根据字库的长度设定 num_embeddings 的大小。而对于待表达文本中的每个字符，根据其在字库中的位置建立一个索引序列，将其转换为 torch 的 tensor 格式后，再通过对 embedding_layer 的计算得到对应的参数矩阵，并对其维度进行打印。请读者自行尝试。

8.2 实战：循环神经网络与文本内容情感分类

在传统的神经网络模型中，是从输入层到隐含层再到输出层，层与层之间是全连接的，每层之间的节点是无连接的。但是这种普通的神经网络对于很多问题却无能为力。例如，你要预测句子的下一个单词是什么，一般需要用到前面的单词，因为一个句子中前后单词并不是独立的，即一个序列当前的输出与前面的输出也有关。

具体的表现形式为网络会对前面的信息进行记忆并应用于当前输出的计算中，即隐藏层之间的节点不再是无连接的，而是有连接的，并且隐藏层的输入不仅包括输入层的输出，还包括上一时刻隐藏层的输出，这种传统的神经网络模型如图 8-2 所示。

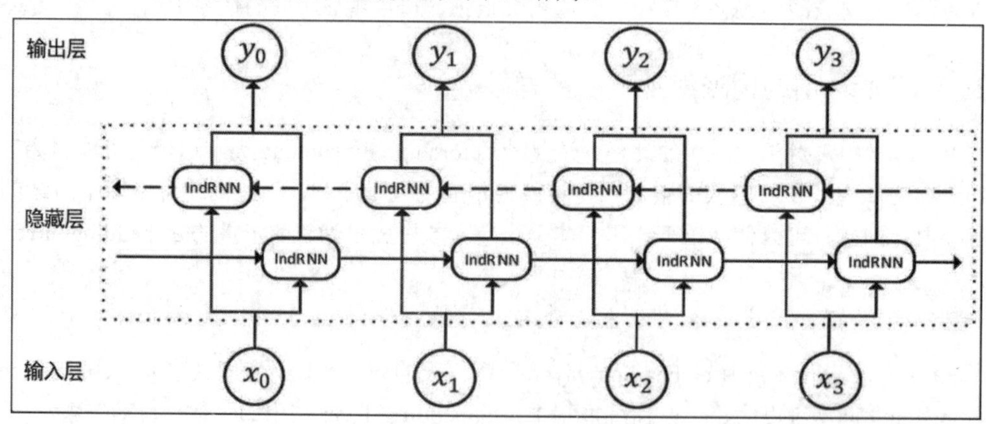

图 8-2 传统的神经网络模型

8.2.1 基于循环神经网络的中文情感分类准备工作

在讲解循环神经网络的理论知识之前，最好的学习方式就是通过实例实现并运行对应的项目，本小节将带领读者完成一下循环神经网络的情感分类实战的准备工作。

1. 数据的准备

首先是数据集的准备工作。在本节中，我们需要完成的是中文数据集的情感分类，因此事先准备了一套已完成情感分类的数据集，读者可以参考本书配套代码中 dataset 目录下的 chnSenticrop.txt 文件确认一下。此时我们需要完成数据的读取和准备工作，其实现代码如下：

```
max_length = 80          #设置获取的文本长度为80
labels = []              #用以存放label
context = []             #用以存放汉字文本
vocab = set()
```

```
    with open("../dataset/cn/ChnSentiCorp.txt", mode="r", encoding="UTF-8") as 
emotion_file:
        for line in emotion_file.readlines():
            line = line.strip().split(",")

            # labels.append(int(line[0]))
            if int(line[0]) == 0:
                labels.append(0)    #由于在后面直接采用PyTorch自带的crossentroy函数，
因此这里直接输入0，否则输入[1,0]
            else:
                labels.append(1)
            text = "".join(line[1:])
            context.append(text)
            for char in text: vocab.add(char)   #建立vocab和vocab编号

    voacb_list = list(sorted(vocab))
    # print(len(voacb_list))
    token_list = []
    #下面是对context内容根据vocab进行token处理
    for text in context:
        token = [voacb_list.index(char) for char in text]
        token = token[:max_length] + [0] * (max_length - len(token))
        token_list.append(token)
```

2. 模型的建立

接下来可以根据需求建立模型。在这里我们实现了一个带有单向 GRU 和一个双向 GRU 的循环神经网络，代码如下：

```
    class RNNModel(torch.nn.Module):
        def __init__(self,vocab_size = 128):
            super().__init__()
            self.embedding_table = 
torch.nn.Embedding(vocab_size,embedding_dim=312)
            self.gru  =  torch.nn.GRU(312,256)  # 注意这里输出有两个：out与hidden，
out是序列在模型运行后全部隐藏层的状态，而hidden是最后一个隐藏层的状态
            self.batch_norm = torch.nn.LayerNorm(256,256)

            self.gru2  =  torch.nn.GRU(256,128,bidirectional=True)  # 注意这里输出
有两个：out与hidden，out是序列在模型运行后全部隐藏层的状态，而hidden是最后一个隐藏层的状
态

        def forward(self,token):
            token_inputs = token
            embedding = self.embedding_table(token_inputs)
            gru_out,_ = self.gru(embedding)
            embedding = self.batch_norm(gru_out)
            out,hidden = self.gru2(embedding)

            return out
```

这里要注意的是，对于 GRU 进行神经网络训练，无论是单向还是双向 GUR，其结果输出都

是两个隐藏层状态，即 out 与 hidden。这里的 out 是序列在模型运行后全部隐藏层的状态，而 hidden 是此序列最后一个隐藏层的状态。

在这里我们使用的是 2 层 GRU，有读者会注意到，在我们对第二个 GRU 进行定义时，使用了一个额外的参数 bidirectional，这个参数用来定义循环神经网络是单向计算还是双向计算的，其具体形式如图 8-3 所示。

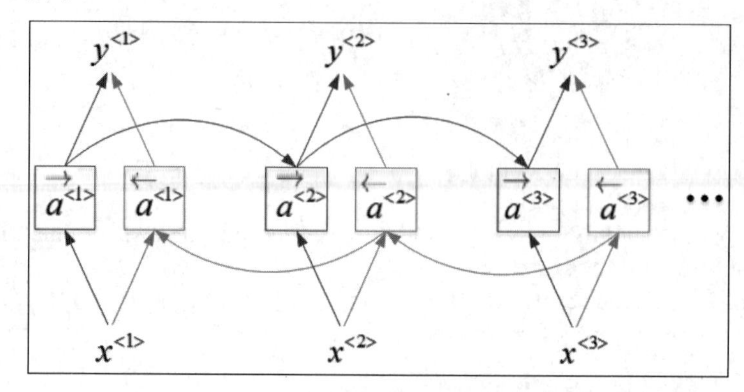

图 8-3　双向 GRU 模型

从图 8-3 中可以很明显地看到，左右两个连续的模块并联构成了不同方向的循环神经网络单向计算层，而这两个方向同时作用后生成了最终的隐藏层。

8.2.2　基于循环神经网络的中文情感分类

上一小节完成了循环神经网络的数据准备以及模型的建立，下面我们可以对中文数据集进行情感分类，完整的代码如下：

```
    import numpy as np

    max_length = 80          #设置获取的文本长度为 80
    labels = []              #用以存放 label
    context = []             #用以存放汉字文本
    vocab = set()

    with open("../dataset/cn/ChnSentiCorp.txt", mode="r", encoding="UTF-8") as
emotion_file:
        for line in emotion_file.readlines():
            line = line.strip().split(",")

            # labels.append(int(line[0]))
            if int(line[0]) == 0:
                labels.append(0)    #由于在后面直接采用 PyTorch 自带的 crossentroy 函数，
因此这里直接输入 0，否则输入[1,0]
            else:
                labels.append(1)
            text = "".join(line[1:])
            context.append(text)
            for char in text: vocab.add(char)    #建立 vocab 和 vocab 编号
```

```
    voacb_list = list(sorted(vocab))
    # print(len(voacb_list))
    token_list = []
    #下面的内容是对 context 根据 vocab 进行 token 处理
    for text in context:
        token = [voacb_list.index(char) for char in text]
        token = token[:max_length] + [0] * (max_length - len(token))
        token_list.append(token)

    seed = 17
    np.random.seed(seed);np.random.shuffle(token_list)
    np.random.seed(seed);np.random.shuffle(labels)

    dev_list = np.array(token_list[:170])
    dev_labels = np.array(labels[:170])

    token_list = np.array(token_list[170:])
    labels = np.array(labels[170:])

    import torch
    class RNNModel(torch.nn.Module):
        def __init__(self,vocab_size = 128):
            super().__init__()
            self.embedding_table = 
torch.nn.Embedding(vocab_size,embedding_dim=312)
            self.gru  =  torch.nn.GRU(312,256)  # 注意这里输出有两个：out 与 hidden，
out 是序列在模型运行后全部隐藏层的状态，而 hidden 是最后一个隐藏层的状态
            self.batch_norm = torch.nn.LayerNorm(256,256)

            self.gru2  =  torch.nn.GRU(256,128,bidirectional=True)  # 注意这里输出
有两个：out 与 hidden，out 是序列在模型运行后全部隐藏层的状态，而 hidden 是最后一个隐藏层的状
态

        def forward(self,token):
            token_inputs = token
            embedding = self.embedding_table(token_inputs)
            gru_out,_ = self.gru(embedding)
            embedding = self.batch_norm(gru_out)
            out,hidden = self.gru2(embedding)

            return out

    #这里使用顺序模型的方式建立了训练模型
    def get_model(vocab_size = len(voacb_list),max_length = max_length):
        model = torch.nn.Sequential(
            RNNModel(vocab_size),
            torch.nn.Flatten(),
            torch.nn.Linear(2 * max_length * 128,2)
        )
        return model
```

```
    device = "cuda"
    model = get_model().to(device)
    model = torch.compile(model)
    optimizer = torch.optim.Adam(model.parameters(), lr=2e-4)

    loss_func = torch.nn.CrossEntropyLoss()

    batch_size = 128
    train_length = len(labels)
    for epoch in (range(21)):
        train_num = train_length // batch_size
        train_loss, train_correct = 0, 0
        for i in (range(train_num)):
            start = i * batch_size
            end = (i + 1) * batch_size

            batch_input_ids = torch.tensor(token_list[start:end]).to(device)
            batch_labels = torch.tensor(labels[start:end]).to(device)

            pred = model(batch_input_ids)

            loss = loss_func(pred, batch_labels.type(torch.uint8))

            optimizer.zero_grad()
            loss.backward()
            optimizer.step()

            train_loss += loss.item()
            train_correct += ((torch.argmax(pred, dim=-1) ==
(batch_labels)).type(torch.float).sum().item() / len(batch_labels))

        train_loss /= train_num
        train_correct /= train_num
        print("train_loss:", train_loss, "train_correct:", train_correct)

        test_pred = model(torch.tensor(dev_list).to(device))
        correct = (torch.argmax(test_pred, dim=-1) ==
(torch.tensor(dev_labels).to(device))).type(torch.float).sum().item() /
len(test_pred)
        print("test_acc:",correct)
        print("-------------------")
```

在上面代码中，我们顺序建立循环神经网络模型，在使用 GUR 对数据进行计算后，又使用 Flatten 对序列 embedding 进行平整化处理；而最后的 Linear 是分类器，作用是对结果进行分类。具体结果请读者自行测试查看。

8.3　循环神经网络理论讲解

上一节完成了循环神经网络对文本情感分类的实战工作，本节开始进入循环神经网络的理论讲解部分。常见的循环神经网络有长短时记忆网络和门控循环单元(GRU)，由于GRU结构详尽，同时 GRU 相对更加高效和简洁，我们将以 GRU 为例向读者介绍循环神经网络的相关内容。

8.3.1　什么是 GRU

在上一节的实战过程中，使用 GRU 作为核心神经网络层，GRU 是循环神经网络的一种，是为了解决长期记忆和反向传播中的梯度等问题，而提出来的一种神经网络结构，也是一种用于处理序列数据的神经网络。

GRU 更擅长处理序列变化的数据，比如某个单词的意思会因为上文提到的内容不同而有不同的含义，GRU 就能够很好地解决这类问题。

1. GRU的输入与输出结构

GRU 的输入与输出结构如图 8-4 所示。

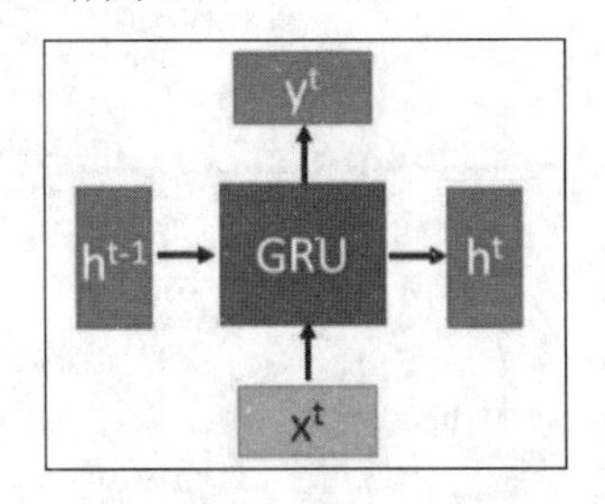

图 8-4　GRU 的输入与输出结构

通过 GRU 的输入与输出结构可以看到，在 GRU 中有一个当前的输入 x^t，和上一个节点传递下来的隐状态（Hidden State）h^{t-1}，这个隐状态包含之前节点的相关信息。

结合 x^t 和 h^{t-1}，GRU 会得到当前隐藏节点的输出 y^t 和传递给下一个节点的隐状态 h^t。

2. “门”——GRU的重要设计思想

一般认为，“门”是GRU能够替代传统的循环神经网络的原因。我们先通过上一个传输下来的状态 h^{t-1} 和当前节点的输入 x^t 来获取两个门控状态，如图 8-5 所示。

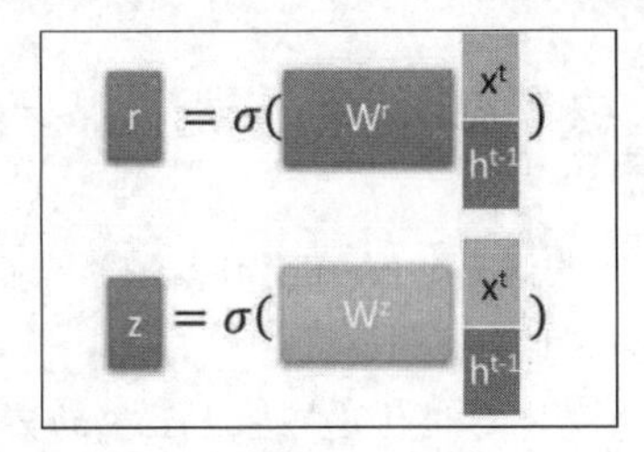

图 8-5　两个门控状态

其中 r 控制重置的门控（Reset Gate），z 则为控制更新的门控（Update Gate）。而 σ 为 sigmoid

函数，通过这个函数可以将数据变换为 0~1 范围内的数值，从而来充当门控信号。

得到门控信号之后，首先使用重置门控来得到“重置”之后的数据 $h^{(t-1)'} = h^{t-1} * r$，再将 $h^{(t-1)'}$ 与输入 x^t 进行拼接，再通过一个 tanh 激活函数来将数据放缩到-1~1 的范围内，即得到如图 8-6 所示的 h'。

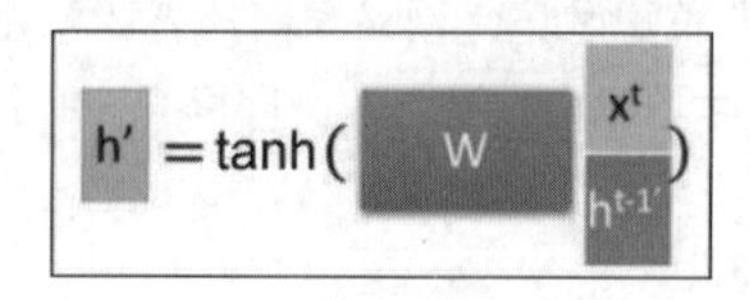

图 8-6　得到 h'

这里的 h'主要是包含当前输入的 x^t 数据。有针对性地将 h'添加到当前的隐藏状态，相当于“记忆了当前时刻的状态”。

3. GRU的结构

接下来介绍 GRU 最关键的一个步骤，可以称之为“更新记忆”阶段。在这个阶段，GRU 同时进行了遗忘和记忆两个步骤，如图 8-7 所示。

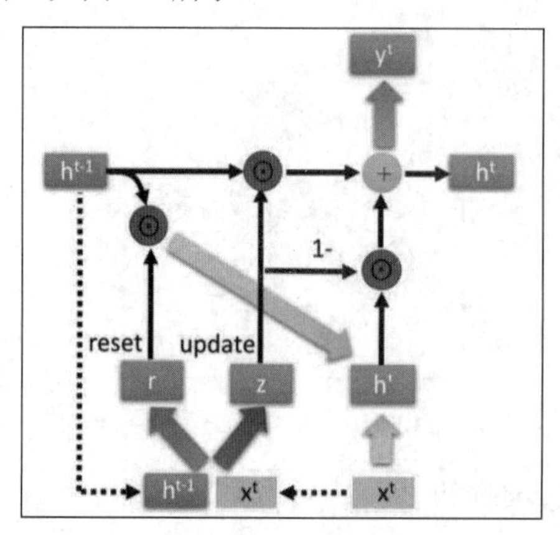

图 8-7　更新记忆

从图中可以看到，这个阶段使用了先前得到的更新门控（Update Gate）z，从而能够获得新的更新，公式如下：

$$h^t = z * h^{t-1} + (1-z) * h'$$

公式说明如下。

- $z * h^{t-1}$：表示对原本隐藏状态的选择性遗忘。这里的z可以想象成遗忘门（Forget Gate），忘记h^{t-1}维度中一些不重要的信息。
- (1-z)*h'：表示对包含当前节点信息的h′ 进行选择性“记忆”。与上面类似，这里的(1-z)会选择忘记h′维度中的一些不重要的信息。
- 综上所述，整个公式的操作就是忘记传递下来的h^t中的某些维度信息，并加入当前节点输入的某些维度信息。

可以看到，这里的遗忘 z 和选择（1-z）是联动的。也就是说，对于传递进来的维度信息，我们会进行选择性遗忘，而遗忘了多少权重（z），我们就会使用包含当前输入的 h'中所对应的权重进行弥补（1-z）的量，从而使得 GRU 的输出保持一种“恒定”状态。

8.3.2 单向不行，那就双向

上一小节提到在 GRU 使用过程中有个参数 bidirectional，它表示是双向传输，其目的是将相同的信息以不同的方式呈现给循环网络，可以提高精度并缓解遗忘问题。双向 GRU 是一种常见的 GRU 变体，常用于自然语言处理任务。

GRU 特别依赖于顺序或时间，它按顺序处理输入序列的时间步，而打乱时间步或反转时间步会完全改变 GRU 从序列中提取的表示。正是由于这个原因，如果顺序对问题很重要（比如室温预测等问题），GRU 的表现会很好。

双向 GRU 利用了这种顺序敏感性，每个 GRU 分别沿一个方向对输入序列进行处理（时间正序和时间逆序），然后将它们的表示合并在一起。通过沿这两个方向处理序列，双向 GRU 可以捕捉到可能被单向 GRU 所忽略的特征模式，如图 8-8 所示。

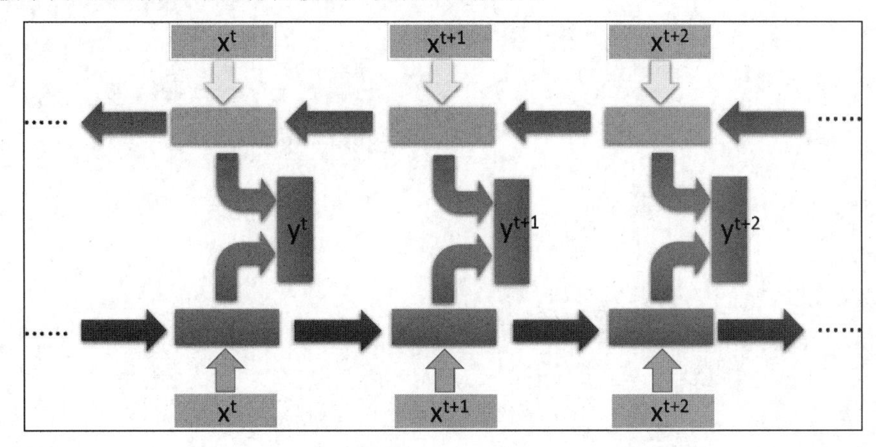

图 8-8　双向 GRU

一般来说，按时间正序的模型优于按时间逆序的模型。但是对应文本分类等问题，一个单词对理解句子的重要性通常并不取决于它在句子中的位置。即用正序序列和逆序序列，或者随机修改“词语（不是字）”出现的位置，之后将新的数据作为样本输入给 GRU 进行重新训练并评估，性能几乎相同。这就证实了一个假设：虽然单词顺序对理解语言很重要，但使用哪种顺序并不重要。

$$\overrightarrow{h_{it}} = \overrightarrow{GRU}(x_{it}), t \in [1, T]$$，从左到右计算的 GRU 模型

$$\overleftarrow{h_{it}} = \overleftarrow{GRU}(x_{it}), t \in [T, 1]$$，从右到左计算的 GRU 模型

双向循环层还有一个好处是，在机器学习中，如果一种数据表示不同但有用，那么总是值得加以利用，这种表示与其他表示的差异越大越好，它们提供了查看数据的全新角度，抓住了数据中被其他方法忽略的内容，因此可以提高模型在完成某个任务上的性能。

8.4 本章小结

本章介绍了循环神经网络的基本理论和用法，可以看到循环神经网络能够较好地对序列的离散数据进行处理，是一种较好的处理方法。但是在实际应用中，我们也发现这种模型训练的结果差强人意。

这个对于现在的读者来说不用担心，因为每个算法开发人员都是从最基本的内容开始学习的，后续我们还会学习更加高级的 PyTorch 编程方法。

第9章

基于Whisper的语音转换实战

通过前面的学习，相信读者已经急不可耐地想要完成一个自己的语音转换模型。我们理解各位的想法，但是事实上语音转换是一项较为烦琐和复杂的工作，无论是从数据集的准备、模型的搭建（编码器和后续讲解的解码器配对），还是各种细节的微调，都有大量需要注意的细节，而这些细节往往决定着模型的成功和失败。

但是这些细节并非不可掌握。他山之石，可以攻玉。一个最简单的办法就是以别人做好的模型为基础，并在此模型之上搭建各种可用的新项目。

本章将向读者介绍一个已经完成的语音转换模型，它可以直接对输入的语音内容进行转换。我们首先会演示模型的基本使用，之后会讲解模型的基本构成，并提供一个可视化的实用 Web UI 供读者参考。

9.1 实战：Whisper语音转换

2022年9月21日，Open AI开源了号称其英文语音辨识能力已达到人类水准的Whisper神经网络，且它支持其他98种语言的自动语音辨识。Whisper系统所提供的自动语音辨识（Automatic Speech Recognition，ASR）模型是被训练来运行语音辨识与翻译任务的，它们能将各种语言的语音变成文本，也能将这些文本翻译成英文。

Whisper的核心功能是语音识别。对于学生党和工作党来说，可以帮助我们更快捷地将会议、讲座、课堂录音整理成文字稿；对于影视爱好者，可以通过翻译语音自动生成字幕，不用再苦苦等待各大字幕组的字幕资源；对于外语口语学习者，使用 Whisper 翻译你的发音练习录音，可以很好地检验你的口语发音水平。

本节将讲解Whisper模型的使用，并尝试自己创建一个简单版本的Whisper转换服务器。

9.1.1 Whisper使用环境变量配置与模型介绍

Whispher运行环境搭建，首先要安装FFmpeg工具。

对于使用 Whisper 进行语音转换，首先需要安装相应的环境，配套工具中最重要的就是

FFmpeg。FFmpeg 是一款音视频编解码工具，同时也是一组音视频编码开发套件，它为开发者提供了丰富的音视频处理的调用接口。FFmpeg 提供了多种媒体格式的封装和解封装，包括多种音视频编码、多种协议的流媒体、多种格式互转、多种采样率转换、多种码率转换等。FFmpeg 框架还提供了多种丰富的插件模块，包含封装与解封装的插件、编码与解码的插件等。

FFmpeg 官方网站给出的 Windows 平台下载有两种，以 https://www.gyan.dev/ffmpeg/builds/为例，找到 ffmpeg-release-essentials.zip 下载并解压即可，之后我们可以在 bin 文件夹下找到编译好的 ffmpeg.exe，如图 9-1 所示。

latest release　version: 6.0　2023-03-04

ffmpeg-release-essentials.7z	24 MB	.ver	.sha256
ffmpeg-release-essentials.zip	81 MB	.ver	.sha256
ffmpeg-release-full.7z		.ver	.sha256
ffmpeg-release-full-shared.7z		.ver	.sha256

图 9-1　下载 FFmpeg

接下来，我们直接将 bin 文件夹路径写入环境变量 path 中，如图 9-2 所示。

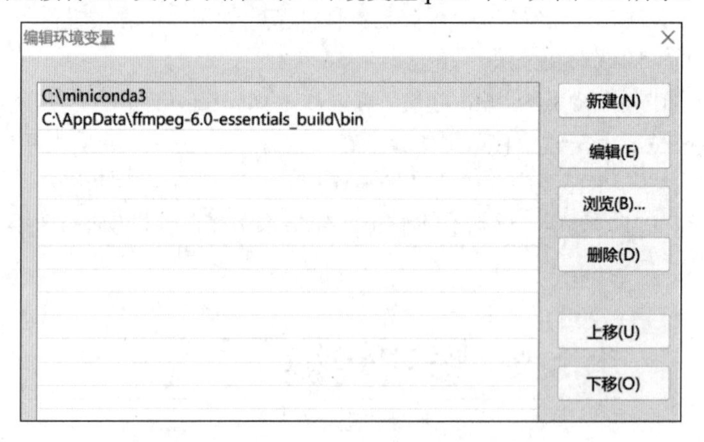

图 9-2　环境变量的配置

配置环境变量时，主要有以下三个步骤容易出问题：

- 注意是系统变量中的path，而不是用户变量中的path。
- 文件夹路径要写到ffmpeg.exe文件所在路径，也就是bin文件夹。
- 环境变量配置好后，要重启命令提示符/终端才可生效（重启计算机）。

除安装 FFmpeg 外，还需要安装其他一些需要的库包，读者可以根据本章代码运行时的提示进行相应的安装，安装命令可以使用“pip install 包名”，比如：

```
pip install zhconv
pip install streamlit
```

由于每个读者具体的 Python 环境不同，所需求的包也有所不同，因此需要按代码运行的需求安装对应的库包。

9.1.2 Whisper 模型的使用

本书配套的源码包中提供了完整的调试好的 Whisper 模型，如图 9-3 所示。

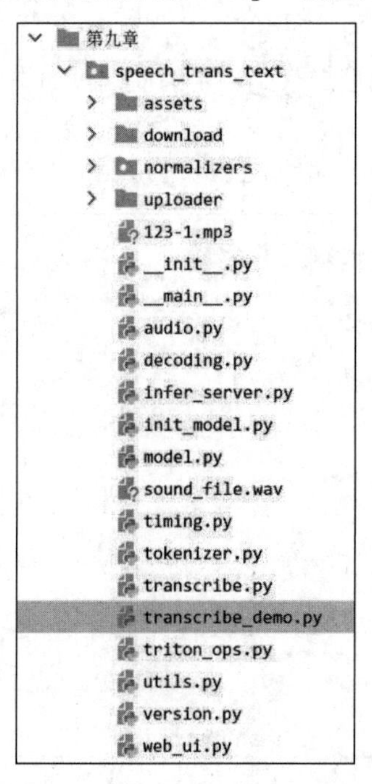

图 9-3　调试好的 Whisper 模型

本章配套源码中，model.py 文件是模型架构的源码，其具体实现将会在下一章进行讲解，而 transcribe_demo.py 是我们调试好的转换模型。运行代码如下：

```
model_size = ["small","medium","large"]
from init_model import load_model
model = load_model(model_size[1], device="cuda", download_root="./download")

if __name__ == '__main__':
    result = transcribe(model = model, audio = "./123-1.mp3")
    text = zhconv.convert(result["text"], 'zh-hans')
    print(text)
```

首先对于模型的精度，Whispher 提供了多个大小的精度供选择，读者可以根据自己的显存大小选择不同尺寸的模型，一般 large 大小的模型要求的显存在 24GB 以上。这里我们的模型默认使用尺寸为 small。

transcribe 函数的作用是集成模型与待预测的音频数据，这里输出的是一个字典形式的内容，通过导入 zhconv 包的内容进行提取和转换，最终打印结果如下：

```
现在最好看的电视剧
```

读者可以自行尝试输出文本，并且更换不同的音频进行测试。

9.1.3 一学就会的语音转换 Web 前端

我们通过简单的几步操作就拥有了一个可用的语音转换模型。接下来，一个自然而然产生的想法就是如何将这个“功能”转换为“服务”。

最简单的办法就是将我们的模型加载到特定的前端页面中，通过 Web 形式直接对使用者服务。问题在于可能对于大多数深度学习的读者来说，学习前端页面的编写是一项成本较高的工作。我们直接给出一个已经实现的应用供大家参考，如图 9-4 所示。

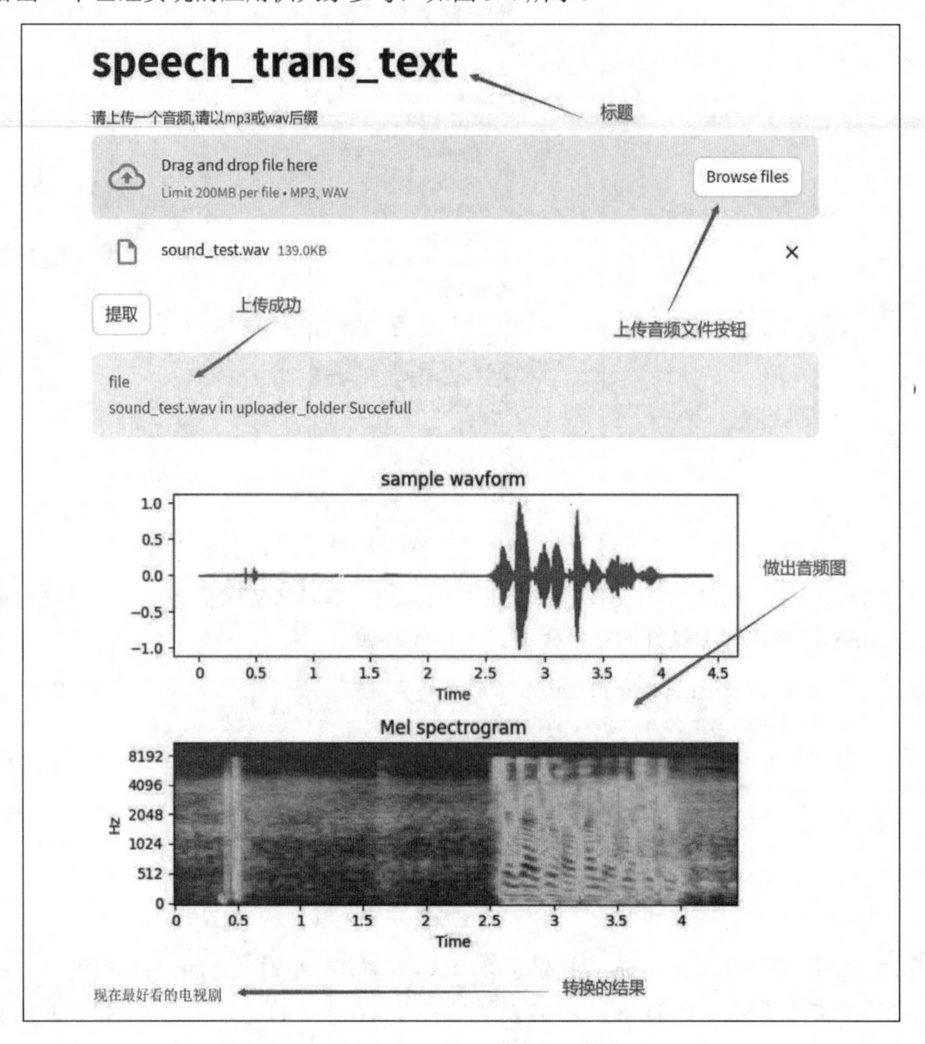

图 9-4　基于 Web UI 的语音识别

首先做出音频图，我们可以参考前面讲解过的相关内容来完成，代码如下：

```
    import librosa
    import matplotlib.pyplot as plt

    def plot_sount(sound_path):
        y, sr = librosa.load(sound_path)
        melspec = librosa.feature.melspectrogram(y=y, sr=sr, n_mels=128, fmin=0, 
fmax=sr//2)
```

```
        # convert to log scale
        logmelspec = librosa.power_to_db(melspec)
        fig = plt.figure()
        # plot a wavform
        ax1 = plt.subplot(2, 1, 1)
        librosa.display.waveshow(y=y, sr=sr,ax=ax1)
        plt.title('sample wavform')
        # plot mel spectrogram
        ax2 = plt.subplot(2, 1, 2)
        librosa.display.specshow(logmelspec, sr=sr, x_axis='time',
y_axis='mel',ax=ax2)
        plt.title('Mel spectrogram')
        plt.tight_layout()  # 保证图不重叠
        plt.savefig(f"{sound_path}.jpg")
```

Python 库中的 streamlit 提供了对前端页面编写的支持，只需要编写简单的 Python 代码即可完成复杂的 Web 页面功能。这里提供一个较简单且可用的 Web 前端，代码如下：

```
    import streamlit as st
    import os,zhconv
    #对页面设定名称
    st.title('speech_trans_text')
    import plot_sound

    #将上传的音频进行保存供模型读取
    def save_uploaded_file(uploadedfile):
        #uploader 是与 web_ui 同一目录下的存储文件夹
        with open(os.path.join("./uploader/",uploadedfile.name),"wb") as f:
            f.write(uploadedfile.getbuffer())
        return st.success("file :upload {} in uploader_folder
Succefull".format(uploadedfile.name))

    #streamlit 提供的上传文件函数
    uploaded_file  = st.file_uploader(label  = "请上传一个音频,请以 mp3 或 wav 后缀
",type=["mp3","wav"])

    #streamlit 提供的单击确定按钮函数
    button_start = st.button("提取")
    #导入用于语音转换的 whispher 模型
    import transcribe_demo
    model = transcribe_demo.model
    #在确认文件上传完毕后，单击开始按钮开始转换
    if button_start:
        #将上传的文件存储到特定位置
        save_uploaded_file(uploaded_file)
        sound_path = os.path.join("./uploader/",uploaded_file.name)
        result = transcribe_demo.transcribe(model=model, audio=sound_path)
        text = zhconv.convert(result["text"], 'zh-hans')
        #将结果写回 Web 页面
        st.text(text)
        #做出音频图像
```

```
    plot_sound.plot_sount(sound_path)
st.image(f"{sound_path}.jpg")
```

这是一个完整的前端页面代码，运行这段代码需要使用 cmd 终端或者 PyCharm 的 Terminal 来完成，Terminal 窗口如图 9-5 所示。

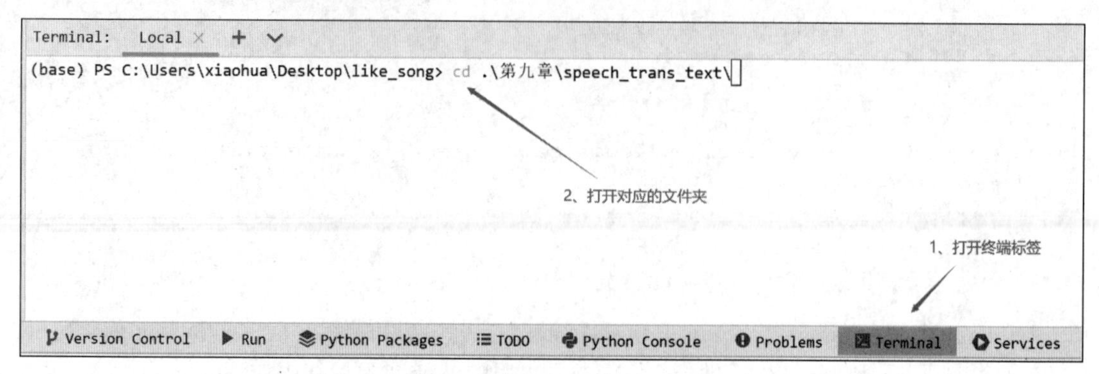

图 9-5　PyCharm 的 Terminal 下执行命令

下一步就是输入对应的命令代码，首先进入 web_ui.py 文件所在的目录，输入如下命令行：

```
streamlitrun .\web_ui.py
```

命令运行成功后，会在下方生成一个特定的网址，如图 9-6 所示。

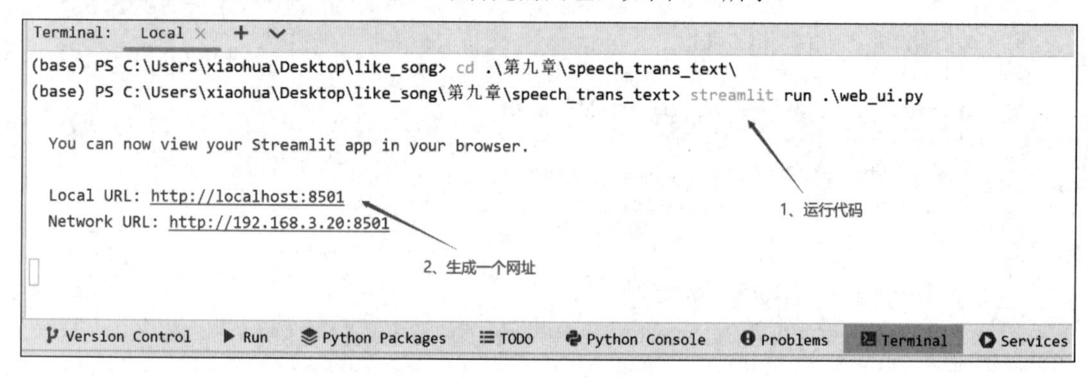

图 9-6　运行 streamlit run .\web_ui.py

使用默认的浏览器打开对应的页面，如图 9-7 所示。

图 9-7　使用默认的浏览器打开对应的页面

我们可以通过 Browse files 按钮对音频文件进行选择，之后单击“提取”按钮开始对文件进行上传和处理，如图 9-8 所示。

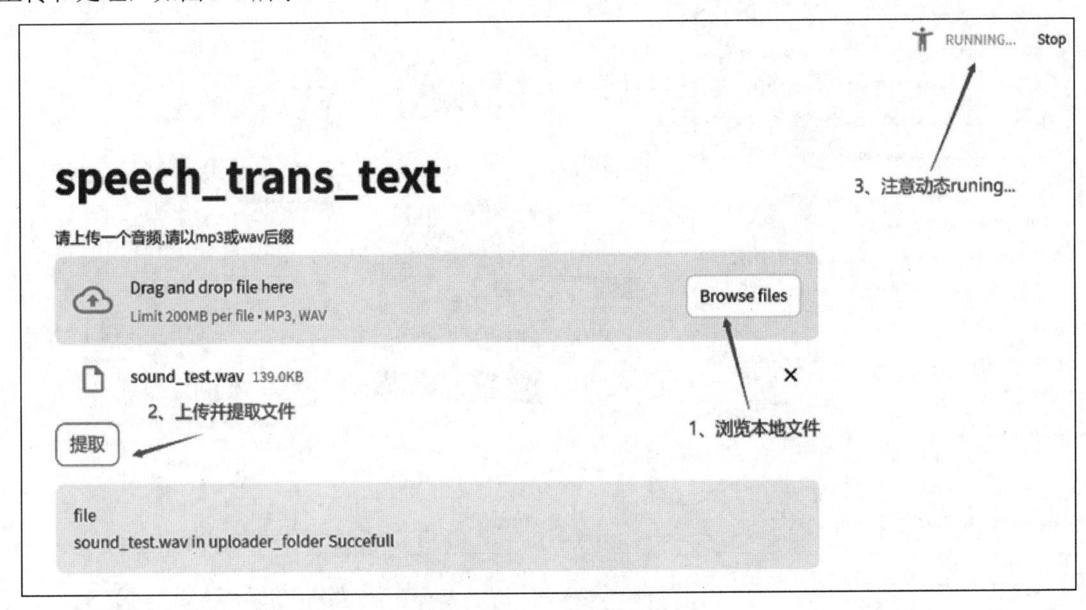

图 9-8　操作步骤示意

此时需要注意的是，右上方的动态画面是对文件进行计算，当人物图标停止不动时，就会输出结果。具体请读者自行查验。最后在终端页面窗口中同时按下 Ctrl+C 键，即可停止命令的运行。

9.2　Whisper 模型详解

我们已经学会运行一个完整的 Whisper 语音识别模型，也学会通过 Web 服务的形式给其他人分享这项服务，相信你一定有满满的成就感。本节将详解 Whisper 模型，通过对其进行剖析，我们可以对前面的内容进行回顾和复习。

9.2.1　Whisper 模型总体介绍

Whisper 是由 Open AI 训练并开源的语音识别模型，它在英语语音识别方面接近人类水平的鲁棒性和准确性。Whisper 是根据从网络上收集的 680 000 小时的多语言和多任务监督数据进行训练的。Whisper 模型总体结构如图 9-9 所示。

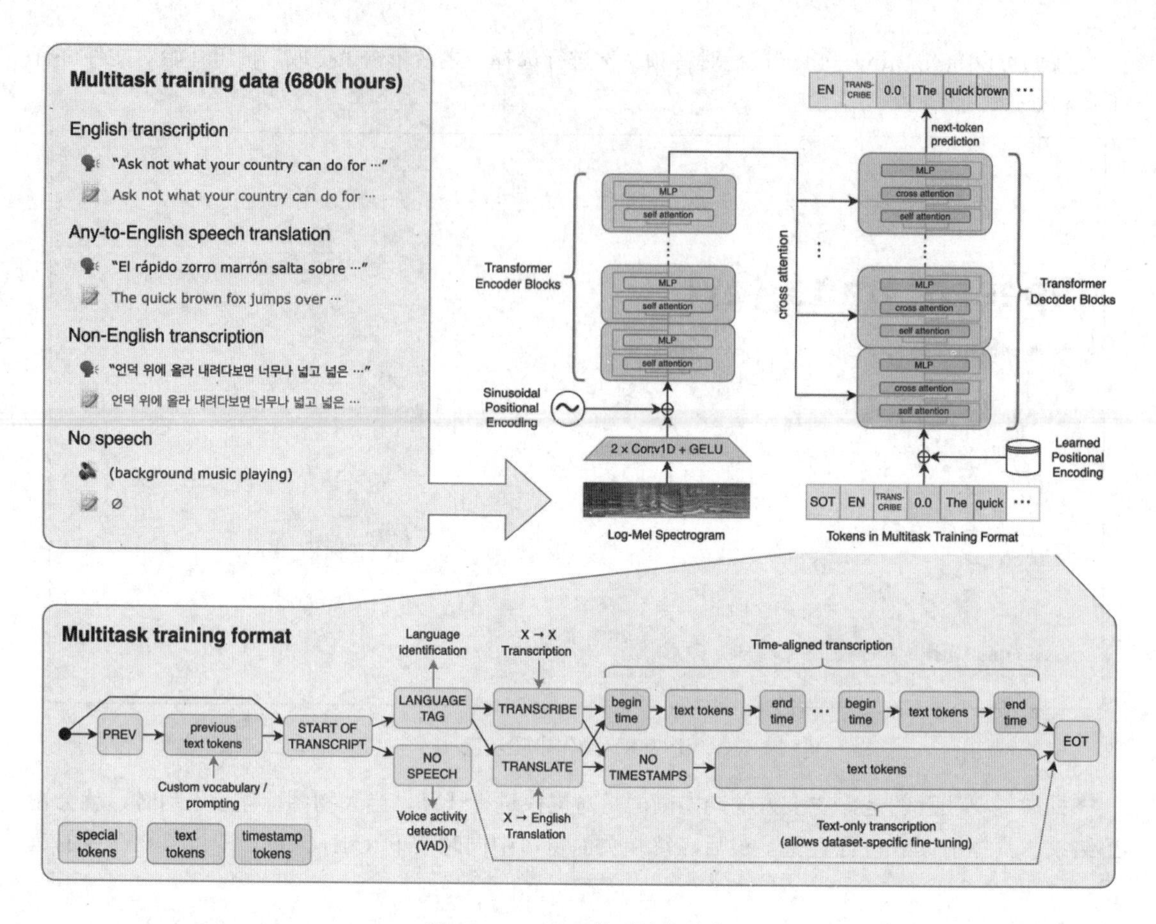

图 9-9 Whisper 模型总体结构

可以看到，Whisper 架构是一个简单的端到端方法，作为一个编码器-解码器转换器实现。输入的音频被分割成 30 秒的小块，转换为对数梅尔频谱图（Log-Mel 频谱图），然后传入编码器。解码器被训练来预测相应的文字说明，其中夹杂着特殊的标记，指导单一模型执行语言识别、短语级别的时间戳、多语言语音转录和英式语音翻译等任务。具体说明如下。

1. 模型架构

模型架构主要采用编码器-解码器结构，相应的技术细节如下。

- 重采样：16000Hz。
- 特征提取方法：使用25毫秒的窗口和10毫秒的步幅计算80通道的Log-Mel频谱图表示。
- 特征归一化：输入在全局内缩放到-1~1，并且在预训练数据集上具有近似为零的平均值。
- 编码器/解码器：该模型的编码器和解码器采用Transformers深度学习架构。

2. 编码的过程

（1）编码器首先使用一个包含两个卷积层（滤波器宽度为 3）的词干处理输入表示，使用 GELU 激活函数。

（2）第二个卷积层的步幅为 2。

（3）将正弦位置嵌入添加到词干的输出中，然后应用编码器 Transformer 块。

（4）Transformers 使用预激活残差块，编码器的输出使用归一化层进行归一化。

3. 解码的过程

（1）在解码器中，使用学习位置嵌入和绑定输入输出标记表示。

（2）编码器和解码器具有相同的宽度和数量的 Transformers 块。

为了节省篇幅，读者可以自行参考本章配套源码 model.py 的内容，如图 9-10 所示。

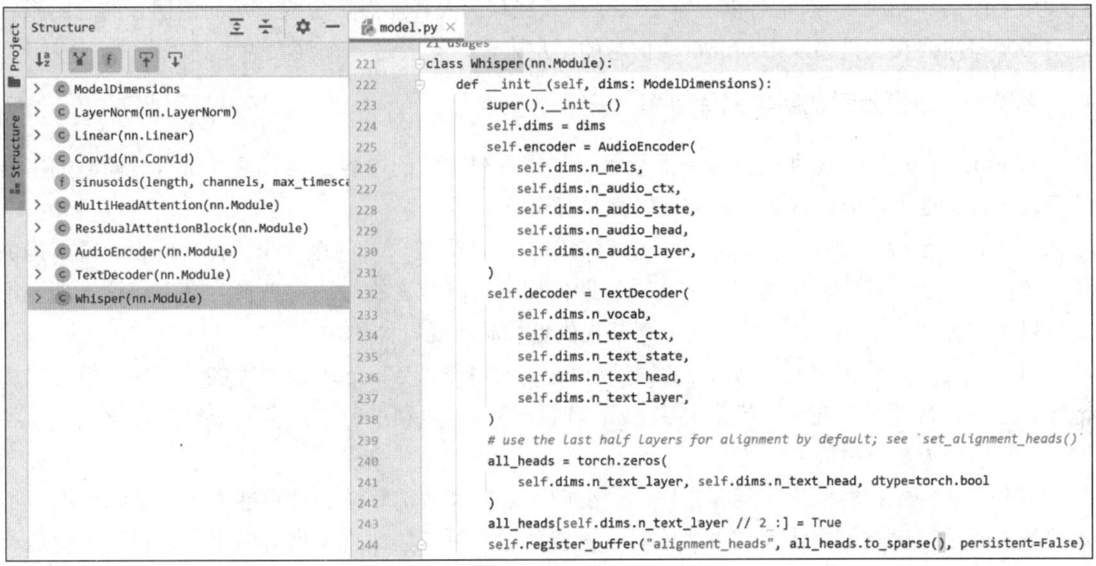

```
Structure
> ModelDimensions
> LayerNorm(nn.LayerNorm)
> Linear(nn.Linear)
> Conv1d(nn.Conv1d)
  sinusoids(length, channels, max_timesca
> MultiHeadAttention(nn.Module)
> ResidualAttentionBlock(nn.Module)
> AudioEncoder(nn.Module)
> TextDecoder(nn.Module)
> Whisper(nn.Module)
```

```python
class Whisper(nn.Module):
    def __init__(self, dims: ModelDimensions):
        super().__init__()
        self.dims = dims
        self.encoder = AudioEncoder(
            self.dims.n_mels,
            self.dims.n_audio_ctx,
            self.dims.n_audio_state,
            self.dims.n_audio_head,
            self.dims.n_audio_layer,
        )
        self.decoder = TextDecoder(
            self.dims.n_vocab,
            self.dims.n_text_ctx,
            self.dims.n_text_state,
            self.dims.n_text_head,
            self.dims.n_text_layer,
        )
        # use the last half layers for alignment by default; see `set_alignment_heads()`
        all_heads = torch.zeros(
            self.dims.n_text_layer, self.dims.n_text_head, dtype=torch.bool
        )
        all_heads[self.dims.n_text_layer // 2 :] = True
        self.register_buffer("alignment_heads", all_heads.to_sparse(), persistent=False)
```

图 9-10　Whisper 模型所使用的源码展示

有关 Whisper 模型不再做过多讲解，有兴趣的读者可以自行查找相关文献进行深入学习。另外，强调一下，部分内容有些超前，例如 MultiHeadAttention 使用了本书第 10 章的内容注意力机制，而 ResidualAttentionBlock 来自残差堆叠的模型架构，解码器部分则是以上两种技术的融合。这一点请读者注意。

9.2.2　更多基于 Whisper 的应用

Whisper 作为深度学习语音识别的代表，具有非常出色的性能和表现。它采用了最先进的神经网络架构和算法，能够高效地处理和识别语音信号。Whisper 的准确性和可靠性已经得到了广泛的应用和验证，可以应用于许多不同的场景和领域，例如语音助手、智能家居、自动驾驶等。

1. 与GPT语言模型结合的会议总结

在本书的第 13 和第 14 章中，我们将学习两个非常重要的大语言模型——GPT2 和智谱 AI 的 GLM。这两个模型都是目前文本生成领域最先进的大语言模型，它们都具备强大的语言理解和生成能力。

GPT2 是 OpenAI 公司开发的一个大型自然语言处理模型，它通过在大量文本数据上进行训练，从而学会了生成连贯且有意义的文本的能力。这个模型在各种自然语言处理任务中都表现出色，包括文本生成、摘要、翻译等。

GLM 则是智谱 AI 开发的一个新型大语言模型，它被誉为目前最先进的大语言模型之一，无论是参数还是性能，它都在中文语料下保持领先。这个模型采用了全新的架构和方法，使其在语言理解、语言生成和其他自然语言处理任务中都有出色的表现。

读者在学习这两个模型的架构、组成以及原理时，可以将这些模型与 Whisper 结合，创建一个自己的会议总结系统。

这个会议总结系统将会是一个非常有用的工具，能够帮助读者自动生成会议的总结报告。通过使用 GPT2 和 GLM，系统可以理解会议录音或视频的内容，然后生成一份简洁明了的总结报告。这对于那些需要在大量会议中筛选重要信息的用户来说，无疑是一个强大的工具。

2. Whisper提升影视字幕翻译效率

Whisper 自动语音识别模型可以批量将音频或者视频中的内容自动转换为带有时间戳的字幕，速度非常快。这个功能在许多实际应用中都显得至关重要。

首先，对于视频制作公司、播客、电影制作人，甚至是个人创作者来说，Whisper 模型提供了一个快速、准确且自动化的解决方案，帮助他们将音频或者视频内容转换为文字。这一功能不仅可以大大提高制作效率，而且还能为观众提供更优质的观看体验。

其次，对于那些需要听力障碍者理解视频内容的情景，Whisper 模型提供了一种有效的解决方案。通过将音频或者视频转换为文字并带有时间戳，可以帮助听力障碍者更好地理解视频内容，这对于他们来说是一种极大的便利。

此外，Whisper 模型的速度非常快，这要归功于其高效的算法和计算能力。这意味着用户不需要长时间等待就能得到转换结果。这对于需要处理大量音频或视频内容的用户来说，无疑是一个重要的优点。

9.3 本章小结

Whisper 作为深度学习语音识别模型的代表，具有非常出色的性能和表现。它采用了最先进的神经网络架构和算法，能够高效地处理和识别语音信号。Whisper 的准确性和可靠性已经得到了广泛的应用和验证，成为语音识别领域的佼佼者。

在语音识别方面，Whisper 采用了端到端的语音转文本模型，能够将语音信号直接转换为文本形式，而无须任何中间步骤或人工干预。这大大提高了语音识别的效率和准确性，同时也减少了错误和遗漏的可能性。

此外，Whisper 还采用了注意力机制，能够对语音信号的不同部分进行加权和聚焦，从而更好地捕捉和识别重要的语音信息。这使得 Whisper 在处理不同口音、语速、音量和背景噪声的语音时，能够更加鲁棒和可靠。

除传统的语音识别任务外，Whisper 还能够处理更加复杂的语音分析任务，例如情感分析、语音聚类、语音转换等。这些任务需要更加高级的神经网络模型和算法，但是 Whisper 凭借其强大的计算能力和优化的网络结构，仍然能够高效地完成这些任务。

本章的最后还介绍了 Whisper 模型的基本组成，在 Whisper 模型中，除基本的卷积层、全连接层和循环神经网络层外，还包括一些更复杂的架构，例如注意力机制和 ResidualBlock。这些架构在语音识别任务中发挥了至关重要的作用。此外，Whisper 模型还包括其他的复杂架构，例如残差连接、批量归一化等。这些复杂的架构使得 Whisper 模型具有更强的表达能力和更好的性能，能够处理各种复杂的语音识别任务。

但是我们希望读者不要止步于此，前面 9.2.1 节作者举例的 MultiHeadAttention 将会在下一章进行讲解，读者可以在学习完后续内容后重新学习本章内容以加深理解。

第 10 章 注意力机制

注意力机制是一种模仿人类视觉和认知系统的方法，它允许神经网络在处理输入数据时集中注意力于感兴趣的相关的部分。通过引入注意力机制，神经网络能够自动地学习并选择性关注输入中的重要信息，从而提高模型的性能和泛化能力。

本章将详细介绍深度学习中最核心的内容——注意力机制及其模型。首先，我们将深入讲解注意力机制相关概念，以及它在深度学习中的作用和优势。接着，我们将介绍一些常用的注意力机制，包括自注意力、位置编码等，并详细讲解它们的原理和计算方法。

在理解了注意力机制的基本概念后，我们将探讨如何构建一个有效的注意力模型，内容包括注意力的计算方式、参数初始化、前向传播和反向传播等关键步骤。我们还将介绍一些常见的注意力层和模块，并通过代码编程演示其编写过程和步骤。

为了加深对注意力机制的理解和应用能力，我们将基于注意力机制实现一个经典的深度学习模型——编码器。编码器是注意力模型的具体实现，它通过学习输入数据中的依赖关系来生成输出数据。我们将从零开始构建编码器模型，逐步讲解每个组件的实现原理和细节。

最后，我们将通过一个简单的文本翻译的项目，来实践基于注意力机制的深度学习应用。在这个项目中，我们将使用编码器模型进行文本编码和解码，实现一个自然流畅的机器翻译系统。通过这个项目的实践，读者将能够更深入地理解和掌握注意力机制在深度学习中的应用技巧。

10.1 注意力机制与模型详解

注意力机制（Attention Mechanism）来自人类对事物的观察方式。当我们看一幅图片的时候，我们并没有看清图片的全部内容，而是将注意力集中在图片的焦点上。图 10-1 所示形象地说明了人类在看到一幅图像时是如何高效分配有限的注意力资源的，其中红色区域(颜色参看下载资源中的相关图片文件）表明视觉系统更关注的目标。

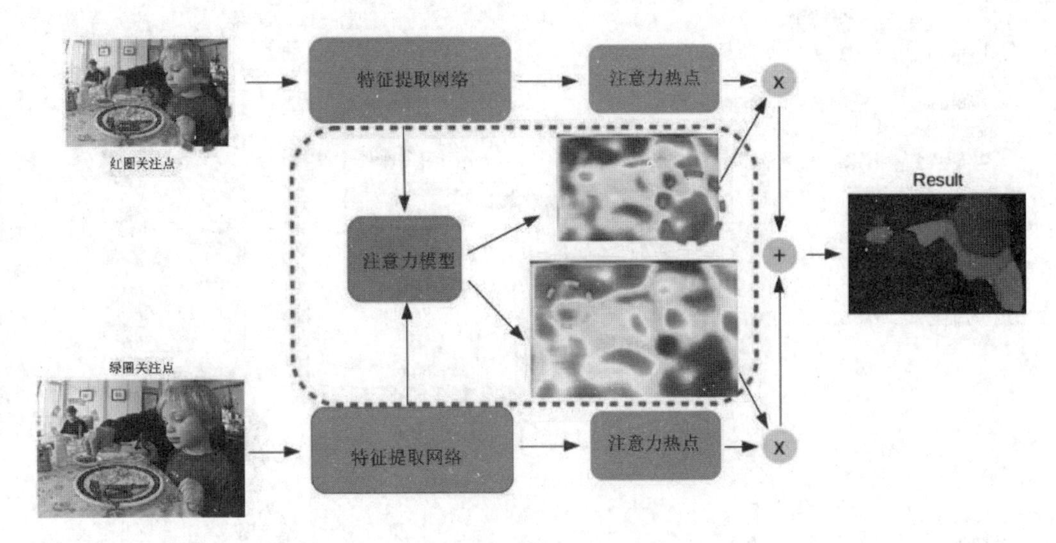

图 10-1　人类在看到一幅图像时的注意力分配

很明显，对于图 10-1 所示的场景，人们会把注意力更多地投入近景人穿着、姿势等各个部位的细节，而远处则更多地关注人的脸部区域。因此，可以认为这种人脑的注意力模型是一种资源分配模型，在某个特定时刻，你的注意力总是集中在画面中的某个焦点部分，而对其他部分视而不见。而这种只关注特定区域的形式被称为注意力机制。

10.1.1　注意力机制详解

注意力机制最早在视觉领域提出。2014 年，Google Mind 发表了 *Recurrent Models of Visual Attention*，使注意力机制流行起来，这篇论文采用了 RNN 模型，并加入了注意力机制来进行图像的分类。

2005 年，Bahdanau 等在论文 *Neural Machine Translation by Jointly Learning to Align and Translate* 中，将注意力机制首次应用在 NLP 领域，其采用 Seq2Seq+Attention 模型来进行机器翻译，并且得到了效果的提升。

2017 年，Google 机器翻译团队发表的 *Attention is All You Need* 中，完全抛弃了 RNN 和 CNN 等网络结构，而仅仅采用注意力机制来进行机器翻译任务，并且取得了很好的效果，注意力机制也成为深度学习中最重要的研究热点。

注意力背后的直觉也可以用人类的生物系统来进行很好的解释。例如，我们的视觉处理系统往往会选择性地聚焦于图像的某些部分上，而忽略其他不相关的信息，从而有助于我们感知。类似地，在涉及语言、语音或视觉的一些问题中，输入的某些部分相比其他部分可能更相关。

深度学习中的注意力模型借鉴了这一机制，动态地将焦点集中在那些对实现目标任务至关重要的输入部分上。这种方法巧妙地引入了相关性的概念。完整的注意力模型计算过程如图 10-2 所示。

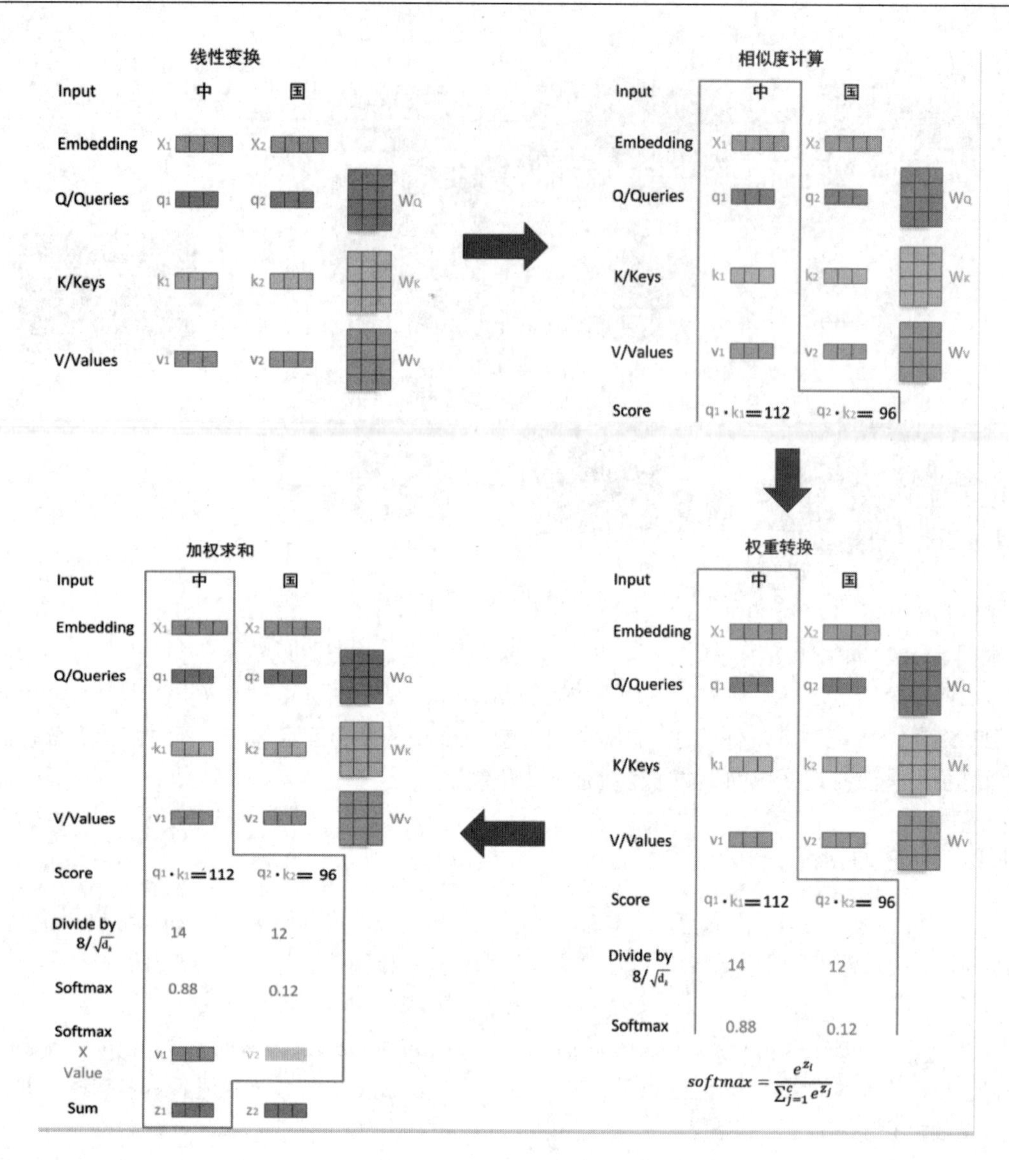

图 10-2　注意力机制全景

图 10-2 是基于注意力机制的完整计算全过程，下面我们分步骤对其进行拆解。

10.1.2　自注意力机制

自注意力（Self-Attention）机制不仅是本章的重点内容，也是本书的重要内容（然而实际上非常简单）。

自注意力机制通常指的是不使用其他额外的信息，仅使用自我注意力的形式，通过关注输入数据本身建立自身连接，从而从输入的数据中抽取特征信息。自注意力又称作内部注意力，它在很多任务上都有十分出色的表现，比如阅读理解、视频分割、多模态融合等。

注意力用于计算“相关程度”，例如在翻译过程中，不同的英文对中文的依赖程度不同，注意力通常可以做如下描述，为将 query(Q)和 key-value pairs $\{K_i, V_i \mid i = 1, 2, \cdots, m\}$ 映射到输出上，其中 query、每个 key、每个 value 都是向量，输出是 V_i 中所有 value 的加权，其中权重是由 query 和每个 key 计算出来的，计算方法可以分为以下三步。

1. 自注意力中的query、key和value的线性变换

自注意力机制是进行自我关注从而抽取相关信息的机制。从其具体实现上来看，注意力函数的本质可以描述为一个查询（query）到一系列键值对（key-value）的映射，它们被当作一种抽象的向量，主要用来做计算和辅助自注意力，如图 10-3 所示（更详细的解释在后面）。

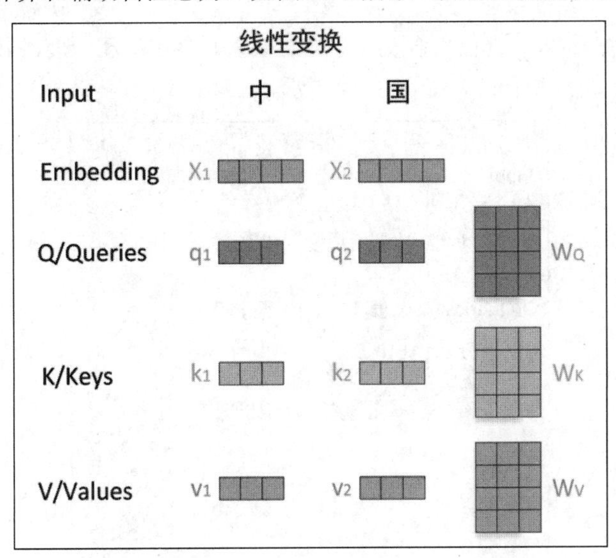

图 10-3 自注意力中的 query、key 和 value

如图 10-3 所示，一个字“中”经过 Embedding 层初始化后，得到一个矩阵向量的表示X_1，之后经过 3 个不同全连接层重新计算后，得到一个特定维度的向量，即看到的q_1。而q_2的计算过程与q_1完全相同，之后依次将q_1和q_2连接起来组成一个新的连接后的二维矩阵W_Q，定义为 query。

```
WQ= concat([q1, q2],axis = 0)
```

实际上，一般的输入是一个经过序号化处理后的序列，例如[0,1,2,3,…]这样的数据形式，经过 Embedding 层计算后生成一个多维矩阵，再经过 3 个不同的神经网络层处理后，得到具有相同维度大小的 query、key 和 value 向量。需要明确的是，这里提到的 query、key 和 value 向量均来自同一条输入数据经过计算后的不同结果。这种设计强制模型在后续的步骤中通过计算选择和关注来自同一条数据的重要部分。

$$\text{query} = W^Q X$$

$$\text{key} = W^K X$$

$$\text{value} = W^V X$$

其中，query、key 和 value 计算后的向量值，W^Q、W^K、W^V是相应的权重矩阵，X 是输入数据。在计算相似度时，通常期望一个单词与其自身的相似度最高。然而，当直接计算不同向量的乘积时，可能会出现不合理的高相似度情况。为了避免这种问题，我们通过新构建的 query 向量和 key 向量相乘来计算相似度。通过模型的训练，可以优化这种相似度计算，使其更加合理和准确。相比原

来直接使用词向量相乘的形式，通过构建 query 和 key 向量，在计算相似度时提供了更大的灵活性和更好的效果。

2. 使用query和key进行相似度计算

注意力是为了找到向量内部的联系，通过来自同一个输入数据的内部关联程度分辨最重要的特征，即使用 query 和 key 计算自注意力的值，其过程说明如下：

（1）将 query 和每个 key 进行相似度计算得到权重，常用的相似度函数有点积、拼接、感知机等，这里我们使用的是点积计算，如图 10-4 所示。

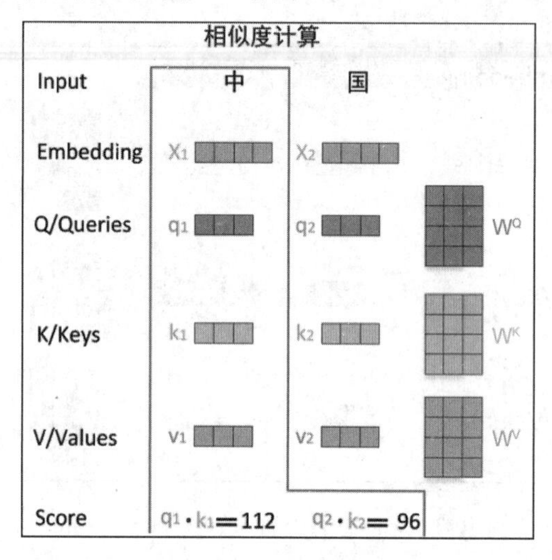

图 10-4　相似度计算

相似度计算公式如下所示：

$$(q_1 \cdot k_1),(q_1 \cdot k_2)\ldots$$

例如，对于句子中的每个字的特征，将当前字的 Q 与句子中所有字的 K 相乘，从而得到一个整体的相似度计算结果。

（2）基于缩放点积操作的 softmax 函数对这些字进行权重转换。

基于缩放点积操作的 softmax 函数，其作用是计算不同输入之间的权重“分数”，或者说权重系数。例如，正在考虑“中”这个字，就用它的q_i乘以每个位置的k_i，随后将得分加以处理再传递给 softmax，然后进行 softmax 计算，其目的是使特征内部的权重转换。即：

$$\frac{q_1 \cdot k_1}{\sqrt{d_k}},\frac{q_2 \cdot k_2}{\sqrt{d_k}}\ldots \qquad d_k\text{是缩放因子}$$

$$\text{softmax}\left(\frac{q_1 \cdot k_1}{\sqrt{d_k}}\right),\text{softmax}\left(\frac{q_2 \cdot k_2}{\sqrt{d_k}}\right)\ldots$$

这个 softmax 计算分数决定了每个特征在该特征矩阵中需要关注的程度。相关联的特征将具有相应位置上最高的 softmax 分数。用这个得分乘以每个 value 向量，可以增强需要关注部分的值，或者降低对不相关部分的关注度，如图 10-5 所示。

softmax 的分数决定了当前单词在每个句子中每个单词位置的表示程度。很明显，当前单词对应句子中此单词所在位置的softmax的分数最高，但是，有时候注意力机制也能关注到此单词外的其他单词。

3. 计算每个value向量乘以softmax后进行加权求和

最后一步为累加计算相关向量，为了让模型更灵活，使用点积缩放作为注意力的打分机制，得到权重后，与生成的value向量进行计算，然后将其与转换后的权重进行加权求和得到最终的新向量Z，即：

$$z_1 = \text{softmax}\left(\frac{q_1 \cdot k_1}{\sqrt{d_k}}\right) \cdot v_1 + \text{softmax}\left(\frac{q_2 \cdot k_2}{\sqrt{d_k}}\right) \cdot v_2$$

简而言之，我们最终将计算出的权重与相应的键值 value 进行加权计算，以得出最终的注意力值。这种方法不仅提升了模型的灵活性，还有效地整合了相关信息，为后续的任务提供了强有力的支持。其步骤如图 10-6 所示。

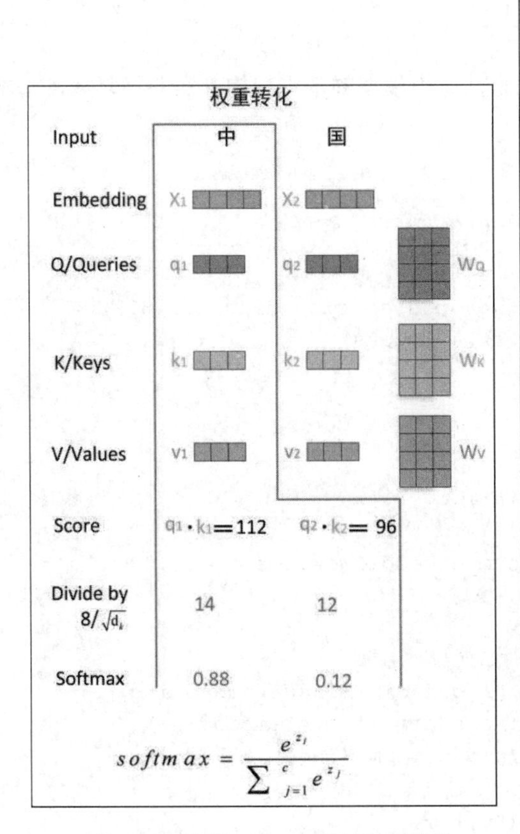

图 10-5　使用 softmax 进行权重转换

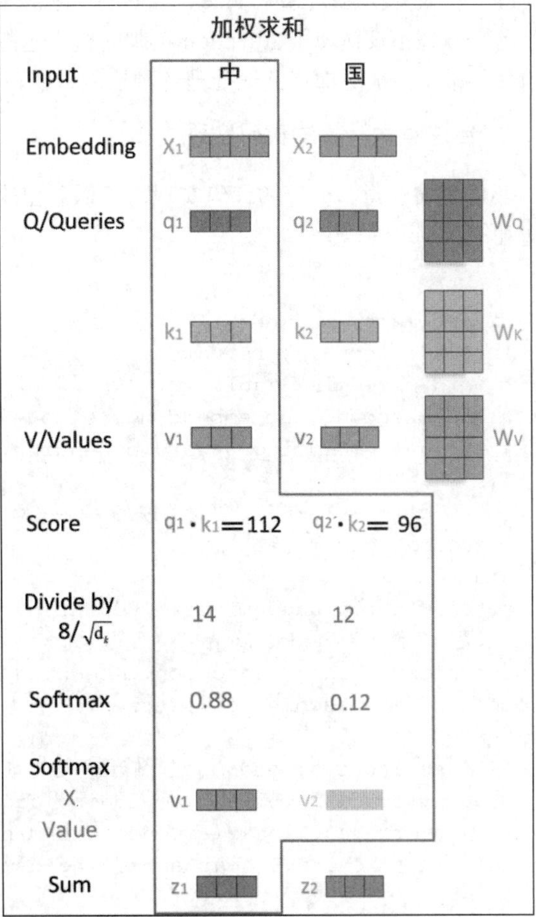

图 10-6　加权求和计算

总结自注意力的计算过程，根据输入的query 与 key 计算两者之间的相似性或相关性，之后通过一个 Softmax 来对值进行归一化处理获得注意力权重值，然后对 Value 进行加权求和，并得到最终的 Attention 数值。然而在实际实现过程中，该计算会以矩阵的形式完成，以便更快地处理。

自注意力公式如下：

$$Z = \text{Attention}(Q, K, V) = \text{softmax}(\frac{QK^T}{\sqrt{d_k}})V$$

换成更为通用的矩阵点积的形式将其实现，其结构和形式如图 10-7 所示。

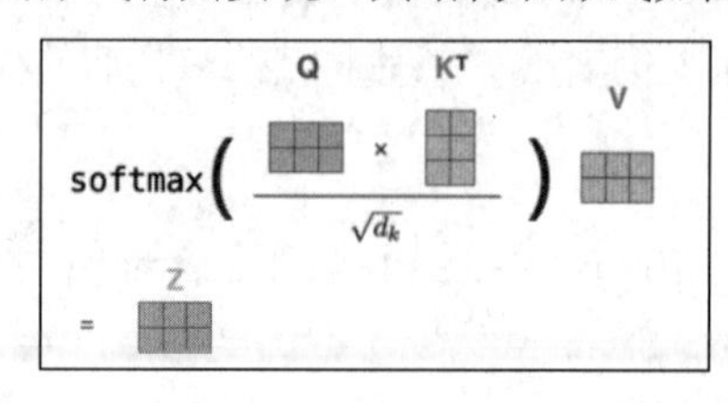

图 10-7 矩阵点积

通过采用点积缩放作为注意力的打分机制，我们能够有效地计算出权重。随后，这些权重与经过同一输入变换后得到的 value 向量进行加权求和，从而得出一个全新的结果向量，即注意力得分。这一过程不仅体现了 Attention 机制的核心思想，即在众多信息中选择性地关注重要部分，同时也使得模型能够更加灵活地处理各种输入数据，从而提升了整体性能。

4. 自注意力计算的代码实现

下面是自注意力计算的代码实现，可以看出来自注意力模型的基本架构其实并不复杂，基本代码如下（仅供演示）：

```
    import torch
    import math
    import einops.layers.torch as elt
    # word_embedding_table =
torch.nn.Embedding(num_embeddings=encoder_vocab_size,embedding_dim=312)
    # encoder_embedding = word_embedding_table(inputs)

    vocab_size = 1024   #字符的种类
    embedding_dim = 312
    hidden_dim = 256
    token = torch.ones(size=(5,80),dtype=int)
    #创建一个输入 embedding 值
    input_embedding = torch.nn.Embedding(num_embeddings=vocab_size,
embedding_dim=embedding_dim)(token)

    #对输入的 input_embedding 进行修正，这里进行了简写
    query = torch.nn.Linear(embedding_dim,hidden_dim)(input_embedding)
    key = torch.nn.Linear(embedding_dim,hidden_dim)(input_embedding)
    value = torch.nn.Linear(embedding_dim,hidden_dim)(input_embedding)

    key = elt.Rearrange("b l d -> b d l")(key)
    #计算 query 与 key 之间的权重系数
    attention_prob = torch.matmul(query,key)

    #使用 softmax 对权重系数进行归一化计算
    attention_prob = torch.softmax(attention_prob,dim=-1)
```

```
#计算权重系数与 value 的值，从而获取注意力值
attention_score = torch.matmul(attention_prob,value)

print(attention_score.shape)
```

核心代码实现起来很简单，这里，读者目前只需掌握这些核心代码即可。

换个角度，我们从概念上对注意力机制做个解释，注意力机制可以理解为从大量信息中有选择地筛选出少量重要信息，并聚焦到这些重要信息上，忽略大多不重要的信息，这种思路仍然成立。聚焦的过程体现在权重系数的计算上，权重越大，越聚焦于其对应的 value 值上，即权重代表了信息的重要性，而权重与 value 的点积是其对应的最终信息。

完整的注意力层代码如下：

```
# 定义 Scaled Dot Product Attention 类
class Attention(nn.Module):
    """
    计算'Scaled Dot Product Attention'
    """
    # 定义前向传播函数
    def forward(self, query, key, value, mask=None, dropout=None):
        # 通过点积计算 query 和 key 的得分，然后除以 sqrt(query 的维度)进行缩放
        scores = torch.matmul(query, key.transpose(-2, -1)) \
                 / math.sqrt(query.size(-1))
        # 如果提供了 mask，则对得分应用 mask，将 mask 为 0 的位置设置为一个非常小的数
        if mask is not None:
            scores = scores.masked_fill(mask == 0, -1e9)
            # 使用 softmax 函数计算注意力权重
        p_attn = torch.nn.functional.softmax(scores, dim=-1)

        # 如果提供了 dropout，则对注意力权重应用 dropout
        if dropout is not None:
            p_attn = dropout(p_attn)
            # 使用注意力权重对 value 进行加权求和，返回加权后的结果和注意力权重
        return torch.matmul(p_attn, value), p_attn
```

在这段代码中，我们特别引入了mask操作，这是一个关键步骤，旨在提升注意力机制的精确性和有效性。在计算过程中，mask 操作能够识别并忽略那些因序列填充（padding）而产生的无实际意义的部分。通过这种方式，我们可以确保模型在计算注意力时只关注真正重要的信息，而不会受到填充数据的干扰。这种精确控制不仅提升了模型的性能，还使得注意力机制能够更加准确地捕捉序列中的关键特征。

具体结果请读者自行打印查阅。

10.1.3　ticks 和 Layer Normalization

上一小节的最后，我们基于 PyTorch 2.0 自定义层的形式编写了注意力模型的代码。与演示代码不同的是，实战代码在自注意力层中还额外加入了 mask 值，即掩码层。掩码层的作用是获取输入序列的“有意义的值”，而忽视本身用作填充或补全序列的值。一般用 0 表示有意义的值，用 1

表示填充值（这一点并不固定，0 和 1 的意思可以互换）。

```
[2,3,4,5,5,4,0,0,0] -> [1,1,1,1,1,1,0,0,0]
```

创建注意力掩码的计算代码如下：

```
mask = (x > 0).unsqueeze(1).repeat(1, x.size(1), 1).unsqueeze(1)
```

此外，计算出的 query 与 key 的点积还需要除以一个常数，其作用是缩小点积的值以方便进行 softmax 计算。

这种做法常常称为 ticks，即采用一点小技巧使得模型训练能够更加准确和便捷。Layer Normalization 函数也是起到如此的作用。下面我们对其进行详细介绍。

Layer Normalization 函数在注意力机制中扮演着关键角色，它专门用于对字符矩阵（embedding）进行精细化调整，以确保在计算过程中序列的稳定性。通过 Layer Normalization，我们能够有效地防止字符矩阵在计算中分布保持稳定，进而避免对神经网络的拟合过程造成不利影响。这一步骤不仅提升了模型的健壮性，还确保了注意力机制能够更加准确地聚焦于序列中的关键信息，从而提升了整体性能。PyTorch 2.0 中，Layer Normalization 函数的用法如下：

```
    layer_norm = torch.nn.LayerNorm(normalized_shape, eps=1e-05,
elementwise_affine=True, device=None, dtype=None)
    embedding = layer_norm(embedding)  #使用 layer_norm 函数对输入数据进行处理
```

图 10-8 展示了 Layer Normalization 函数与 Batch Normalization 函数的不同，可以看到，Batch Normalization 是对一个 batch 的不同序列中所处同一位置的数据做归一化计算，而 Layer Normalization 是对同一序列中不同位置的数据进行归一化处理。

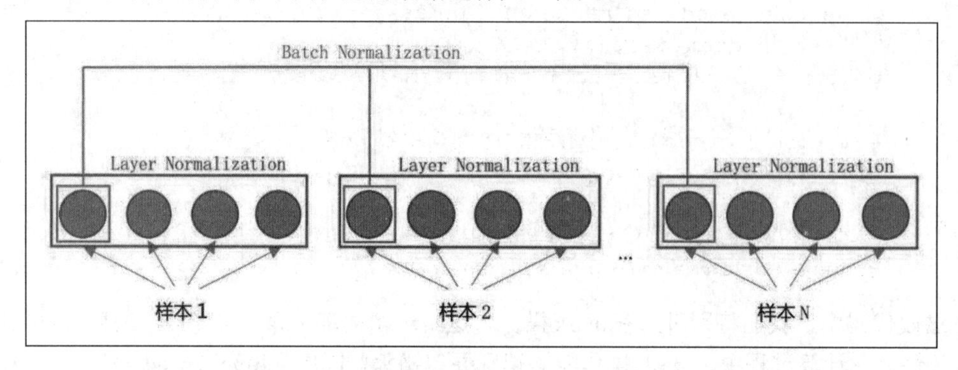

图 10-8　Layer Normalization 函数与 Batch Normalization 函数的不同

有兴趣的读者可以展开学习，这里不再过多阐述。Layer Normalization 函数的用法如下所示（注意一定要显式声明归一化的维度）：

```
    embedding = torch.rand(size=(5,80,768))
    print(torch.nn.LayerNorm(normalized_shape=[80,768])(embedding).shape) #显式
声明归一化的维度
```

10.1.4　多头自注意力

在 10.1.2 节的最后，我们使用 PyTorch 2.0 自定义层实现了自注意力模型。从其实现过程可以看到，除了使用自注意力核心模型以外，还额外加入了掩码层和点积的除法运算，以及为了整形

所使用的 Layer Normalization 函数。实际上，这些都是为了使得整体模型在训练时更加简易和便捷而做出的优化。

其实读者也能发现，前面无论是“掩码”计算、“点积”计算，还是使用 Layer Normalization 函数，都是在某些细枝末节上做修补，那么有没有可能对注意力模型做一个较大的结构调整，使其能够更加适应模型的训练。

接下来，将在此基础上介绍一种较大型的 ticks，即多头注意力（Multi-head Attention）架构，这是在原始自注意力模型的基础上做出的一种较大的优化。

多头注意力结构如图 10-9 所示，query、key、value 首先经过线性变换，之后计算相互之间的注意力值。相对于原始的自注意计算方法，注意这里的计算要做 h 次（h 为“头”的数目），其实也就是所谓的多头，每一次计算一个头。而每次 query、key、value 进行线性变换的参数 W 是不一样的。

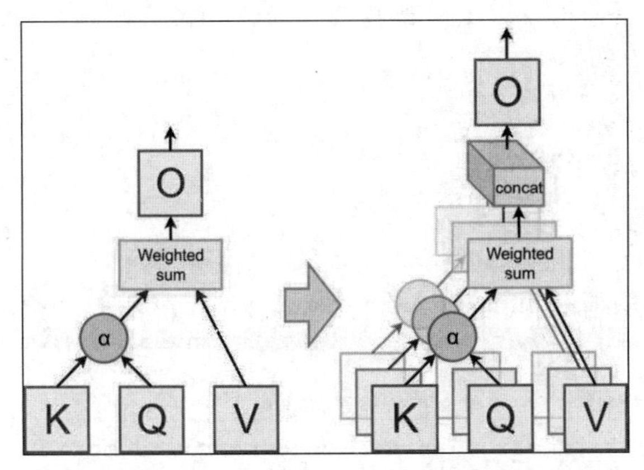

图 10-9　从单头到多头注意力结构

将 h 次缩放点积注意力值的结果进行拼接，再进行一次线性变换，得到的值作为多头注意力的结果，如图 10-10 所示。

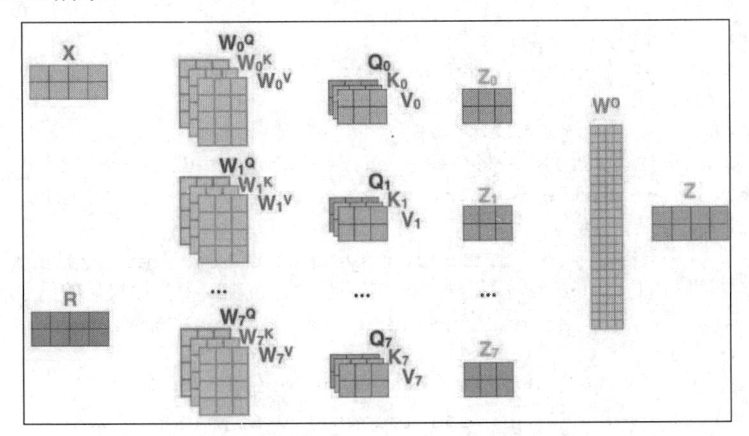

图 10-10　多头注意力的结果合并

可以看到，这样计算得到的多头注意力值，其不同之处在于进行了 h 次计算而不仅仅计算一次。这样做的好处是允许模型在不同的表示子空间中学习到相关的信息，并且相对于单独的注意力模型的计算复杂度，多头模型的计算复杂度大大降低了。拆分多头模型的代码如下：

```
def splite_tensor(tensor,h_head):
    embedding = elt.Rearrange("b l (h d) -> b l h d",h = h_head)(tensor)
    embedding = elt.Rearrange("b l h d -> b h l d", h=h_head)(embedding)
    return embedding
```

在此基础上，可以对注意力模型进行修正，新的多头注意力层代码如下。

【程序10-1】

```
# 定义 Multi-Head Attention 类
class MultiHeadedAttention(nn.Module):
    """
    接受模型大小和注意力头数作为输入。
    """
    # 初始化函数，设置模型参数
    def __init__(self, h, d_model, dropout=0.1):
        super().__init__()
        # 确保 d_model 可以被 h 整除
        assert d_model % h == 0
        # 我们假设 d_v 始终等于 d_k
        self.d_k = d_model // h
        self.h = h

        # 创建 3 个线性层，用于将输入投影到 query、key 和 value 空间
        self.linear_layers = nn.ModuleList([nn.Linear(d_model, d_model) for _
in range(3)])
        # 创建输出线性层，用于将多头注意力的输出合并到一个向量中
        self.output_linear = nn.Linear(d_model, d_model)
        # 创建注意力机制实例
        self.attention = Attention()
        # 创建 dropout 层，用于正则化
        self.dropout = nn.Dropout(p=dropout)

    # 定义前向传播函数
    def forward(self, query, key, value, mask=None):
        # 获取 batch 大小
        batch_size = query.size(0)
        # 对输入进行线性投影，并将结果 reshape 为(batch_size, h, seq_len, d_k)
        query, key, value = [l(x).view(batch_size, -1, self.h,
self.d_k).transpose(1, 2)
        for l, x in zip(self.linear_layers, (query, key, value))]
        # 对投影后的 query、key 和 value 应用注意力机制，得到加权后的结果和注意力权重
        x, attn = self.attention(query, key, value, mask=mask,
dropout=self.dropout)
        # 将多头注意力的输出合并到一个向量中，并应用输出线性层
        x = x.transpose(1, 2).contiguous().view(batch_size, -1, self.h *
self.d_k)
        return self.output_linear(x)
```

相比单一的注意力模型，多头注意力模型能够简化计算，并且在更多维的空间对数据进行整合。图 10-11 展示了一个多头注意力模型架构。

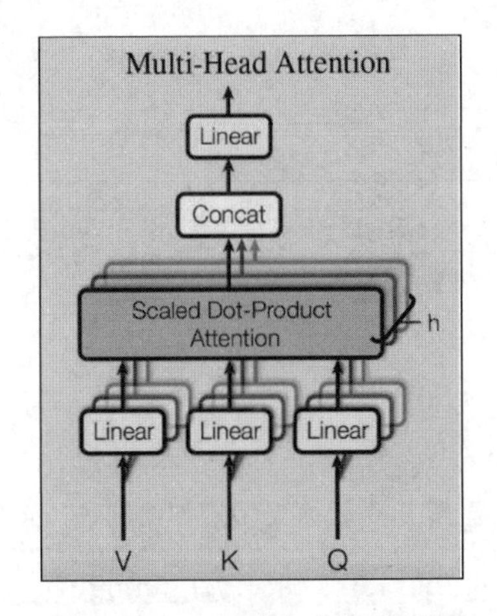

图 10-11 h 头注意力模型架构

在实际使用过程中，使用“多头”注意力模型，可以观测到每个“头”所关注的内容并不一致，有的“头”关注相邻之间的序列，有的“头”会关注更远处的单词。这样使得模型可以根据需要更细致地对特征进行辨别和抽取，从而提高模型的准确率。

10.2 注意力机制的应用实践：编码器

深度学习中的注意力模型是一种模拟人类视觉注意力机制的方法，它可以帮助我们更好地关注输入序列中的重要部分。近年来，注意力模型在深度学习各个领域被广泛使用，无论是在图像处理、语音识别，还是自然语言处理等各种不同类型的任务中，都很容易看到注意力模型的身影。

常见的深度学习中的注意力模型有：自注意力机制、交互注意力机制、门控循环单元（GRU）和变压器（Transformer）等。但是无论其组成结构如何，构成的模块有哪些，其基本工作就是对输入的数据进行特征抽取，对原有的数据形式进行编码处理，并转换为特定类型的数据结构形式。对此我们统一称为“编码器”。

编码器是基于深度学习注意力构造的一种能够存储输入数据的若干个特征的表达方式，虽然这个特征的具体内容是由深度学习模型进行提取的，即“黑盒”处理，但是通过对“编码器”的设计，会使得模型自行决定关注那些对结果影响最重要的内容。

在实践中，编码器是一种神经网络模型，一般由多个神经网络“模块”组成，其作用是将输入数据重整成一个多维特征矩阵，以便更好地完成分类、回归或者生成等。常用的编码器通常由多个卷积层、池化层和全连接层组成，其中卷积层和池化层可以提取输入数据的特征，全连接层可以将特征转换为低维向量，而“注意力机制”是这个编码器的核心模块。

10.2.1 编码器的的总体架构

基于自注意力的编码器中，编码器的作用是将输入数据重整成一个多维向量，并在此基础上生成一个与原始输入数据相似的重构数据。这种自编码器模型可以用于图像去噪、图像分割、图像恢复等任务中。

为了简便起见，作者直接使用经典的编码器方案（注意力模型架构）实现本章的编码器。编码器的结构如图 10-12 所示。

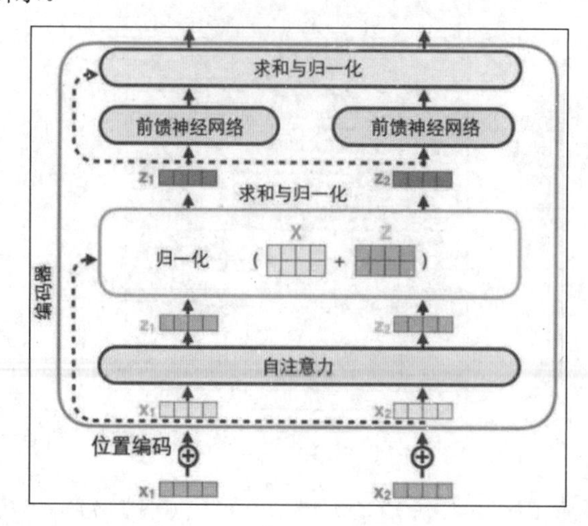

图 10-12　编码器结构示意图

从图 10-12 中可见，编码器的结构由以下多个模块构成：

- 初始词向量层。
- 位置编码器层。
- 多头自注意力层。
- 归一化层。
- 前馈层。

编码器通过使用多个不同的神经网络模块来获取需要关注的内容，并抑制和减弱其他无用信息，从而实现对特征的抽取，这也是目前最常用的架构方案。

从图 10-12 所示的编码器结构示意图中可以看到，一个编码器的构造分成 5 部分：初始向量层、位置编码层、注意力层、归一化层和前馈层。注意力层和归一化层在上一节已经讲解过，本节将继续讲解初始向量层、位置编码层、前馈层三部分，之后将使用这三部分构造出编码器架构。

10.2.2　回到输入层：初始词向量层和位置编码器层

初始词向量层和位置编码器层是数据输入最初始的层，作用是将输入的序列通过计算组合成向量矩阵，如图 10-13 所示。

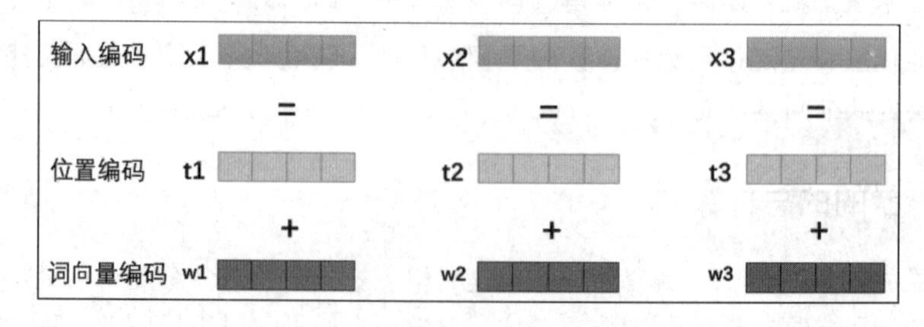

图 10-13　输入层

可以看到，这里的输入编码实际上由两部分组成的，即位置编码和词向量编码，下面我们分别对这两部分做个讲解。

1. 初始词向量层

如同大多数向量构建方法一样，首先将每个输入单词通过词映射算法转换为词向量。

其中每个词向量被设定为固定的维度，本书后面将所有词向量的维度设置为 768。具体代码如下：

```
    import torch
    word_embedding_table = torch.nn.Embedding(num_embeddings=encoder_vocab_size,
embedding_dim=768)
    encoder_embedding = word_embedding_table(inputs)
```

上面代码中，首先使用 torch.nn.Embedding 函数创建了一个随机初始化的向量矩阵，encoder_vocab_size 是字库的个数，一般而言，在编码器中字库是包含所有可能出现的“字”的集合。embedding_dim 表示 embedding 向量维度，这里使用通用的 768 即可。

词向量初始化在 PyTorch 中只发生在最底层的编码器中。额外讲一下，所有的编码器都有一个相同的特点，即它们接收一个向量列表，列表中的每个向量大小为 768 维。在底层（最开始）编码器中，它就是词向量，但是在其他编码器中，它就是下一层编码器的输出（也是一个向量列表）。

2. 位置编码层

位置编码是一个非常重要且有创新性的结构输入。一般自然语言处理使用的就是一个个连续的长度序列，因此为了使用输入的顺序信息，需要将序列对应的相对位置以及绝对位置信息注入模型中。

基于此目的，一个朴素的想法就是将位置编码设计成与词映射同样大小的向量维度，之后将其直接相加使用，从而使得模型既能获取到词映射信息，也能获取到位置信息。

具体来说，位置向量的获取方式有两种：

- 通过模型训练所得。
- 根据特定公式计算所得（用不同频率的sine和cosine函数直接计算）。

因此，在实际操作中，模型插入位置编码时，可以灵活设计。一种方法是设计一个能够随着模型训练而自适应调整的层，使其能够动态地学习和优化位置编码。另一种方法则是使用预先计算好的位置编码矩阵，直接将其插入到序列中。这里我们采用预计算的位置编码矩阵，公式如下：

$$PE_{(pos,2i)} = \sin(pos / 10000^{2i/d_{model}})$$
$$PE_{(pos,2i+1)} = \cos(pos / 10000^{2i/d_{model}})$$

下面我们提供一个直观地对位置编码进行展示的示例代码，如下所示：

```
    import matplotlib.pyplot as plt
    import torch
    import math

    max_len = 128  # 单词个数
    d_model = 512  # 位置向量维度大小
```

```
    pe = torch.zeros(max_len, d_model)
    position = torch.arange(0., max_len).unsqueeze(1)

    div_term = torch.exp(torch.arange(0., d_model, 2) * -(math.log(10000.0) /
d_model))

    pe[:, 0::2] = torch.sin(position * div_term)  # 偶数列
    pe[:, 1::2] = torch.cos(position * div_term)  # 奇数列
    pe = pe.unsqueeze(0)
    pe = pe.numpy()
    pe = pe.squeeze()

    plt.imshow(pe)  # 显示图片
    plt.colorbar()
    plt.show()
```

通过设置单词个数 max_len 和 d_model 维度大小，可以很精准地做出位置向量的图形展示，如图 10-14 所示。

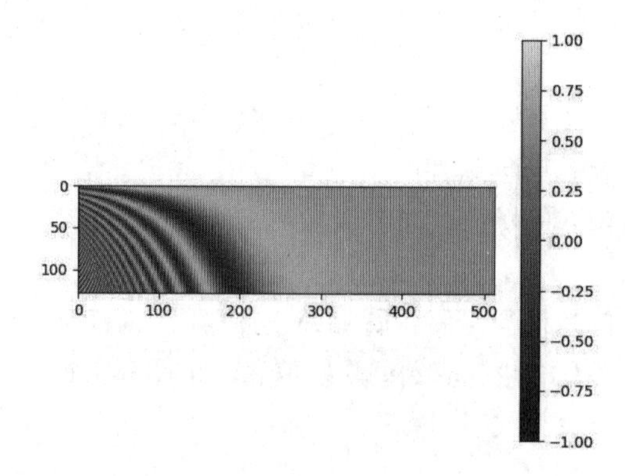

图 10-14　设置单词个数 max_len 和 d_model 的维度大小

序列中任意一个位置都可以用三角函数表示，pos 是输入序列的最大长度，i 是序列中依次的各个位置，d_model 是设定的与词向量相同的位置 768。如果将其包装成 PyTorch 2.0 中固定类的形式，代码如下：

```
class PositionalEmbedding(nn.Module):  # 位置嵌入模块，为输入序列提供位置信息

    def __init__(self, d_model, max_len=512):  # 初始化方法
        super().__init__()  # 调用父类的初始化方法
        # 在对数空间中一次性计算位置编码
        # 创建一个全 0 的张量用于存储位置编码
        pe = torch.zeros(max_len, d_model).float()
        # 设置不需要梯度，因为位置编码是固定的，不需要训练
        pe.require_grad = False
        # 创建一个表示位置的张量，从 0 到 max_len-1
        position = torch.arange(0, max_len).float().unsqueeze(1)
        # 计算位置编码公式中的分母部分
        div_term = (torch.arange(0, d_model, 2).float() * -(math.log(10000.0)
/ d_model)).exp()
```

```
        # 对位置编码的偶数索引应用 sin 函数
        pe[:, 0::2] = torch.sin(position * div_term)
        # 对位置编码的奇数索引应用 cos 函数
        pe[:, 1::2] = torch.cos(position * div_term)
        pe = pe.unsqueeze(0)  # 增加一个维度，以便与输入数据匹配
        # 将位置编码注册为一个 buffer，这样它就可以与模型一起移动，但不会被视为模型参数
        self.register_buffer('pe', pe)

    def forward(self, x):  # 前向传播方法
        return self.pe[:, :x.size(1)]  # 返回与输入序列长度相匹配的位置编码
```

这种位置编码函数的写法有些复杂，读者可以忽略其具体实现直接使用即可。最终将词向量矩阵和位置编码组合成初始词向量，如图 10-15 所示。

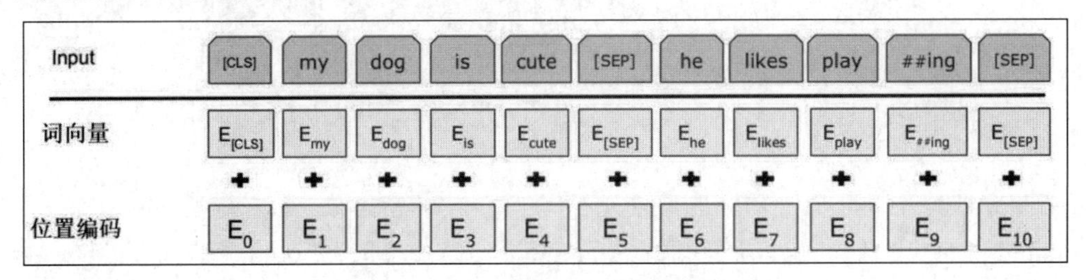

图 10-15 初始词向量

融合后的特征既带有词汇信息，也带有词汇在序列中的位置信息，从而能够从多个角度对特征进行表示。

10.2.3 前馈层的实现

从编码器输入的序列在经过一个自注意力层后，会传递到前馈神经网络中，这个神经网络被称为“前馈层”。这个前馈层的作用是进一步整形通过注意力层获取的整体序列向量。

本书的解码器遵循的是 Transformer 架构，因此参考 Transformer 架构中解码器的构建，如图 10-16 所示。相信读者看到图一定会很诧异，是不是放错图了？然而并没有。

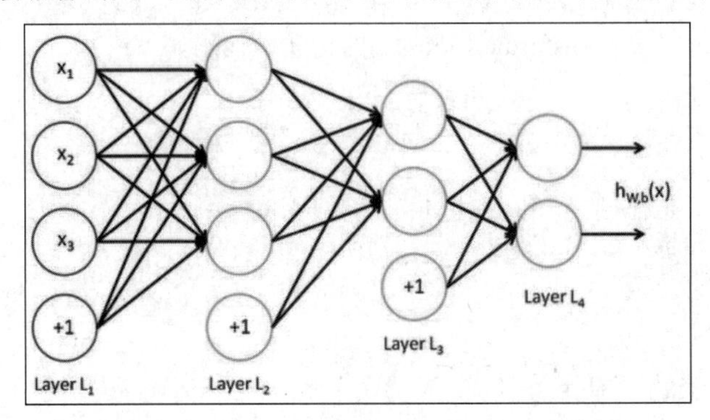

图 10-16 Transformer 架构中解码器的构建

所谓前馈神经网络，实际上就是加载了激活函数的全连接层神经网络（或者使用一维卷积实现的神经网络，这点不在这里介绍）。

既然了解了前馈神经网络，其实现也很简单，代码如下：

```
import torch
class PositionwiseFeedForward(nn.Module):
    """
    该类实现了前馈神经网络的公式。这是一个两层的全连接网络
    """
    def __init__(self, d_model, d_ff, dropout=0.1):
        # 调用父类的初始化函数
        super(PositionwiseFeedForward, self).__init__()
        # 初始化第一层全连接层，输入维度 d_model，输出维度 d_ff
        self.w_1 = nn.Linear(d_model, d_ff)
        # 初始化第二层全连接层，输入维度 d_ff，输出维度 d_model
        self.w_2 = nn.Linear(d_ff, d_model)
        # 初始化 dropout 层，dropout 是丢弃率
        self.dropout = nn.Dropout(dropout)
        # 使用 GELU 作为激活函数
        self.activation = torch.nn.GELU()

    def forward(self, x):
        """
        前向传播函数。输入 x 经过第一层全连接层、激活函数、dropout 层和第二层全连接层。
        """
        return self.w_2(self.dropout(self.activation(self.w_1(x))))
```

代码很简单，需要提醒读者的是，前面使用两个全连接神经网络实现了“前馈层”，然而实际上为了减少参数,减轻运行负担，可以使用一维卷积或者“空洞卷积”替代全连接层实现前馈神经网络，具体读者可以自行完成。

10.2.4　多层模块融合的 TransformerBlock 层

在上一章中我们讲解了多层 Block 模块进行组合的搭建，对于具体使用来说，通过组合多层 Block 的作用是增强整体模型的学习与训练能力。

同样在注意力模型中也需要通过 Block 组合来增强模型的性能和泛化能力，在此可以通过将不同的模块组合在一起完成 TransformerBlock 层的构建。代码如下：

```
# 定义 SublayerConnection 类，继承自 nn.Module
class SublayerConnection(nn.Module):
    """
    该类实现了一个带有层归一化的残差连接。
    为了代码的简洁性，归一化操作被放在了前面，而不是最后
    """

    def __init__(self, size, dropout):
        # 调用父类的初始化函数
        super(SublayerConnection, self).__init__()
        # 初始化层归一化，size 是输入的特征维度
        self.norm = torch.nn.LayerNorm(size)
        # 初始化 dropout 层，dropout 是丢弃率
        self.dropout = nn.Dropout(dropout)
```

```
    def forward(self, x, sublayer):
        """
        对任何具有相同大小的子层应用残差连接
        x: 输入张量
        sublayer: 要应用的子层（函数）
        """
        # 首先对 x 进行层归一化，然后传递给 sublayer，再应用 dropout，最后与原始 x 进行残
差连接
        return x + self.dropout(sublayer(self.norm(x)))

#通过组合不同层构建的 TransformerBlock
class TransformerBlock(nn.Module):
    """
    双向编码器 = Transformer (自注意力机制)
    Transformer = 多头注意力 + 前馈网络，并使用子层连接
    """
    def __init__(self, hidden, attn_heads, feed_forward_hidden, dropout):
        """
        :param hidden: transformer 的隐藏层大小
        :param attn_heads: 多头注意力的头数
        :param feed_forward_hidden: 前馈网络的隐藏层大小，通常是 4*hidden_size
        :param dropout: dropout 率
        """
        # 调用父类的初始化方法
        super().__init__()
        # 初始化多头注意力模块
        self.attention = MultiHeadedAttention(h=attn_heads, d_model=hidden)
        # 初始化位置相关的前馈网络
        self.feed_forward = PositionwiseFeedForward(d_model=hidden,
d_ff=feed_forward_hidden, dropout=dropout)
        # 初始化输入子层连接
        self.input_sublayer = SublayerConnection(size=hidden,
dropout=dropout)
        # 初始化输出子层连接
        self.output_sublayer = SublayerConnection(size=hidden,
dropout=dropout)
        # 初始化 dropout 层
        self.dropout = nn.Dropout(p=dropout)

    # 前向传播方法
    def forward(self, x, mask):
        # 对输入 x 应用注意力机制，并使用输入子层连接
        x = self.input_sublayer(x, lambda _x: self.attention.forward(_x, _x, _x,
mask=mask))
        # 对 x 应用前馈网络，并使用输出子层连接
        x = self.output_sublayer(x, self.feed_forward)
        return self.dropout(x)  # 返回经过 dropout 处理的 x
```

可以看到，通过多 sublayer 的调用，将不同的模块层组合在一起，从而完成可叠加使用的 TransformerBlock 的调用。

10.2.5 编码器的实现

经过前面内容的分析，我们可以看到，实现一个基于注意力机制的编码器其实并不复杂。只需要按照注意力机制的架构，将各个组件依次组合在一起，就能够构建出一个功能完备的编码器。这种编码器能够自动地学习和优化输入数据的表示，从而更加准确地捕捉到关键信息，为后续的任务提供强有力的支持。因此，对于想要深入理解和应用注意力机制的读者来说，实现一个基于注意力架构的编码器是一个很好的实践选择。下面我们按步骤提供代码，读者可参看注释。

```
# 导入 PyTorch 库和必要的子模块
import torch
import torch.nn as nn
import math
# 定义 Scaled Dot Product Attention 类
class Attention(nn.Module):
    """
    计算'Scaled Dot Product Attention'
    """
    # 定义前向传播函数
    def forward(self, query, key, value, mask=None, dropout=None):
        # 通过点积计算 query 和 key 的得分，然后除以 sqrt(query 的维度)进行缩放
        scores = torch.matmul(query, key.transpose(-2, -1)) \
                 / math.sqrt(query.size(-1))

        # 如果提供了 mask，则对得分应用 mask，将 mask 为 0 的位置设置为一个非常小的数
        if mask is not None:
            scores = scores.masked_fill(mask == 0, -1e9)

        # 使用 softmax 函数计算注意力权重
        p_attn = torch.nn.functional.softmax(scores, dim=-1)

        # 如果提供了 dropout，则对注意力权重应用 dropout
        if dropout is not None:
            p_attn = dropout(p_attn)

        # 使用注意力权重对 value 进行加权求和，返回加权后的结果和注意力权重
        return torch.matmul(p_attn, value), p_attn

# 定义 Multi-Head Attention 类
class MultiHeadedAttention(nn.Module):
    """
    接受模型大小和注意力头数作为输入。
    """
    # 初始化函数，设置模型参数
    def __init__(self, h, d_model, dropout=0.1):
        super().__init__()
        # 确保 d_model 可以被 h 整除
        assert d_model % h == 0

        # 我们假设 d_v 始终等于 d_k
        self.d_k = d_model // h
```

```
        self.h = h

        # 创建 3 个线性层，用于将输入投影到 query、key 和 value 空间
        self.linear_layers = nn.ModuleList([nn.Linear(d_model, d_model) for _
in range(3)])
        # 创建输出线性层，用于将多头注意力的输出合并到一个向量中
        self.output_linear = nn.Linear(d_model, d_model)
        # 创建注意力机制实例
        self.attention = Attention()

        # 创建 dropout 层，用于正则化
        self.dropout = nn.Dropout(p=dropout)

    # 定义前向传播函数
    def forward(self, query, key, value, mask=None):
        # 获取 batch 大小
        batch_size = query.size(0)

        # 对输入进行线性投影，并将结果 reshape 为(batch_size, h, seq_len, d_k)
        query, key, value = [l(x).view(batch_size, -1, self.h,
self.d_k).transpose(1, 2)
        for l, x in zip(self.linear_layers, (query, key, value))]

        # 对投影后的 query、key 和 value 应用注意力机制，得到加权后的结果和注意力权重
        x, attn = self.attention(query, key, value, mask=mask,
dropout=self.dropout)

        # 将多头注意力的输出合并到一个向量中，并应用输出线性层
        x = x.transpose(1, 2).contiguous().view(batch_size, -1, self.h *
self.d_k)
        return self.output_linear(x)


# 定义 SublayerConnection 类，继承自 nn.Module
class SublayerConnection(nn.Module):
    """
    该类实现了一个带有层归一化的残差连接。
    为了代码的简洁性，归一化操作被放在了前面，而不是最后
    """
    def __init__(self, size, dropout):
        # 调用父类的初始化函数
        super(SublayerConnection, self).__init__()
        # 初始化层归一化，size 是输入的特征维度
        self.norm = torch.nn.LayerNorm(size)
        # 初始化 dropout 层，dropout 是丢弃率
        self.dropout = nn.Dropout(dropout)

    def forward(self, x, sublayer):
        """
        对任何具有相同大小的子层应用残差连接
        x: 输入张量
```

```
        sublayer: 要应用的子层（函数）
        """
        # 首先对 x 进行层归一化，然后传递给 sublayer，再应用 dropout，最后与原始 x 进行残
差连接
        return x + self.dropout(sublayer(self.norm(x)))

# 定义 PositionwiseFeedForward 类，继承自 nn.Module
class PositionwiseFeedForward(nn.Module):
    """
    该类实现了前馈神经网络的公式。这是一个两层的全连接网络
    """
    def __init__(self, d_model, d_ff, dropout=0.1):
        # 调用父类的初始化函数
        super(PositionwiseFeedForward, self).__init__()
        # 初始化第一层全连接层，输入维度 d_model，输出维度 d_ff
        self.w_1 = nn.Linear(d_model, d_ff)
        # 初始化第二层全连接层，输入维度 d_ff，输出维度 d_model
        self.w_2 = nn.Linear(d_ff, d_model)
        # 初始化 dropout 层，dropout 是丢弃率
        self.dropout = nn.Dropout(dropout)
        # 使用 GELU 作为激活函数
        self.activation = torch.nn.GELU()

    def forward(self, x):
        """
        前向传播函数。输入 x 经过第一层全连接层、激活函数、dropout 层和第二层全连接层。
        """
        return self.w_2(self.dropout(self.activation(self.w_1(x))))

class TransformerBlock(nn.Module):
    """
    双向编码器 = Transformer （自注意力机制）
    Transformer = 多头注意力 + 前馈网络，并使用子层连接
    """
    def __init__(self, hidden, attn_heads, feed_forward_hidden, dropout):
        """
        :param hidden: transformer 的隐藏层大小
        :param attn_heads: 多头注意力的头数
        :param feed_forward_hidden: 前馈网络的隐藏层大小，通常是 4*hidden_size
        :param dropout: 丢弃率
        """
        super().__init__()  # 调用父类的初始化方法
        # 初始化多头注意力模块
        self.attention = MultiHeadedAttention(h=attn_heads, d_model=hidden)
        # 初始化位置相关的前馈神经网络
        self.feed_forward = PositionwiseFeedForward(d_model=hidden,
d_ff=feed_forward_hidden, dropout=dropout)
        # 初始化输入子层连接
        self.input_sublayer = SublayerConnection(size=hidden,
dropout=dropout)
        # 初始化输出子层连接
```

```
        self.output_sublayer = SublayerConnection(size=hidden,
dropout=dropout)
        # 初始化 dropout 层
        self.dropout = nn.Dropout(p=dropout)

    def forward(self, x, mask):  # 前向传播方法
        # 对输入 x 应用注意力机制，并使用输入子层连接
        x = self.input_sublayer(x, lambda _x: self.attention.forward(_x, _x, _x,
mask=mask))
        # 对 x 应用前馈网络，并使用输出子层连接
        x = self.output_sublayer(x, self.feed_forward)
        return self.dropout(x)  # 返回经过 dropout 处理的 x

class PositionalEmbedding(nn.Module):  # 位置嵌入模块，为输入序列提供位置信息
    def __init__(self, d_model, max_len=512):  # 初始化方法
        super().__init__()  # 调用父类的初始化方法

        # 在对数空间中一次性计算位置编码
        # 创建一个全 0 的张量用于存储位置编码
        pe = torch.zeros(max_len, d_model).float()
        pe.require_grad = False  # 设置不需要梯度，因为位置编码是固定的，不需要训练
        # 创建一个表示位置的张量，从 0 到 max_len-1
        position = torch.arange(0, max_len).float().unsqueeze(1)
        # 计算位置编码的公式中的分母部分
        div_term = (torch.arange(0, d_model, 2).float() * -(math.log(10000.0)
/ d_model)).exp()
        # 对位置编码的偶数索引应用 sin 函数
        pe[:, 0::2] = torch.sin(position * div_term)
        # 对位置编码的奇数索引应用 cos 函数
        pe[:, 1::2] = torch.cos(position * div_term)

        pe = pe.unsqueeze(0)  # 增加一个维度，以便与输入数据匹配
        self.register_buffer('pe', pe)

    def forward(self, x):  # 前向传播方法
        return self.pe[:, :x.size(1)]  # 返回与输入序列长度相匹配的位置编码

class BERT(nn.Module):
    """
    BERT 模型：基于 Transformer 的双向编码器表示
    """
    def __init__(self, vocab_size, hidden=768, n_layers=12, attn_heads=12,
dropout=0.1):
        """
        初始化 BERT 模型
        :param vocab_size: 词汇表的大小
        :param hidden: BERT 模型的隐藏层大小，默认为 768
        :param n_layers: Transformer 块（层）的数量，默认为 12
        :param attn_heads: 注意力头的数量，默认为 12
        :param dropout: dropout 率，默认为 0.1
        """
```

```
        super().__init__()  # 调用父类 nn.Module 的初始化方法
        self.hidden = hidden  # 保存隐藏层大小
        self.n_layers = n_layers  # 保存 Transformer 块的数量
        self.attn_heads = attn_heads  # 保存注意力头的数量

        # 计算前馈网络的隐藏层大小
        self.feed_forward_hidden = hidden * 4

        # BERT 的嵌入，包括位置嵌入、段嵌入和令牌嵌入的总和
        self.word_embedding = torch.nn.Embedding(num_embeddings=vocab_size,
embedding_dim=hidden)  # 创建单词嵌入层
        # 创建位置嵌入层
        self.position_embedding = PositionalEmbedding(d_model=hidden)
        # 多层 Transformer 块，深度网络
        self.transformer_blocks = nn.ModuleList(
            [TransformerBlock(hidden, attn_heads, hidden * 4, dropout) for _ in
range(n_layers)])  # 创建多个 Transformer 块

    def forward(self, x):
        """
        前向传播方法
        :param x: 输入序列，shape 为[batch_size, seq_len]
        :return: 经过 BERT 模型处理后的输出序列，shape 为[batch_size, seq_len,
hidden]
        """
        # 为填充令牌创建注意力掩码
        # torch.ByteTensor([batch_size, 1, seq_len, seq_len])
        # 创建注意力掩码
        mask = (x > 0).unsqueeze(1).repeat(1, x.size(1), 1).unsqueeze(1)
        # 将索引序列嵌入到向量序列中
        # 将单词嵌入和位置嵌入相加得到输入序列的嵌入表示
        x = self.word_embedding(x) + self.position_embedding(x)

        # 在多个 Transformer 块上运行
        for transformer in self.transformer_blocks:  # 遍历所有 Transformer 块
            # 将输入序列和注意力掩码传递给每个 Transformer 块，并获取输出序列
            x = transformer.forward(x, mask)
        return x  # 返回经过所有 Transformer 块处理后的输出序列

if __name__ == '__main__':
    vocab_size = 1024
    seq = arr = torch.tensor([[1,1,1,1,0,0,0],[1,1,1,0,0,0,0]])
    logits = BERT(vocab_size=vocab_size)(seq)
    print(logits.shape)
```

可以看到，真正实现一个编码器，从理论和架构上来说并不困难，只要读者细心即可。

10.3 实战编码器：拼音汉字转换模型

本节将结合前面两节讲解的内容实战编码器，即使用编码器完成一个拼音与汉字转化的训练，效果类似图 10-17 所示。

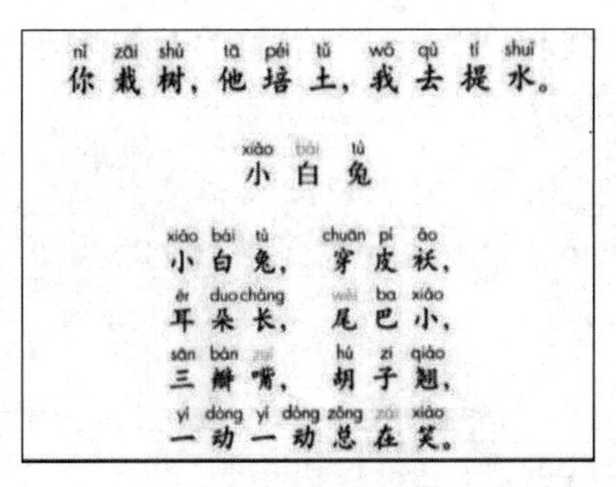

图 10-17　拼音和汉字

10.3.1 汉字拼音数据集处理

首先是数据集的准备和处理，在本例中我们准备了 15 万条汉字和拼音对应数据。

1. 数据集展示

汉字拼音数据集如下：

```
    A11_0   lv4 shi4 yang2 chun1 yan1 jing3 da4 kuai4 wen2 zhang1 de di3 se4 si4
yue4 de lin2 luan2 geng4 shi4 lv4 de2 xian1 huo2 xiu4 mei4 shi1 yi4 ang4 ran2
    绿 是 阳 春 烟 景 大 块 文 章 的 底 色 四 月 的 林 峦 更 是 绿 得 鲜 活 秀 媚 诗 意 盎 然

    A11_1   ta1 jin3 ping2 yao1 bu4 de li4 liang4 zai4 yong3 dao4 shang4 xia4 fan1
teng2 yong3 dong4 she2 xing2 zhuang4 ru2 hai3 tun2 yi1 zhi2 yi3 yi1 tou2 de you1
shi4 ling3 xian1   他 仅 凭 腰 部 的 力 量 在 泳 道 上 下 翻 腾 蛹 动 蛇 行 状 如 海 豚 一
直 以 一 头 的 优 势 领 先

    A11_10  pao4 yan3 da3 hao3 le zha4 yao4 zen3 me zhuang1 yue4 zheng4 cai2 yao3
le yao3 ya2 shu1 de tuo1 qu4 yi1 fu2 guang1 bang3 zi chong1 jin4 le shui3 cuan4
dong4   炮 眼 打 好 了 炸 药 怎 么 装 岳 正 才 咬 了 咬 牙 倏 地 脱 去 衣 服 光 膀 子 冲 进
了 水 窜 洞

    A11_100 ke3 shei2 zhi1 wen2 wan2 hou4 ta1 yi1 zhao4 jing4 zi zhi3 jian4 zuo3
xia4 yan3 jian3 de xian4 you4 cu1 you4 hei1 yu3 you4 ce4 ming2 xian3 bu4 dui4 cheng1
    可 谁 知 纹 完 后 她 一 照 镜 子 只 见 左 下 眼 睑 的 线 又 粗 又 黑 与 右 侧 明 显 不 对
称
```

简单做一下介绍，数据集中的数据分成 3 部分，每部分使用特定空格键隔开：

```
    A11_10 … ke3 shei2 … 可 谁 …
```

- 第1部分A11_i为序号，表示序列的条数和行号。
- 第2部分是拼音编号，这里使用的是汉语拼音，而与真实的拼音标注不同的是，这里去除了拼音原始标注，而使用数字1、2、3、4替代，分别代表当前读音的第一声到第四声，这点请读者注意。

- 第3部分是汉字的序列，这里与第二部分的拼音部分一一对应。

2. 获取字库和训练数据

获取数据集中字库的个数比较重要，一个非常好的办法就是，使用 set 格式的数据读取全部字库中的不同字符。创建字库和训练数据的完整代码如下：

```
from tqdm import tqdm
pinyin_list = [];hanzi_list = []
vocab = set()
max_length = 64

with open("zh.tsv", errors="ignore", encoding="UTF-8") as f:
    context = f.readlines()
    for line in context:
        line = line.strip().split("  ")
        pinyin = line[1].split(" ");hanzi = line[2].split(" ")

        for _pinyin, _hanzi in zip(pinyin, hanzi):
            vocab.add(_pinyin);          vocab.add(_hanzi);
        pinyin = pinyin + ["PAD"] * (max_length - len(pinyin))
        hanzi = hanzi + ["PAD"] * (max_length - len(hanzi))
        if len(pinyin) <= max_length:
            pinyin_list.append(pinyin);hanzi_list.append(hanzi)

vocab = ["PAD"] + list(sorted(vocab))
vocab_size = len(vocab)
```

上面的代码中，context 读取了全部数据集中的内容，之后再根据空格将其分成 3 部分。此外，在对序列的处理上还加上一个特定的符号 PAD，这是为了对单行序列进行补全的操作，最终的数据如下：

```
['liu2', 'yong3' , … , 'gan1', 'PAD', 'PAD' , … ]
['柳', '永' , … , '感', 'PAD', 'PAD' , … ]
```

pinyin_list 和 hanzi_list 是两个列表，分别用来存放对应的拼音和汉字训练数据。最后不要忘记在字库中加上 PAD 符号。

3. 根据字库生成Token数据

上一步获取的拼音标注和汉字标注的训练数据，并不能直接用于模型训练，模型需要转换成 token 的一系列数字列表，代码如下：

```
def get_dataset():
    pinyin_tokens_ids = [ ]
    hanzi_tokens_ids = [ ]

    for pinyin,hanzi in zip(tqdm(pinyin_list),hanzi_list):
        pinyin_tokens_ids.append([vocab.index(char) for char in pinyin])
```

```
        hanzi_tokens_ids.append([vocab.index(char) for char in hanzi])
    return pinyin_tokens_ids,hanzi_tokens_ids
```

在上面的代码中，我们创建了两个新的列表，分别用于存储拼音和汉字的 token。这一方法是为了获取经过字库序号编号后的全新序列 token，以方便后续的注意力机制处理。通过这种方式，我们能够更加高效地处理拼音和汉字数据，确保模型能够准确地捕捉到序列中的关键信息。

4. PyTorch中数据输入类

在数据的具体使用上，我们可以通过 for 循环的形式将数据载入模型中。PyTorch 为我们提供了一种专用的数据输入类，代码如下：

```
class TextSamplerDataset(torch.utils.data.Dataset):
    def __init__(self, pinyin_tokens_ids, hanzi_tokens_ids):
        super().__init__()
        self.pinyin_tokens_ids = pinyin_tokens_ids
        self.hanzi_tokens_ids = hanzi_tokens_ids

    def __getitem__(self, index):
        return torch.tensor(self.pinyin_tokens_ids[index]),
torch.tensor(self.hanzi_tokens_ids[index])

    def __len__(self):
        return len(pinyin_tokens_ids)
```

这里的 TextSamplerDataset 继承自 torch.utils.data.Dataset，目的是完成数据输入类的显式声明，而在具体使用上__getitem__函数用来按序号输出数据。

10.3.2　汉字拼音转换模型的确定

接下来就是模型的编写。实际上，如果单纯使用上节提供的编码器作为计算模型也是可以的，但是一般来说需要对其作出修正。单纯使用一层编码器对数据进行编码，在效果上可能并没有多层的准确率高，一个最简单的方法就是增加更多层的编码器对数据进行编码，如图 10-18 所示。

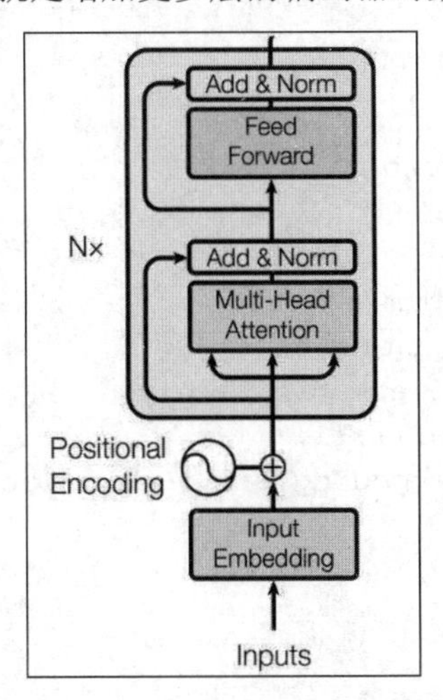

图 10-18　增加更多层的编码器对数据进行编码

接下来，上节实现的编码器，我们简单演示一下其用法，代码如下：

```
def get_model(embedding_dim = 768):
    model = torch.nn.Sequential(
        bert.BERT(vocab_size=vocab_size),
        torch.nn.Dropout(0.1),
        torch.nn.Linear(embedding_dim,vocab_size)
    )
    return model)
```

这段代码是上节实现的编码器的构建示例，它使用了多头自注意力层和前馈层。需要读者注意，这里只是在编码器层中加入了“多头注意力层”和“前馈层”，而不是直接加载了更多的“编码器”。

10.3.3 模型训练代码的编写

剩下的工作就是模型训练代码的编写，我们将采用最简单的模型训练代码编写方式来实现。

第一步是数据的获取。由于模型在训练过程中不可能一次性将所有的数据导入，因此需要创建一个数据“生成器”，将获取的数据按批次发送给训练模型，这里我们使用一个for循环来完成这个数据“生成器”：

```
    batch_size = 256
    from torch.utils.data import DataLoader
    loader = DataLoader(TextSamplerDataset(pinyin_tokens_ids,
hanzi_tokens_ids),batch_size=batch_size,shuffle=False)
```

这段代码完成数据的生成工作，按既定的batch_size大小生成数据batch，之后在epoch的循环中将数据输入进行迭代。

下面是训练模型代码的完整实战。

```
import numpy as np
import torch
import bert
import get_data
max_length = 64
from tqdm import tqdm
vocab_size = get_data.vocab_size
vocab = get_data.vocab

def get_model(embedding_dim = 768):
    model = torch.nn.Sequential(
        bert.BERT(vocab_size=vocab_size),
        torch.nn.Dropout(0.1),
        torch.nn.Linear(embedding_dim,vocab_size)
    )
    return model

device = "cuda"
model = get_model().to(device)
optimizer = torch.optim.AdamW(model.parameters(), lr=2e-4)
```

```
    lr_scheduler = torch.optim.lr_scheduler.CosineAnnealingLR(optimizer,T_max =
2400,eta_min=2e-6,last_epoch=-1)
    criterion = torch.nn.CrossEntropyLoss()

    pinyin_tokens_ids,hanzi_tokens_ids = get_data.get_dataset()

    class TextSamplerDataset(torch.utils.data.Dataset):
        def __init__(self, pinyin_tokens_ids, hanzi_tokens_ids):
            super().__init__()
            self.pinyin_tokens_ids = pinyin_tokens_ids
            self.hanzi_tokens_ids = hanzi_tokens_ids

        def __getitem__(self, index):
            return torch.tensor(self.pinyin_tokens_ids[index]),
torch.tensor(self.hanzi_tokens_ids[index])

        def __len__(self):
            return len(pinyin_tokens_ids)

    model.load_state_dict(torch.load("./saver/model.pth"))
    batch_size = 256
    from torch.utils.data import DataLoader
    loader = DataLoader(TextSamplerDataset(pinyin_tokens_ids,
hanzi_tokens_ids),batch_size=batch_size,shuffle=False)

    for epoch in range(21):
        pbar = tqdm(loader, total=len(loader))
        for pinyin_inp, hanzi_inp in pbar:
            token_inp = (pinyin_inp).to(device)
            token_tgt = (hanzi_inp).to(device)

            logits = model(token_inp)
            loss = criterion(logits.view(-1,logits.size(-1)),token_tgt.view(-1))

            optimizer.zero_grad()
            loss.backward()
            optimizer.step()
            lr_scheduler.step()  # 执行优化器
            pbar.set_description(
                f"epoch:{epoch + 1}, train_loss:{loss.item():.5f},
lr:{lr_scheduler.get_last_lr()[0] * 100:.5f}")
        if (epoch + 1) % 2 == 0:
            torch.save(model.state_dict(), "./saver/model.pth")

    torch.save(model.state_dict(), "./saver/model.pth")
```

通过将训练代码部分和模型组合在一起，即可完成模型的训练。而最后的预测部分，即使用模型自定义实战拼音和汉字的转换部分，请读者自行完成。

10.4　本章小结

首先需要说明，本章的模型设计并没有完全遵守 Transformer 中编码器的设计原则，而是仅建立了多层注意力层和前馈层，这是与真实的 Transformer 中解码器不一致的地方。

其次，对于数据的设计，我们设计了直接将不同字符或者拼音作为独立的字符进行存储，这样做的好处在于可以使数据最终生成更简单，但是增加了字符个数，增大了搜索空间，因此对训练要求更高。还有一种划分方法，即将拼音拆开，使用字母和音标分离的方式进行处理，有兴趣的读者可以尝试一下。

在撰写本章时，我们输入的数据是由字（拼音）映射 Embedding 和位置编码共同构成的。这样使用叠加的 Embedding 值，能够更好地捕捉每个字（拼音）在使用上的细微差别。如果读者仅尝试使用单一的字（拼音）映射 Embedding，可能会遇到一个问题：对于相同的音，这种单一的 Embedding 表示方法无法很好地对同音字进行区分。即：

```
yan3 jing4 眼睛 眼镜
```

yan3 jing4 的相同发音无法分辨出到底是“眼睛”还是“眼镜”。有兴趣的读者可以做一个测试，也可以深入此方面的研究。

第 11 章

鸟叫的多标签分类实战

在第 2 章中，我们介绍了基于特征词的语音唤醒模型，基于语音唤醒技术的个人助手是目前非常火爆的深度学习应用方向，其基本原理是基于语音识别技术与语音转换，然而其最重要的就是所借助的语音识别技术。

然而单一的语音唤醒模型是对单独的一个“单词”进行监听和识别，放大到社会中来看，单一的语音识别模型在应用上还有较多的限制，例如当多种声音交织在一起，准确地识别不同的声音和发声来源是对目标进行识别的一项最基本的功能。例如，当自然中有很多鸟在同时鸣叫时，通过声音分辨不同的鸟是一项非常困难的任务。各种鸟叫的声音都不一样，如图 11-1 所示。

图 11-1　各种鸟叫的声音都不一样

本章将介绍语音转换中最常用的 MFCC 的来龙去脉，这是语音识别的一个重要内容。同时，在 PyTorch 2.0 的实战中会向读者讲解一种新的语音分类技术，即多标签语音分类，并且将介绍一种新的损失函数 BCELoss，这是用来替代交叉熵的一种基本的损失计算函数。

11.1　基于语音识别的多标签分类背景知识详解

多标签分类是不同于多类别分类的一种深度学习处理任务。相对于单标签分类任务中每个样本只有一个相关的标签，多标签分类每个样本中往往包含多个不同的标签类别。

多标签分类问题很常见，比如一段鸟叫声中往往会有多种鸟类的叫声出现，一部电影可以同时被分为动作片和犯罪片，一则新闻可以同时属于政治新闻和法律新闻，还有生物学中的基因功能预测问题、场景识别问题、疾病诊断等。

除此之外，还有一个重要的背景知识是针对语音识别的，我们在第 2 章实现了基于唤醒词的语音识别，其中使用了对声音信号进行处理的函数，但是并没有对其进行详细介绍，本节会完成此方面的说明。

11.1.1　多标签分类不等于多分类

在多标签分类问题中，模型的训练集由实例组成，每个实例可以被分配为多个类别，表示为一组目标标签，最终任务是准确预测测试数据的标签集。例如：

- 一段鸟叫声中往往含有多个鸟类的叫声，例如杜鹃和喜鹊会一起出现。
- 文本可以同时涉及宗教、政治、金融或教育，也可以不属于其中任何一个。
- 电影按其抽象内容可分为动作片、喜剧片和浪漫片。电影有可能属于多种类型，比如周星驰的《大话西游》，同时属于浪漫片与喜剧片。

那么读者可能会问多标签和多分类有什么区别？

在多分类中，每个样本被分配到一个且只有一个标签：一个水果可以是苹果或梨，但不能同时是苹果和梨。而对于天气来说，某一日的天气可以在多个天气属性中选择，如图 11-2 所示。

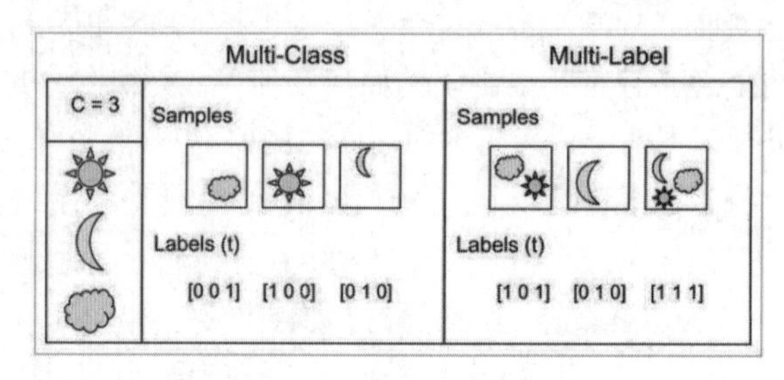

图 11-2　多个天气属性

11.1.2　多标签损失函数 Sigmoid + BCELoss

下面我们讲解一下多标签损失函数，在前面的章节中，我们最常使用的是 torch.nn.functional.cross_entropy，这在普通的单标签分类中是最常用的损失函数计算方法。但是在多标签分类计算中，仅仅使用 cross_entropy 并不能较好地满足分类的要求（虽然通过编程技巧的调整也可以使用）。

因此，在多标签损失函数的计算中，经常是 Sigmoid 和 BCELoss 结合使用。

1. Sigmoid分类函数

作为分类器的全连接层使用的激活函数，一般我们使用的是 softmax，但是在多标签分类中，推荐使用 Sigmoid 作为分类函数，其区别如下。

- softmax：适用于互斥的单标签分类。
- Sigmoid：适用于非互斥的多标签分类。

Sigmoid 的公式如下：

$$S(x) = \frac{1}{1+e^{-x}}$$

它构成的图形如图 11-3 所示。

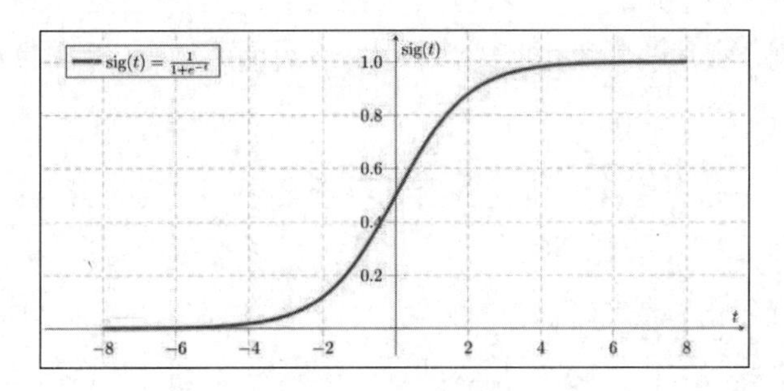

图 11-3　Sigmoid 函数

Sigmoid 激活函数的定义域能够取任何范围的实数，而返回的输出值在 0~1 的范围内。Sigmoid 函数也被称为 S 型函数，这是由于其函数曲线类似于 S 型。下面是一个 Sigmoid 函数的使用示例，代码如下：

```
import torch

# 代码如下
y = torch.rand(size=[2,2])
print(y)

net = torch.nn.Sigmoid()
output = net(y)
print("---------------------")
print(output)              #注意输出结果中每行的概率和是否为 1
```

请读者自行打印验证。

2. BCELoss损失函数计算

上面讲到，使用 Sigmoid 每一维加起来不一定和为 1，输出结果也有可能是[0.1,0.5,0.7]。对于多标签分类问题，对于一个样本来说，它的各个 label 的分数加起来不一定等于 1(Sigmoid 输出)，BCELoss 在每个类别维度上计算交叉熵（Cross Entropy Loss）损失值，并将这些值相加后求平均，从而得到最终的损失值。这种计算方式充分考虑了多标签问题中每个标签之间的独立性，使得模型能够更好地应对多标签分类任务。BCELoss 的公式如下：

$$\mathrm{Loss} = -\frac{1}{\mathrm{N}}\sum_{\mathrm{n}=1}^{\mathrm{N}} \mathrm{y_n}\log\hat{\mathrm{y}}_\mathrm{n} + (1-\mathrm{y_n})\log(1-\hat{\mathrm{y}}_\mathrm{n})$$

其中 y 是目标标签，而 x 是模型输出的值。

下面是一个使用 BCELoss 结合 Sigmoid 计算多标签损失函数的例子，代码如下：

```
#BCELoss 计算的演示
import torch
output = torch.randn(3,3)

output = torch.nn.Sigmoid()(output)
target = torch.FloatTensor([[0,1,1],[1,1,1],[0,0,0]])
loss = torch.nn.BCELoss()(output, target)
print(loss)
```

可以很容易地看到，根据输入的数据计算出了对应的损失结果。结果请读者自行验证。

11.2　实战：鸟叫的多标签分类

鸟类是生物多样性变化的重要指标，因为它们具有高度的移动性和多样化的栖息地需求。因此，物种组成和鸟类数量的变化可以表明恢复项目的成败。然而，传统的基于观察者的鸟类生物多样性调查需要在大片地区频繁进行，既昂贵又具有挑战性。

但是对于鸟叫声音的收集却是一件轻松的事情，只需要借助简单的声学设备，相关人员即可在一个特定时间内收集一定范围的叫声数据，并对其分类和提取。

11.2.1　鸟叫声数据集的获取

首先是关于鸟叫的获取与处理，在这里我们使用 Kaggle 竞赛中的 BirdCLEF 2023 鸟类识别数据集作为本次实战的数据准备，网址为 https://www.kaggle.com/competitions/birdclef-2023。

读者可以自行下载这个鸟类识别数据集。其中数据描述如图 11-4 所示。

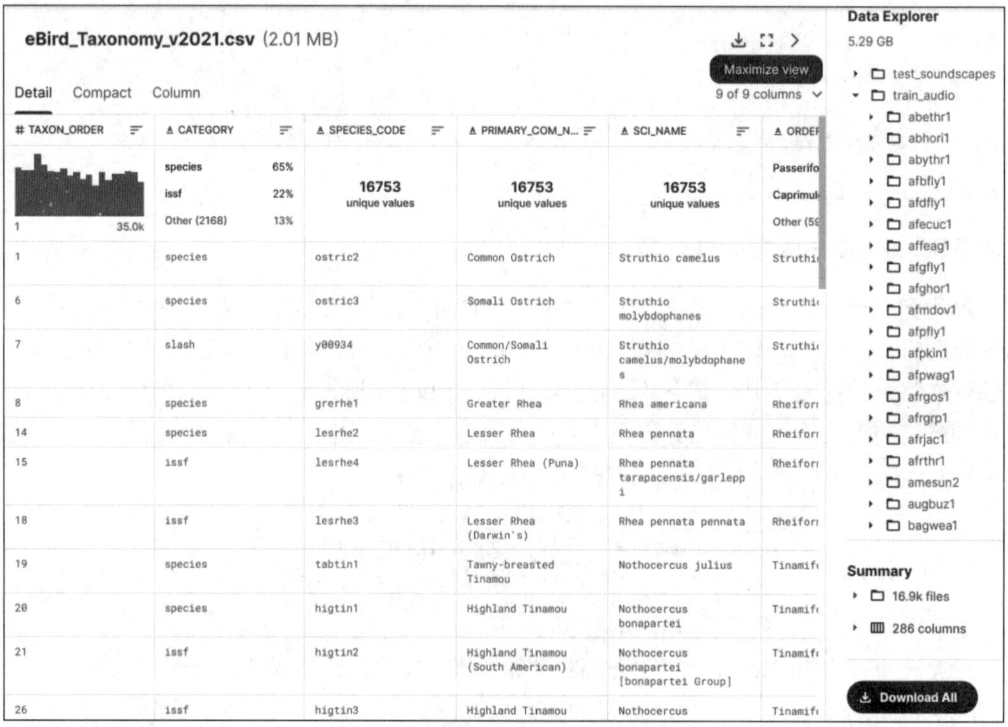

eBird_Taxonomy_v2021.csv (2.01 MB)

Maximize view

Detail　Compact　Column　　9 of 9 columns

# TAXON_ORDER	A CATEGORY	A SPECIES_CODE	A PRIMARY_COM_N...	A SCI_NAME	A ORDEF
1　35.0k	species 65% issf 22% Other (2168) 13%	16753 unique values	16753 unique values	16753 unique values	Passerifo Caprimul Other (5
1	species	ostric2	Common Ostrich	Struthio camelus	Struthi
6	species	ostric3	Somali Ostrich	Struthio molybdophanes	Struthi
7	slash	y00934	Common/Somali Ostrich	Struthio camelus/molybdophanes	Struthi
8	species	grerhe1	Greater Rhea	Rhea americana	Rheifor
14	species	lesrhe2	Lesser Rhea	Rhea pennata	Rheifor
15	issf	lesrhe4	Lesser Rhea (Puna)	Rhea pennata tarapacensis/garleppi	Rheifor
18	issf	lesrhe3	Lesser Rhea (Darwin's)	Rhea pennata pennata	Rheifor
19	species	tabtin1	Tawny-breasted Tinamou	Nothocercus julius	Tinamif
20	species	higtin1	Highland Tinamou	Nothocercus bonapartei	Tinamif
21	issf	higtin2	Highland Tinamou (South American)	Nothocercus bonapartei [bonapartei Group]	Tinamif
26	issf	higtin3	Highland Tinamou	Nothocercus	Tinamif

Data Explorer
5.29 GB
test_soundscapes
train_audio
abethr1
abhori1
abythr1
afbfly1
afdfly1
afecuc1
affeag1
afgfly1
afghor1
afmdov1
afpfly1
afpkin1
afpwag1
afrgos1
afrgrp1
afrjac1
afrthr1
amesun2
augbuz1
bagwea1
Summary
16.9k files
286 columns
Download All

图 11-4　鸟叫数据集的数据描述

读者可以通过图 11-4 所示界面右下方的 Download All 按钮下载所有的鸟类数据，解压文件后，可以看到 train_audio 目录中提供了所有的鸟类叫声的文件夹，并且详细地将每个文件夹分解成一个单独的文件进行存储，本数据集中共有 264 个文件夹，也就是含有 264 种鸟叫声。而 train_metadata 目录中提供了鸟叫名称和声音文件对应的说明，如图 11-5 所示（作者删除了除第一、第二列和最后一列外的所有数据）。

abethr1	[]	abethr1/XC756300.ogg
abhori1	['combul2']	abhori1/XC120250.ogg
abhori1	['rindov']	abhori1/XC120251.ogg
abhori1	['blbpuf2', 'fotdro5', 'reedov1']	abhori1/XC127317.ogg
abhori1	['fotdro5']	abhori1/XC127318.ogg
abhori1	[]	abhori1/XC128202.ogg
abhori1	['chibat1', 'grbcam1']	abhori1/XC132733.ogg
abhori1	['gycwar3']	abhori1/XC138433.ogg
abhori1	[]	abhori1/XC153687.ogg

图 11-5　鸟叫名称和声音文件对应的说明

最后一列是声音文件的存储名称，目前我们只需要知道这里所使用的 OGG 文件是一种特定的语音存储文件。第一列中的名称是本段语音中对应的主要鸟类名称；第二列对应的是语音中含有的额外鸟叫声，有可能提供，也有可能没有提供，或者是其他无法辨别的鸟叫声。

11.2.2　鸟叫声数据处理与可视化

下面开始实现对鸟叫声的处理，目前我们获取到的 OGG 文件是无法直接使用的，需要在使用之前对其进行处理。本小节将以一个可视化的鸟叫音频文件为例，演示数据处理与可视化。

1. 导入对应的音频处理包

对于音频文件的处理，首先需要使用对应的包将其转换成能够被处理的信号，导入的相关包内容如下：

```
#导入计算包
from  soundfile import SoundFile
import soundfile as sf
import librosa as lb
import numpy as np
```

这里的 SoundFile、Librosa 是专业的音频处理 Python 包，在本书中我们主要用其读取对应的音频数据，而更多功能建议有兴趣的读者自行发掘和研究。

注意：如果我们在运行代码的时候提示缺少相关模块，如图 11-6 所示。

```
    import librosa as lb
ModuleNotFoundError: No module named 'librosa'
```

图 11-6　提示缺少相关模块

那么可以直接使用 pip 安装方法在 Miniconda 终端中对其进行安装，例如 pip install librosa。

为了符合人们的思维习惯，可以先人工获取一个音频文件作为本例的素材，例如：

```
example_audio_file = "E:/BirdCLEF/dataset/kaggel_birdCLEF2023/train_audio/abethr1/XC128015.ogg"
```

2. 读取音频信息并对其进行处理

首先获取音频的数据长度和采样率。音频的采样率指的是在每一秒中有多少个音频信号（音频帧），一般分为 16000、32000、48000 等。

音频的数据长度指的是完整的音频中共有多少个音频信号（音频帧），而一个简单的理解就是总长度除以采样率即为音频持续的时间：

时间 = 音频长度/采样率

下面我们需要通过代码实现对音频长度和采样率的获取，代码如下：

```
#这个是获取原始的语音文件的采样率，帧数
from soundfile import SoundFile
#获取音频数据的基本信息
def get_audio_info(filepath):
    with SoundFile(filepath) as f:
        sr = f.samplerate                    #获取的采样率
        frames = f.frames                    #获取的每秒帧数
        duration = float(frames)/sr          #获取的持续时间
    #这里返回的依次是整个文件的总帧数、采样率以及持续时间
    #采样率实际上就是一秒有多少帧
    return {"frames": frames, "sr": sr, "duration": duration}
```

在此直接利用 soundfile 包中的 SoundFile 类来加载指定路径 filepath 的音频文件。一旦文件被加载，之后就可以读取该文件的采样率（samplerate）、总帧数（frames）以及音频的时序时间（duration）：

```
{"frames": 14659513, "sr": 32000, "duration": 45.60978125}
```

此时可以很明显地看到，这段音频的总长度为 14659513 帧，采样率为 32000，而持续时间约为 45.61 秒。

我们在具体应用时完全可以不采用这种详细的写法，而选择使用其简写形式。如下所示。

```
import soundfile as sf
…
#首先获取语音的序列长度以及采样率，这里的采样率指的是每秒的帧数
audio, orig_sr = sf.read(_file, dtype="float32")
```

其中_file 是音频文件地址，而 dtype 是需要的生成数据格式，audio、orig_sr 分别是总的帧数和采样率，读者可以比较尝试。

顺便补充一下，对于某些音频，其采样率会有不同的数值，这是由于音频在采集时可能不是使用同一采样设备或者设置不同造成的，因此还需要人工显式地对音频文件进行修正，修正的代码如下：

```
import soundfile as sf
import librosa as lb
…
#首先获取语音的序列长度以及采样率，这里的采样率指的是每秒帧数
audio, orig_sr = sf.read(_file, dtype="float32")

#如果语音的采样率和设定的采样率不符，则强行修正
if resample and orig_sr != sr:
    audio = lb.resample(audio, orig_sr, sr, res_type=res_type)
```

3. 将读取的音频信息转换成矩阵信息

下面需要将读取的音频信息，也就是在第二步中获取的 audio 转换成一个特定的形状，此时

如果需要对长度文件进行设计，也就是设置为一个具体的长度，可以使用如下方法：

```
#这里是对单独序列进行裁剪（cut）或填充（pad）的操作
#这里输入的 y 是一个一维的序列，将输入的一维序列 y 拉伸或者裁剪到 length 长度
def crop_or_pad(y, length, is_train=True, start=None):
    if len(y) < length:
        y = np.concatenate([y, np.zeros(length - len(y))])
        n_repeats = length // len(y)
        epsilon = length % len(y)
        y = np.concatenate([y] * n_repeats + [y[:epsilon]])

    elif len(y) > length:
        if not is_train:
            start = start or 0
        else:
            start = start or np.random.randint(len(y) - length)

        y = y[start:start + length]
    return y
```

这主要是为了在深度学习模型训练时确保每个 batch_size 输入的数据结构是相同的，而目前我们不使用这个方法。

对于输入的整体信号，下面使用梅尔频谱对其进行处理，在这里我们直接提供了计算梅尔频率图的函数，如下所示。

```
#计算梅尔频率图
def compute_melspec(y, sr, n_mels, fmin, fmax):
    """
    :param y:传入的音频序列，每帧的采样
    :param sr: 采样率
    :param n_mels: 梅尔滤波器的频率倒谱系数
    :param fmin: 短时傅里叶变换(STFT)的分析范围 min
    :param fmax: 短时傅里叶变换(STFT)的分析范围 max
    :return:
    """
    #计算梅尔频谱图的函数
    melspec = lb.feature.melspectrogram(y=y, sr=sr, n_mels=n_mels, fmin=fmin,
fmax=fmax)    #(128, 1024) 这个是输出一个声音的频谱矩阵
    #Python 中用于将音频信号的功率值转换为分贝(dB)值的函数
    melspec = lb.power_to_db(melspec).astype(np.float32)
    return melspec
```

相对应地，除传入基本信号特征外，还需要传入对应的采样率、频率倒谱系数以及短时傅里叶变换的分析范围。最终生成一个相对应的矩阵来完成数值的处理。

对输出的频谱信号，还建议进一步进行正则化处理，语音信息相对于其他较为平和的信号可能会在短时间内有一个落差很大的变化，因此对其进行正则化处理，将其更新在某个特定范围，能够更好地加速模型的训练，这部分的正则化代码如下：

```
#对输入的频谱矩阵进行正则化处理
def mono_to_color(X, eps=1e-6, mean=None, std=None):
```

```
    mean = mean or X.mean()
    std = std or X.std()
    X = (X - mean) / (std + eps)
    _min, _max = X.min(), X.max()

    if (_max - _min) > eps:
        V = np.clip(X, _min, _max)
        V = (V - _min) / (_max - _min)
        V = V.astype(np.uint8)
    else:
        V = np.zeros_like(X, dtype=np.uint8)
    return V
```

此时完整的数据处理如下：

```
def audio_to_image(audio, sr, n_mels, fmin, fmax):
    #首先获得梅尔频谱
    melspec = compute_melspec(audio, sr, n_mels, fmin, fmax)
    #将输入的梅尔频谱进行正则化处理
    image = mono_to_color(melspec)
    return image
```

4. 将获取的鸟叫数据可视化处理

下面将对生成的鸟叫数据矩阵进行可视化处理。这一步相对简单，只需直接对生成的鸟叫声矩阵进行显示即可。代码如下：

```
from PIL import Image
img_bagwea1 = audio_to_image(audio_bagwea1, 32000, 128, 0,32000//2)
print(img_bagwea1.shape)
img = Image.fromarray(img_bagwea1)
img.show("bagwea1")
```

运行上述代码后，通过结果的可视化展示可以直接看到对应鸟叫声的图像，如图 11-7 所示。

图 11-7 鸟叫声的图像

11.2.3 鸟叫声数据的批量化数据集建立

我们的目的是完成鸟叫的深度学习模型的设计，在上一小节中，我们演示了如何完成鸟叫的可视化读取并将其可视化处理。在上一小节中也提到，对于用来进行深度学习模型训练的数据集，需要对鸟叫的数据进行批量化处理，这是因为对于深度学习模型来说，每次输入数据的大小都要统一规格，而不适合使用维度相差较大的数据输入。数据集建立的思路较为简单：

- 根据 train_metadata.csv 文件建立对应的多标签 label。
- 根据 train_metadata.csv 提供的音频信息创建同一长度的声纹特征矩阵。

下面将完成对鸟叫数据的批量化处理工作。

1. 鸟叫多标签数据集的提取

首先通过对数据集的提取，获取 264 种鸟类的名称，鸟类的名称展示如图 11-8 所示。

```
['abethr1', 'abhori1', 'abythr1', 'afbfly1', 'afdfly1', 'afecuc1', 'affeag1', 'afgfly1', 'afghor1', 'afmdov1', 'afpfly1', 'afpkin1'
 'afrjac1', 'afrthr1', 'amesun2', 'augbuz1', 'bagwea1', 'barswa', 'bawhor2', 'bawman1', 'bcbeat1', 'beasun2', 'bkctch1', 'bkfruw1',
 'blaplo1', 'blbpuf2', 'blcapa2', 'blfbus1', 'blhgon1', 'blhher1', 'blksaw1', 'blnmou1', 'blnwea1', 'bltapa1', 'bltbar1', 'bltori1'
 'brctch1', 'brcwea1', 'brican1', 'brobab1', 'broman1', 'brosun1', 'brrwhe3', 'brtcha1', 'brubru1', 'brwwar1', 'bswdov1', 'btweye2'
 'carcha1', 'carwoo1', 'categr', 'ccbeat1', 'chespa1', 'chewea1', 'chibat1', 'chtapa3', 'chucis1', 'cibwar1', 'cohmar1', 'colsun2',
 'crefra2', 'crheag1', 'crohor1', 'darbar1', 'darter3', 'didcuc1', 'dotbar1', 'dutdov1', 'easmog1', 'eaywag1', 'edcsun3', 'egygoo',
 'fatrav1', 'fatwid1', 'fislov1', 'fotdro5', 'gabgos2', 'gargan', 'gbesta1', 'gnbcam2', 'gnhsun1', 'gobbun1', 'gobsta5', 'gobwea1',
 'grecor', 'greegr', 'grewoo2', 'grwpyt1', 'gryapa1', 'grywrw1', 'gybfis1', 'gycwar3', 'gyhbus1', 'gyhkin1', 'gyhneg1', 'gyhspa1',
 'hartur1', 'helgui', 'hipbab1', 'hoopoe', 'huncis1', 'hunsun2', 'joygre1', 'kerspa2', 'klacuc1', 'kvbsun1', 'laudov1', 'lawgol', '
 'litegr', 'litswi1', 'litwea1', 'loceag1', 'lotcor1', 'lotlap1', 'luebus1', 'mabeat1', 'macshr1', 'malkin1', 'marsto1', 'marsun2',
 'mouwag1', 'ndcsun2', 'nobfly1', 'norbro1', 'norcro1', 'norfis1', 'norpuf1', 'nubwoo1', 'pabspa1', 'palfly2', 'palpri1', 'piecro1'
 'pygbat1', 'quailf1', 'ratcis1', 'raybar1', 'rbsrob1', 'rebfir2', 'rebhor1', 'reboxp1', 'reccor', 'reccuc1', 'reedov1', 'refbar2',
 'rehblu1', 'rehwea1', 'reisee2', 'rerswa1', 'rewsta1', 'rindov', 'rocmar2', 'rostur1', 'ruegls1', 'rufcha2', 'sacibi2', 'sccsun2',
 'sichor1', 'sincis1', 'slbgre1', 'slcbou1', 'sltnig1', 'sobfly1', 'somgre1', 'somtit4', 'soucit1', 'soufis1', 'spemou2', 'spepig1'
 'spmthr1', 'spwlap1', 'squher1', 'strher', 'strsee1', 'stusta1', 'subbus1', 'supsta1', 'tacsun1', 'tafpri1', 'tamdov1', 'thrnig1',
 'vilwea1', 'vimwea1', 'walsta1', 'wbgbir1', 'wbrcha2', 'wbswea1', 'wfbeat1', 'whbcan1', 'whbcou1', 'whbcro2', 'whbtit5', 'whbwea1'
 'wheslf1', 'whhsaw1', 'whihel1', 'whrshr1', 'witswa1', 'wlwwar', 'wookin1', 'woosan', 'wtbeat1', 'yebapa1', 'yebbar1', 'yebduc1',
 'yeccan1', 'yefcan', 'yelbis1', 'yenspu1', 'yertin1', 'yesbar1', 'yespet1', 'yetgre1', 'yewgre1']
```

图 11-8　鸟类的名称展示

下面根据名称对 train_metadata 数据文件进行处理，在这里需要建立一个长度为 264 的 one-hot 向量，之后根据鸟类对应的位置将数据置为 1。形式如下：

```
[0,0,0,1,…,0,0,0]
```

完整的 label 处理代码如下：

```
audio_path = ('E:/BirdCLEF/dataset/kaggel_birdCLEF2023/train_audio')  #作者存储数据集的地址
out_dir_train = ('/specs/train')
out_dir_valid = ('/specs/valid')

sampling_rate = 32000
duration = 5    #每个鸟叫时段持续时间为 5 秒

sr = sampling_rate
n_mels = 128
fmin = fmin
fmax = sr//2
duration = duration
audio_length = duration * sr   # 32000 * 5
step = audio_length
res_type="kaiser_fast"
resample= True

#这里一共有 264 个
bird_class_list = ['abethr1', 'abhori1', 'abythr1', 'afbfly1', 'afdfly1',
'afecuc1', 'affeag1', 'afgfly1', 'afghor1', 'afmdov1', 'afpfly1', 'afpkin1',
'afpwag1', 'afrgos1', 'afrgrp1', 'afrjac1', 'afrthr1', 'amesun2', 'augbuz1',
'bagwea1', 'barswa', 'bawhor2', 'bawman1', 'bcbeat1', 'beasun2', 'bkctch1',
'bkfruw1', 'blacra1', 'blacuc1', 'blakit1', 'blaplo1', 'blbpuf2', 'blcapa2',
'blfbus1', 'blhgon1', 'blhher1', 'blksaw1', 'blnmou1', 'blnwea1', 'bltapa1',
'bltbar1', 'bltori1', 'blwlap1', 'brcale1', 'brcsta1', 'brctch1', 'brcwea1',
```

```
'brican1', 'brobab1', 'broman1', 'brosun1', 'brrwhe3', 'brtcha1', 'brubru1',
'brwwar1', 'bswdov1', 'btweye2', 'bubwar2', 'butapa1', 'cabgre1', 'carcha1',
'carwoo1', 'categr', 'ccbeat1', 'chespa1', 'chewea1', 'chibat1', 'chtapa3',
'chucis1', 'cibwar1', 'cohmar1', 'colsun2', 'combul2', 'combuz1', 'comsan',
'crefra2', 'crheag1', 'crohor1', 'darbar1', 'darter3', 'didcuc1', 'dotbar1',
'dutdov1', 'easmog1', 'eaywag1', 'edcsun3', 'egygoo', 'equaka1', 'eswdov1',
'eubeat1', 'fatrav1', 'fatwid1', 'fislov1', 'fotdro5', 'gabgos2', 'gargan',
'gbesta1', 'gnbcam2', 'gnhsun1', 'gobbun1', 'gobsta5', 'gobwea1', 'golher1',
'grbcam1', 'grccra1', 'grecor', 'greegr', 'grewoo2', 'grwpyt1', 'gryapa1',
'grywrw1', 'gybfis1', 'gycwar3', 'gyhbus1', 'gyhkin1', 'gyhneg1', 'gyhspa1',
'gytbar1', 'hadibi1', 'hamerk1', 'hartur1', 'helgui', 'hipbab1', 'hoopoe',
'huncis1', 'hunsun2', 'joygre1', 'kerspa2', 'klacuc1', 'kvbsun1', 'laudov1',
'lawgol', 'lesmaw1', 'lessts1', 'libeat1', 'litegr', 'litswi1', 'litwea1',
'loceag1', 'lotcor1', 'lotlap1', 'luebus1', 'mabeat1', 'macshr1', 'malkin1',
'marsto1', 'marsun2', 'mcptit1', 'meypar1', 'moccha1', 'mouwag1', 'ndcsun2',
'nobfly1', 'norbro1', 'norcro1', 'norfis1', 'norpuf1', 'nubwoo1', 'pabspa1',
'palfly2', 'palpri1', 'piecro1', 'piekin1', 'pitwhy', 'purgre2', 'pygbat1',
'quailf1', 'ratcis1', 'raybar1', 'rbsrob1', 'rebfir2', 'rebhor1', 'reboxp1',
'reccor', 'reccuc1', 'reedov1', 'refbar2', 'refcro1', 'reftin1', 'refwar2',
'rehblu1', 'rehwea1', 'reisee2', 'rerswa1', 'rewsta1', 'rindov', 'rocmar2',
'rostur1', 'ruegls1', 'rufcha2', 'sacibi2', 'sccsun2', 'scrcha1', 'scthon1',
'shesta1', 'sichor1', 'sincis1', 'slbgre1', 'slcbou1', 'sltnig1', 'sobfly1',
'somgre1', 'somtit4', 'soucit1', 'soufis1', 'spemou2', 'spepig1', 'spewea1',
'spfbar1', 'spfwea1', 'spmthr1', 'spwlap1', 'squher1', 'strher', 'strsee1',
'stusta1', 'subbus1', 'supsta1', 'tacsun1', 'tafpri1', 'tamdov1', 'thrnig1',
'trobou1', 'varsun2', 'vibsta2', 'vilwea1', 'vimwea1', 'walsta1', 'wbgbir1',
'wbrcha2', 'wbswea1', 'wfbeat1', 'whbcan1', 'whbcou1', 'whbcro2', 'whbtit5',
'whbwea1', 'whbwhe3', 'whcpri2', 'whctur2', 'wheslf1', 'whhsaw1', 'whihel1',
'whrshr1', 'witswa1', 'wlwwar', 'wookin1', 'woosan', 'wtbeat1', 'yebapa1',
'yebbar1', 'yebduc1', 'yebere1', 'yebgre1', 'yebsto1', 'yeccan1', 'yefcan',
'yelbis1', 'yenspu1', 'yertin1', 'yesbar1', 'yespet1', 'yetgre1', 'yewgre1']

    import csv
    file_name_label_dict = {}
    with open('./specs/train_metadata.csv', encoding='utf-8') as f:
        for row in csv.reader(f):
            file_name = (row[-1].split("/")[1])

            first_label = row[0]
            first_label = (bird_class_list.index(first_label))

            second_label = row[1]
            if (len(second_label)) > 2:
                (second_label) = 
second_label.replace("[","").replace("]","").replace("'","").split(", ")
                (second_label) = [bird_class_list.index(sec) for sec in 
second_label]
                label = [first_label]# + second_label#这里不加第二个
            else:
                label = [first_label]
```

```
            label_str = ""
            for lab in label:
                lab = "_" + str(lab)
                label_str += lab

            file_name_label_dict[file_name] = (label)


    file_name_list = []
    images_list = []
    file_name_list =  open('./specs/file_name_list_5s.csv', mode='w',
newline='')
    writer = csv.writer(file_name_list)
    for folder_name in tqdm((sound_untils.list_folders(audio_path))):
        files = sound_untils.list_files(folder_name)

        for _file in files:
            writer.writerow([_file.split("\\")[-1]])
            #首先获取语音的序列长度以及采样率，这里的采样率指的是每秒的帧数
            audio, orig_sr = sf.read(_file, dtype="float32")
            #如果语音的采样率和设定的采样率不符，则强行修正
            if resample and orig_sr != sr:
                audio = lb.resample(audio, orig_sr, sr, res_type=res_type)
            #在处理音频数据时，需要将音频的长度设定为一个统一的标准长度，因此在实现长度统一的
过程中采用了截断与填充（crop_or_pad）的操作。其中 sampling_rate 代表每秒的帧数
            audio = sound_untils.crop_or_pad(audio,length=sampling_rate * 5)
            #Todo 这里就是语音转换，将语音序列转换成一个二维图像
            images = sound_untils.audio_to_image(audio,sr, n_mels, fmin, fmax)
            images_list.append(images)

    np.save("./specs/images_list_5s.npy",images_list)
```

数据处理的最终结果就是一个大小为[16941,128,313]的鸟叫声矩阵。

11.2.4　鸟叫分辨深度学习模型的搭建

在上一小节中，我们完成了鸟叫数据集的建立，下一步将使用 PyTorch 2.0 框架来完成深度学习鸟叫模型的搭建。在上一小节中，我们完成了语音数据集的转换方案，可以看到，不同长度的语音信号经过增加或者截取后，均被正则化为 5 秒长度的音频，并且是一个规整的矩阵。

下面需要做的就是对这个矩阵进行处理，先分析输入和输出结构，在这里我们需要输入的是一个大小为[128,313]的音频矩阵，而输出则是长度为 264 的 one-hot 结构序列。

对结构的分析如此，而对于具体采用哪种类型的模型结构并没有一个较为公认的方案，在这里我们选用了深度学习经典的 ResNet 架构作为基本模型结构，并且在此基础上进行修改，由原始的 2D 结构转换成 1D 结构模型。

1D-ResNet的Block模块

在前面已经介绍过了，ResNet 主要采用复用 block 模块的思想完成模型的搭建，basic_block =identity_block。此结构保证了输入和输出相等，实现了网络的串联，结构如图 11-9 所示。

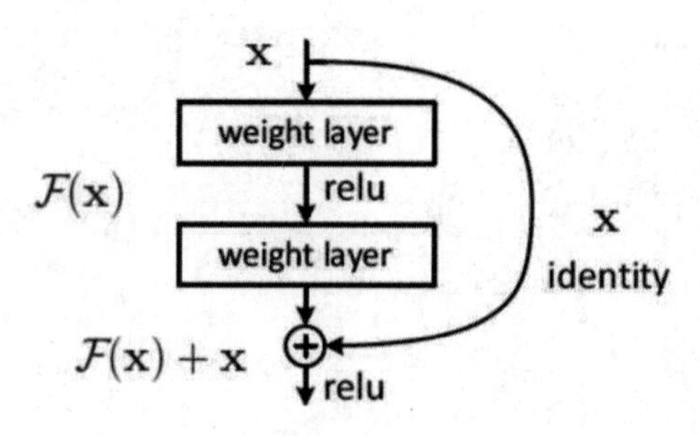

图 11-9 1D ResNet basic block 结构图

下面就是基于此思想的 basic_block 的代码实现：

```
#自定义的 ResNet 模块
class Bottlrneck(torch.nn.Module):
    def __init__(self,In_channel,Med_channel,Out_channel,downsample=False):
        super(Bottlrneck, self).__init__()
        self.stride = 1
        if downsample == True:
            self.stride = 2

        #创建的模型计算层
        self.layer = torch.nn.Sequential(
            torch.nn.Conv1d(In_channel, Med_channel, 1, self.stride),
            torch.nn.BatchNorm1d(Med_channel),
            torch.nn.ReLU(),
            torch.nn.Conv1d(Med_channel, Med_channel, 3, padding=1),
            torch.nn.LayerNorm1d(Med_channel),
            torch.nn.ReLU(),
            torch.nn.Conv1d(Med_channel, Out_channel, 1),
            torch.nn.BatchNorm1d(Out_channel),
            torch.nn.ReLU(),
        )

        if In_channel != Out_channel:
            self.res_layer = torch.nn.Conv1d(In_channel,
Out_channel,1,self.stride)
        else:
            self.res_layer = None

    def forward(self,x):
        if self.res_layer is not None:
            residual = self.res_layer(x)
        else:
            residual = x
        return self.layer(x)+residual
```

可以看到，其中使用 torch.nn.Sequential 模块构建了完整的分析层，为了分辨出不同的声音频率影响，在这里使用了 Conv+BatchNorm+ReLU 的经典结构。

基于 block 设计的 ResNet 模型代码如下：

```
#基于自定义的 resnet block 设计的 ResNet 模型
```

```
class ResNet(torch.nn.Module):
    def __init__(self,input_channel = 313,n_class = 264):
        super(ResNet, self).__init__()
        self.features = torch.nn.Sequential(

torch.nn.Conv1d(input_channel,64,kernel_size=7,stride=2,padding=1),

            Bottlrneck(64,64,256,False),
            Bottlrneck(256,64,256,False),
            Bottlrneck(256,64,256,False),
            Bottlrneck(256,128,512, True),
            Bottlrneck(512,128,512, False),
            Bottlrneck(512,128,512, False),
            Bottlrneck(512,128,512, False),
            #
            Bottlrneck(512,256,1024, True),
            Bottlrneck(1024,256,1024, False),
            Bottlrneck(1024,256,1024, False),
            Bottlrneck(1024,256,1024, False),
            Bottlrneck(1024,256,1024, False),
            Bottlrneck(1024,256,1024, False),
            #
            Bottlrneck(1024,512,2048, True),
            Bottlrneck(2048,512,2048, False),
            Bottlrneck(2048,512,2048, False),
            torch.nn.AdaptiveAvgPool1d(1)

        )
        self.classic_layer = torch.nn.Linear(2048,n_class,bias=False)


    def forward(self,x):
        #注意输入的维度，通道数和维度在使用 conv1D 时要确认
        x = torch.permute(x,[0,2,1])
        x = self.features(x)
        x = torch.squeeze(x,dim=-1)
        x = self.classic_layer(x)
        logits = torch.nn.Sigmoid()(x)
        return logits
if __name__ == '__main__':
    x = torch.randn(size=(2,128,313))
    model = ResNet()
    output = model(x)
    print(f'输入尺寸为:{x.shape}')
    print(f'输出尺寸为:{output.shape}')
```

需要注意的是，由于我们在设计时采用 1D 卷积为主要计算方式，因此输入时需要对维度进行调整，即 permute 改变输入的通道数和维度的位置。最终打印结果如下：

```
输入尺寸为:torch.Size([2,128,313])
输出尺寸为:torch.Size([2,264])
```

11.2.5 多标签鸟叫分类模型的训练与预测

本小节需要做的是对多标签鸟叫模型的实际训练。在本章的前面部分已经引导读者完成了数据集的获取与模型的建立，下面开始进入本章的模型训练部分。

1. 模型的训练代码

对于使用模型进行多标签模型的训练，在本书的前面部分已经做了详细的介绍，这里不再过多阐述，完整的训练代码如下：

```
import os
os.environ["CUDA_VISIBLE_DEVICES"] = "0"

import torch
from lion_pytorch import Lion
from torch.utils.data import DataLoader, Dataset
from tqdm import tqdm

device = "cuda"

from moudle import resnet
bird_model = resnet.ResNet().to(device)

BATCH_SIZE = 32
LEARNING_RATE = 2e-4
#载入鸟类数据
import get_data
train_dataset = get_data.BirdDataset()
train_loader = (DataLoader(train_dataset,
batch_size=BATCH_SIZE,shuffle=True,num_workers=0))

optimizer = torch.optim.AdamW(bird_model.parameters(), lr = LEARNING_RATE)
lr_scheduler = torch.optim.lr_scheduler.CosineAnnealingLR(optimizer,T_max =
1600,eta_min=LEARNING_RATE/20,last_epoch=-1)
criterion = torch.nn.BCELoss()

for epoch in range(48):

    pbar = tqdm(train_loader,total=len(train_loader))
    train_loss = 0.
    for token_inp,token_tgt in pbar:
        token_inp = token_inp.to(device)
        token_tgt = token_tgt.to(device).float()

        logits = bird_model(token_inp)

        loss = criterion(logits, token_tgt)

        optimizer.zero_grad()
        loss.backward()
        optimizer.step()
```

```
        lr_scheduler.step()  # 执行优化器
        pbar.set_description(
            f"epoch:{epoch + 1}, train_loss:{loss.item():.5f}, 
lr:{lr_scheduler.get_last_lr()[0] * 1000:.5f}")
    torch.save(bird_model.state_dict(),"./saver/bird_model.pth")
```

在这里我们使用了 48 轮作为训练周期，读者可以根据自己的需求自行斟酌。训练结果的局部截图如图 11-10 所示。

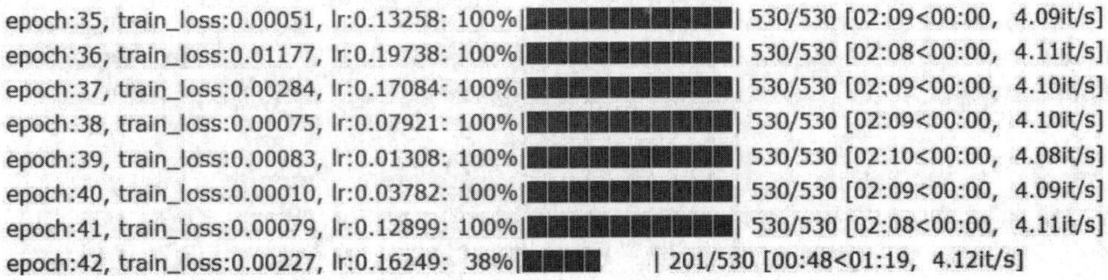

```
epoch:35, train_loss:0.00051, lr:0.13258: 100%|██████████| 530/530 [02:09<00:00,  4.09it/s]
epoch:36, train_loss:0.01177, lr:0.19738: 100%|██████████| 530/530 [02:08<00:00,  4.11it/s]
epoch:37, train_loss:0.00284, lr:0.17084: 100%|██████████| 530/530 [02:09<00:00,  4.10it/s]
epoch:38, train_loss:0.00075, lr:0.07921: 100%|██████████| 530/530 [02:09<00:00,  4.10it/s]
epoch:39, train_loss:0.00083, lr:0.01308: 100%|██████████| 530/530 [02:10<00:00,  4.08it/s]
epoch:40, train_loss:0.00010, lr:0.03782: 100%|██████████| 530/530 [02:09<00:00,  4.09it/s]
epoch:41, train_loss:0.00079, lr:0.12899: 100%|██████████| 530/530 [02:08<00:00,  4.11it/s]
epoch:42, train_loss:0.00227, lr:0.16249:  38%|████      | 201/530 [00:48<01:19,  4.12it/s]
```

图 11-10　48 轮作为训练周期的局部结果截图

2. 基于已训练模型的推理

下面根据已训练模型对结果进行推理，使用 Sigmoid 作为最终的分类函数，只需要设定一个分割阈值作为划分区间。

简单地说，就是将中位数 0.5 作为划分的间隔区间，大于 0.5 的预测结果为 1，而小于 0.5 的预测结果为 0。

```
logits = (torch.tensor(logits> 0.5).detach().cpu().int())
```

完整的预测代码如下：

```
import soundfile as sf
import numpy as np
from utils import sound_untils
import os
import librosa as lb

os.environ["CUDA_VISIBLE_DEVICES"] = "0"

import torch
from lion_pytorch import Lion
from torch.utils.data import DataLoader, Dataset
from tqdm import tqdm

device = "cuda"

from moudle import resnet
bird_model = resnet.ResNet().to(device)
bird_model.load_state_dict(torch.load("./saver/bird_model.pth"))

sr = sampling_rate = 32000
n_mels = 128
fmin = 0
```

```
    fmax = sr//2
    duration = 5
    audio_length = duration * sr    # 32000 * 5
    step = audio_length
    res_type="kaiser_fast"
    resample= True
    train=True

    audio, orig_sr = sf.read("E:/BirdCLEF/dataset/kaggel_birdCLEF2023/
train_audio/rebfir2\XC117147.ogg", dtype="float32")    # 使用 soundfile 模块的 read
函数读取音频文件，并设置其数据类型为 float32
    #如果语音的采样率和设定的采样率不符，则强行修正
    if resample and orig_sr != sr:
        audio = lb.resample(audio, orig_sr, sr, res_type=res_type)
    #在处理音频数据时，需要将音频的长度设定为一个统一的标准长度，因此在实现长度统一的过程中采
用了截断与填充（crop_or_pad）的操作。其中 sampling_rate 代表了每秒的帧数
    audio = sound_untils.crop_or_pad(audio,length=sampling_rate * 5)    #把 audio
做一个整体输入，在这里对所有的都做了输入
    #Todo 这里就是语音转换，将语音序列转换成一个二维图像
    images = sound_untils.audio_to_image(audio,sr, n_mels, fmin, fmax)

    images = torch.unsqueeze(torch.tensor(images,dtype=torch.float),
dim=0).to(device)

    logits = bird_model(images)
    arr = (logits[0])
    arr= (torch.tensor(arr > 0.5).detach().cpu().int())

    print(arr)
    print("---------------------")
```

读者可以自行训练并验证结果。

11.3 为了更高的准确率：多标签分类模型的补充内容

在上一节中，我们演示了如何使用多标签分类模型完成鸟声分类的预测。可能有读者注意到，模型预测结果并不是很理想，本节将粗略地探讨一下如何提高模型预测的准确率。

11.3.1 使用不同的损失函数提高准确率

在原始的模型中，我们讲解了使用 BCELoss 作为模型的准确率计算方法，但是这种计算损失的方法更多用于数据集中类别分布比较均衡的状态，而对于分布不均衡的数据集，这种计算方法可能并不合适。

一个经典的解决类别分布不均衡的损失函数是 Focal Loss，其作用是解决不均衡数据集对模型的分辨能力，简单地说，Focal Loss 可以减少“分类得好的样本”，或者说“模型预测正确概率大”的样本的训练损失；而对于“难以分类的示例”，比如预测概率小于 0.5 的，则不会减小太多

损失。因此，在数据类别不平衡的情况下，会让模型的注意力放在稀少的类别上，因为这些类别的样本见过的少，比较难分。

Focal Loss 的数学定义如下：

$$\text{loss} = -\alpha_t(1-p_t)^\gamma \log(p_t)$$

- p_t为预测为真实标签的概率。
- $(1-p_t)^\gamma$为调节因子，γ 为聚焦参数，其值越大，好分类样本的loss就越小，我们就可以把模型的注意力投向那些难分类的样本。一个大的γ让获得小loss的样本范围扩大了。
- α_t为类别平衡参数，用于对权重进行进一步的均衡处理。

完整的 Focal Loss 实现如下：

```
import torch
from torch import nn
import torch.nn.functional as F

class BCEFocalLoss(torch.nn.Module):
    """
    二分类的 FocalLoss alpha 固定
    """

    def __init__(self, gamma=2, alpha=0.25, reduction="elementwise_mean"):
        super().__init__()
        self.gamma = gamma
        self.alpha = alpha
        self.reduction = reduction

    def forward(self, _input, target):
        pt = (_input)
        alpha = self.alpha
        loss = - alpha * (1 - pt) ** self.gamma * target * torch.log(pt) - (1
- alpha) * pt ** self.gamma * (1 - target) * torch.log(1 - pt)

        if self.reduction == "elementwise_mean":
            loss = torch.mean(loss)
        elif self.reduction == "sum":
            loss = torch.sum(loss)
        return loss

if __name__ == '__main__':
    label = torch.tensor([[0,0,0,1.],[0,0,0,1.]]).long()
    logits = torch.tensor([[0.2,0.8,0.1,0.1],[0.2,0.8,0.1,0.1]]).float()
    print(BCEFocalLoss()(logits, label))
```

对于其使用方法，读者可以直接在训练过程中予以替换。

```
from utils import focal_loss
criterion = focal_loss.BCEFocalLoss()
```

读者可以自行尝试完成。

11.3.2　使用多模型集成的方式完成鸟叫语音识别

除使用单模型完成鸟叫语音识别外，还可以采用多模型集成的方式完成这个任务。下面以第三方提供的 ResNet 库为例，讲解多模型集成的方式完成鸟叫语音识别。

1. 采用第三方集成的ResNet包

首先需要安装第三方集成的 ResNet 包，以便完成不同模型的提取。这个 ResNet 包，我们可以直接使用 pip 的形式安装，命令如下：

```
pip install resnet
```

下面采用包中已经配置好的ResNet系列模型完成模型的读取，这里以ResNet50为例，代码如下：

```
from resnest.torch import resnest50
num_classes = 264
net = resnest50(pretrained=False)
net.fc = nn.Linear(net.fc.in_features, num_classes)
```

上面是一个简单的模型示例，直接调用了配置好的 ResNet50 模型结构。需要注意的是，对于此模型第三方也提供了对应的预训练权重，而我们目前并不需要使用预训练参数，需要设置 pretrained=False 即可。

下面还有一个问题，对于直接调用的 ResNet 模块，其输入的通道数目为 3，在这里我们可以通过使用一些神经网络层来调整输入的通道维度。一个完整的调整后的 ResNet 模型如下：

```
import torch
from torch import nn

class ModelRenset50(torch.nn.Module):
    def __init__(self,num_classes = 264):
        super().__init__()
        net = resnest50(pretrained=False)
        net.fc = nn.Linear(net.fc.in_features, num_classes)
        self.net = net
        self.reshape_layer = nn.Linear(1, 3)

    def forward(self,x):
        x = torch.unsqueeze(x,dim=-1)
        x = self.reshape_layer(x)
        x = torch.permute(x,[0,3,1,2])
        x = self.net(x)
        x = torch.nn.functional.sigmoid(x)
        return x

if __name__ == '__main__':
    feature = torch.randn(size=(2,128,313))
    output = ModelRenset50()(feature)
    print(output.shape)
```

2. 采用集成的ResNet包

下面采用集成的方案完成 ResNet 包，其核心是使用不同的分辨模型对输入的数据进行分析，在此只演示核心方案，整体集成的结构如下：

```
    import torch
    from torch import nn

    num_classes = 264
    from resnest.torch import resnest50
    from resnest.torch import resnest101
    from resnest.torch import resnest200
    from resnest.torch import resnest269
    nets = []

    for net in [resnest50(pretrained=False),resnest101(pretrained=False),
resnest200(pretrained=False),resnest269(pretrained=False)]:
        net.fc = nn.Linear(net.fc.in_features, num_classes)
        nets.append(net)
```

从代码中可以很明显地看到，我们采用 list 集成的形式，将不同的模型存放在一个 list 中。而其使用方法，则是依次从存放不同模型的 list 中取出，并直接载入参数进行预测。我们最关心的是预测结果的整合，一个非常简单而有效的方法是直接对其“相加”处理，代码如下：

```
    import torch
    from torch import nn

    num_classes = 264
    from resnest.torch import resnest50
    from resnest.torch import resnest101
    from resnest.torch import resnest200
    from resnest.torch import resnest269
    nets = []

    for net in [resnest50(pretrained=False),resnest101(pretrained=False),
resnest200(pretrained=False),resnest269(pretrained=False)]:
        net.fc = nn.Linear(net.fc.in_features, num_classes)
        nets.append(net)

    pred = 0.
    for net in nets:
        #net.load_state_dict(torch.load("/每个模型的存档地址"))
        image = torch.randn(size=(2,3,128,313))
        output = net(image)
        pred += output

    pred /= len(nets)
    print(pred.shape)
```

可以看到，此时通过 pred 可以对输出结果进行叠加，而最终对结果除以模型数即可完成结果的集成处理。具体请读者自行尝试。

11.4 本章小结

本章是对语音识别模型的一个简单总结，采用多标签模型的方式完成对不同声音鸟类的分辨，并讲解了多标签分类的问题。

多标签分类本身就是一个复杂的问题，而提高其分类的准确率，一直是神经网络专家孜孜以求的工作目标。采用的方法较为经典的是集成小模型，以及更换不同损失函数，使得结果能够更加贴近真实的分布。我们演示了这两种方法的使用，并完成了使用 Focal Loss 替代 BCELoss 损失函数的过程。

第 12 章

多模态语音转换模型基础

本章详解只有解码器的 GPT 系列架构。

Whisper 作为深度学习语音识别的代表，使用基于注意力机制的编码器完成了信号特征抽取与解码的任务。虽然其能够很好地对语音信号进行语音识别任务，但 Whisper 在实际应用中仍面临一些挑战。由于语音信号的复杂性，Whisper 在处理噪声环境下的语音识别任务以及转换的实时性等可能会受到一定影响。

新一代的语音识别和转换模型基于多模态的只含有解码器的语音技术，已经在深度学习领域取得了显著的进展。这种技术旨在克服 Whisper 等传统模型在实际应用中面临的挑战，提高语音识别的准确性和实时性。

多模态语音技术采用多种不同的输入特征，例如音频信号、语音波形、声学特征等，通过深度神经网络对它们进行学习和转换。与传统的 Whisper 模型相比，多模态语音技术具有更强的表达能力和更好的性能，可以更好地处理噪声环境下的语音信号，提高语音识别的准确性。

此外，多模态语音技术还可以实现快速的语音转换，即实时地将一种语音转换为另一种语音。这种技术可以在不同的应用场景中发挥重要作用，例如语音助手、虚拟人物、语音聊天等。通过快速地转换语音，多模态语音技术可以提高用户体验和交互效率。

本章开始基于深度学习语音识别的最新理念——多模态技术，向读者介绍多模态语音识别的基本内容，并以只具有解码器的 GPT 模型为例详细讲解其基本结构与组成。

12.1 语音文字转换的研究历程与深度学习

语音文字转换的研究可以追溯到 20 世纪 50 年代。当时，研究人员开始使用电子计算机来处理语音信号，并尝试将它们转换为文本。但是限于当时的条件，这些尝试的准确率很低。

12.1.1 语音文字转换的传统方法

语音识别技术的发展历史可以追溯到 20 世纪 50 年代初期。在那个时候，人们开始尝试将语音转换为文本，以便于计算机的处理。随着计算机技术的发展，发展出了多种算法以及基于统计学的方法来实现，语音识别技术也逐渐得到了改进和完善。

1. 20世纪50年代

20世纪50年代初期，贝尔实验室的研究人员开始尝试将语音转换为文本。他们使用了一种叫作 Audrey（见图 12-1）的设备，通过对话框架来实现语音识别。

这个早期系统的一个很好的例子就是公共事业公司曾采用的自动化系统，让客户自动抄表。在这个例子中，客户给系统的回应只是有限选项列表中的一个字或数字，计算机只需要区分有限数量的不同声音模式。

现在看来，这种设备仍然十分原始，只能够识别一些简单的单词和数字。

图 12-1 贝尔实验室的 Audrey

2. 20世纪60年代

20世纪60年代，语音识别技术得到了进一步的发展。美国国防部资助了一项名为 warpe 的研究计划，旨在开发一种可以识别语音的系统。warpe 系统可以识别 1 011 个单词，但是其准确率仍然较低。

3. 20世纪70年代

20世纪70年代，语音识别技术得到了一些重大的进展。技术进步使基于模式和特征分析的语音识别系统得以发展，其中每个字被分解成比特字节并通过关键特征（比如它包含的元音）进行识别。这种方法涉及将声音数字化及将数字数据转换成频谱图，将其分解成声音帧，再分解单词并识别每个关键特征。

IBM 公司开发了一种名为 Shoebox 的语音识别系统，可以识别 1 000 个单词。这种系统使用了一些新的技术，如动态时间规整（Dynamic Time Warping）等，如图 12-2 所示。

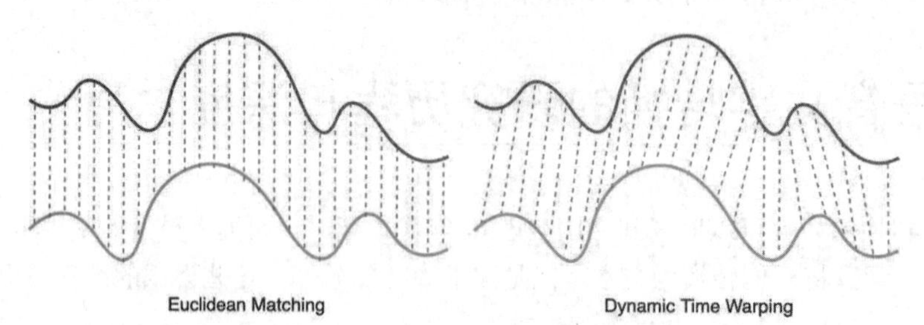

图 12-2 Shoebox 中的动态时间规划技术

为了识别可能说到的内容，计算机必须将每个单词的关键特征与已知特征列表进行比对。用得越多，系统就越来越好，因为它集成了来自用户的反馈。这种方法比以前的方法要有效得多，因为口语的基本声音成本数量十分有限。

4. 20世纪80年代

20世纪80年代，语音识别技术得到了更加显著的进步。但是其技术仍然不是超精确的，因为言语中太过复杂：不同的人会用不同的方式说出同一个词，还有许多发音相似的词（例如 two 和 too），等等。为了进行统计，语音识别系统开始使用统计学方法。在此期间推出的关键技术就是隐马尔可夫模型，被用于构建声学模型和随机语言模型。

声学模型表征音频信号和语音单元之间的关系，以重建实际发出的内容（特征→音素）。语言模型基于最后一个单词预测下一个单词。例如，与其他词语相比，“早餐”的后续词更有可能是“面包片”。

此外，还有一个语音字典/词典，可提供单词及其发音相关的数据，并联系声学模型和语言模型（音素→单词）。最终，当前单词的语言模型得分与其声学得分相结合，以确定假设的单词序列的可能性。

同时期，美国国防部资助了一项名为 Dragon 的研究计划，旨在开发一种可以识别语音的系统。这个项目为语音识别技术的发展做出了重要的贡献，使得语音识别技术开始逐渐应用于商业领域。

5. 20世纪90年代

20世纪90年代，随着计算机技术的不断发展，借助于当时推出的微处理器带来了重大进步，语音识别技术得到了更加广泛的应用，逐步向商业实用领域发展。语音识别技术开始应用于电话系统、交互式语音应答（Interactive Voice Response，IVR）系统、语音邮件等领域，如图 12-3 所示。

图 12-3　语音识别开始进入日常应用

语音识别技术开始进入人们的日常生活，计算机语音识别达到了 80%的准确度。从那时起，我们就可以提取口语语言的含义并作出回应。然而，多数情况下，语音技术仍然不能像键盘输入那样带给我们足够好的交流体验。

12.1.2　语音文字转换基于深度学习的方法

过去 10 年里，随着人们对科学认识的加深，研究者找到了解决语音转换文字的更为可靠的方法，即基于深度学习的语音文本转换。

这段时间也是语音文本转换具有重大突破的时间，与传统的方法相比较，神经网络深度学习方法对特征统计特性的显式假设较少，并且具有多种特性使其成为语音识别有吸引力的识别模型。

当用于估计语音特征片段的概率时，神经网络允许以自然且有效的方式进行辨别训练。然而，尽管它们在分类短时间单位（如个体音素和孤立单词）方面有效，早期神经网络还是很难成功进行连续的识别任务，因为它们对时间依赖性建模的能力有限。

采用深度学习的神经网络语音转换的一个基本原则是取消手工制作的特征工程并使用原始特征。这一原理首先在“原始”光谱图或线性滤波器组特征的深度自动编码器架构中成功探索，语音波形的真正“原始”特征最近被证明可以产生出色的大规模语音识别结果，如图 12-4 所示。

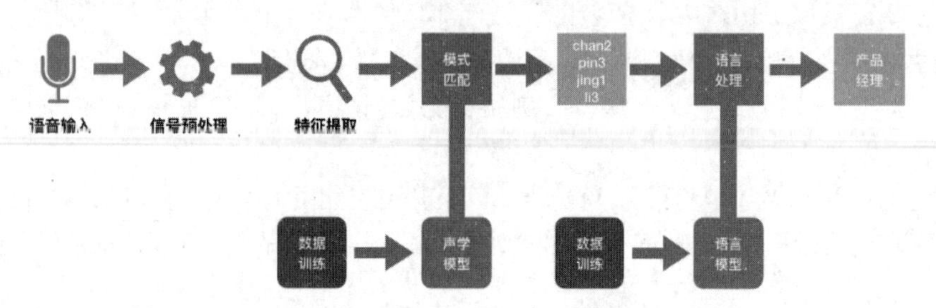

图 12-4　基于神经网络的文本语音转换模型

语音转换主流厂商主要使用深度学习算法，在实验环境中准确率在 99%以上，为推动新基建发展，5G、人工智能、云计算等作为辅助核心基础设施的核心技术得到进一步的发展，带动语音识别迎来了更加广阔的发展空间，智能家居、智能音箱、智能车载和智能硬件等都得到了广泛的应用。

12.1.3　早期深度学习语音文字转换模型介绍

基于深度学习的的语音文字转换是目前语音转换的研究重点，也是最优解之一，下面对已有的深度学习模型加以介绍。

注意： 这里作者只做介绍，后续章节中不以这些模型为基础架构来学习。目前来看，后续的主流架构方向是单解码器为主（以清华大学的 GLM 模型架构为主要引领者）。

已有的深度学习模型主要以 CTC（Connectionist Temporal Classification）为基本架构来完成，主要分类如下。

1. 基于CTC架构的语音模型方案

首先对于语音模型来说，CTC 架构并不是专用于分类任务的，作者在此提出这个模型是为下面两种模型架构打下基础。

CTC 架构主要解决的是语音转文字的问题，这个过程中的一个非常重要又实实在在会影响转换结果的问题是长度对齐。在传统的语音识别模型中，研究者对语音模型进行训练之前，往往要将文本与语音进行严格的对齐操作，然而这样会带来一些问题：

- 严格对齐要花费人力、时间。
- 严格对齐之后，模型预测出的label只是局部分类的结果，无法给出整个序列的输出结果，往往要对预测出的label做一些处理，才可以得到最终想要的结果。
- 由于人为的因素，因此严格对齐的标准并不统一。

虽然现在已经有了一些比较成熟的开源对齐工具供大家使用，但是随着深度学习越来越火，有人就会想，能不能让设计的网络自己来学习对齐方式呢？

CTC 是一种避开输入与输出，手动对齐的方式，非常适合语音转换这种应用，如图 12-5 所示。

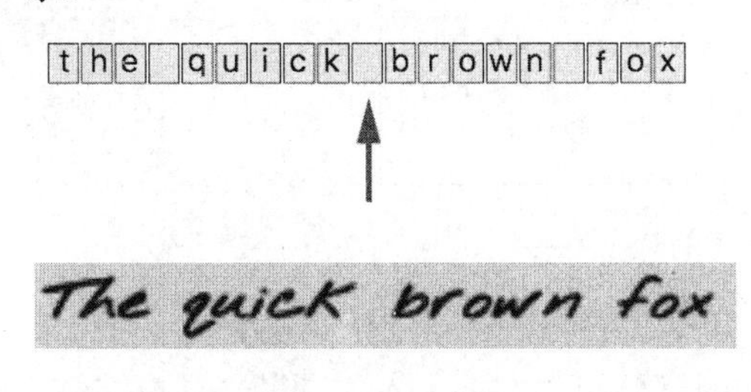

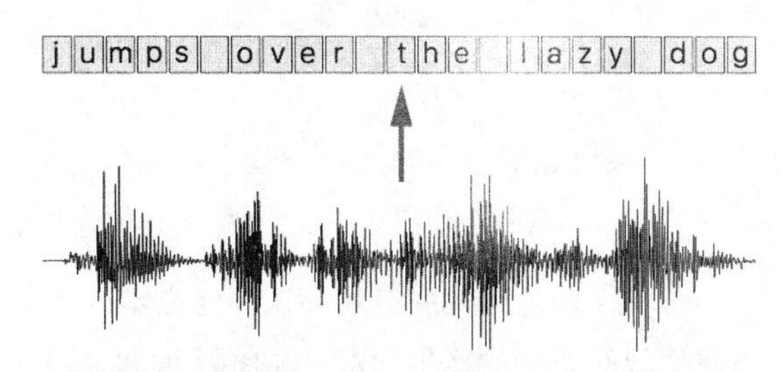

图 12.5　CTC 语音转换

例如，输入信号用音频符号序列 $X=[x_1,x_2,\cdots,x_T]$ 表示，而对应的输出用符号序列 $Y=[y_1,y_2,\cdots,y_U]$ 表示。为了方便训练这些数据，希望能够找到输入 X 与输出 Y 间精确的映射关系。为了更好地理解 CTC 的对齐方法，先举一个简单的对齐方法的例子。假设对于一段音频，希望输出的是 $Y=[c,a,t]$ 这个序列，一种将输入输出对齐的方式是，先将每个输入对应一个输出字符，然后将重复的字符删除，如图 12-6 所示。

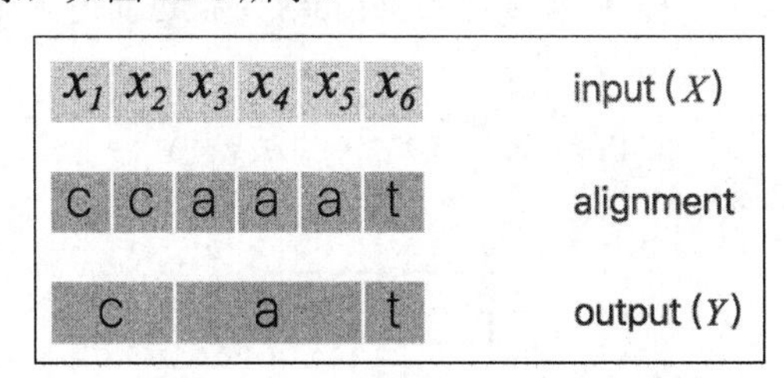

图 12-6　一种将输入输出对齐的方式

上述对齐方式可以使用，但是存在两个问题：

（1）通常这种对齐方式是不合理的，比如在语音识别任务中，有些音频片可能是无声的，这时应该是没有字符输出的。

（2）对于一些本应含有重复字符的输出，这种对齐方式没法得到准确的输出。例如，输出对齐的结果为[h,h,e,l,l,l,o]，通过去重操作后得到的不是 hello 而是 helo。

为了解决上述问题，CTC 算法引入了一个新的占位符，用于输出对齐结果。这个占位符称为空白占位符，通常使用符号 ϵ 表示，这个符号在对齐结果中输出，但是最后的去重操作会将所有的 ϵ 删除，以得到最终的输出。利用这个占位符可以让输入与输出拥有非常合理的对应关系，如图 12-7 所示。

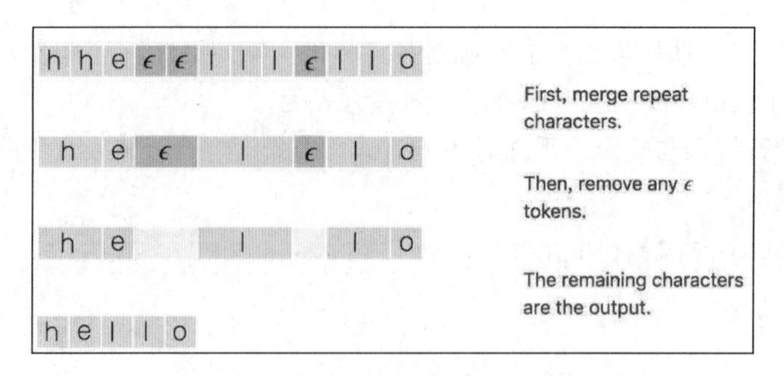

图 12-7　让输入与输出有合理的对应关系

在这个映射方式中，如果在标定文本中有重复的字符，对齐过程中会在两个重复的字符中插入 ϵ 占位符。利用这个规则，上面的 hello 就不会变成 helo 了。

2. 基于RNN-T架构的语音模型方案

RNN-T 的全称为 Recurrent Neural Network Transducer，是在 CTC（Connectionist Temporal Classification）的基础上进一步发展和改进的模型。CTC 模型的一个主要缺点是它并未考虑输出之间的依赖性，这意味着在 CTC 模型中，当前帧与之前的帧是完全独立的，没有任何关联性。

然而，RNN-T 在 CTC 模型的编码器（Encoder）基础上，引入了一个新的组件，一个将之前的输出作为输入的 RNN，这个网络被称为预测网络（Prediction Network）。这个预测网络的隐藏向量与编码器得到的向量被一同放入一个联合网络（Joint Network）中。从这个联合网络中，我们得到了中间层的计算结果（Z_i），再将其传递到 softmax 层，进而得到对应类别的概率。整体模型结构如图 12-8 所示。

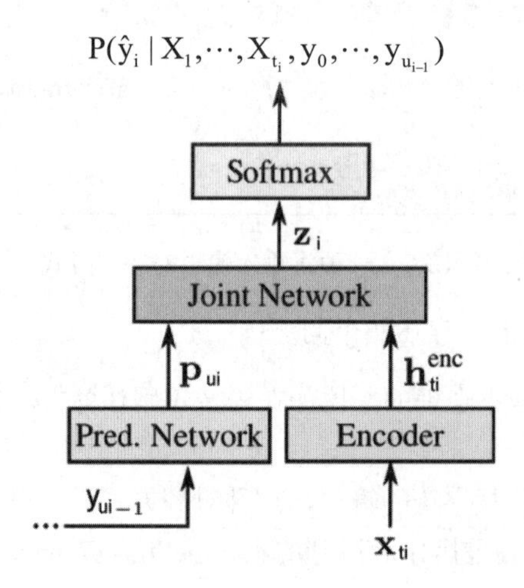

图 12-8　整体模型结构

相较于传统模型，RNN-T 模型的训练速度更快，模型体积更小，同时保持了可比的准确率。最近，谷歌也将该模型进行了压缩，并成功应用到了语音输入法（名为 Gboard）上。

3. 编码器与解码器的大成之道——基于LAS架构的语音模型方案

LAS 的全称为 Listen Attend and Spell，与 CTC 和 RNN-T 的思路有所不同。它利用了注意力机制来实现有效的对齐（Alignment）。

LAS 模型主要由两大部分组成：

- Listener，即Encoder，利用多层RNN从输入序列提取隐藏特征。
- Attend and Spell，即Attention，用来得到Context Vector，Decoder利用Context Vector以及之前的输出来产生相应的最终输出。

LAS 的模型结构如图 12-9 所示。

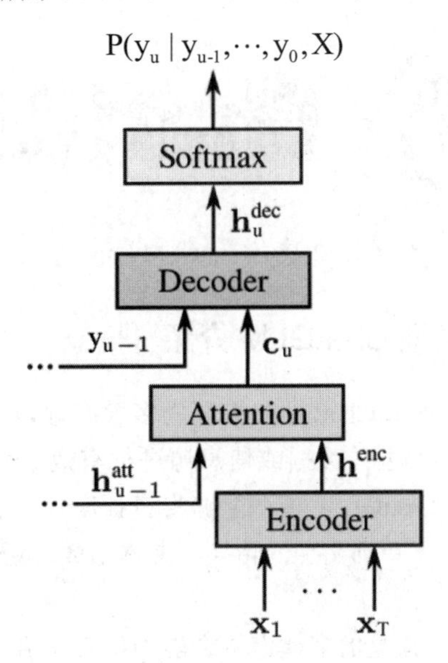

图 12-9　LAS 的模型结构

LAS 模型由于考虑了上下文的所有信息，因此它的精确度可能较其他模型略高，但是程序编写较为复杂，可能受限于算法设计者的水平。

以上三种是较为经典的语音转文本模型，此模型在一定程度上解决了针对语音转换模型的问题，但是受限于当时的科研人员的认知，即使是最先进的 LAS 模型，都依旧沿袭编码器-解码器这一经典的语言翻译模型的基本架构，如图 12-10 所示。

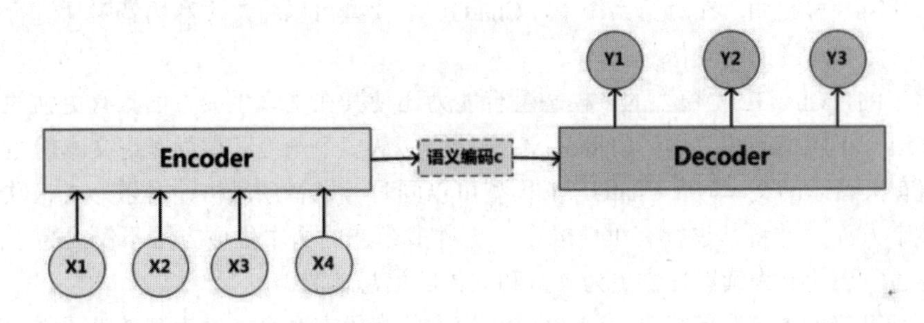

图 12-10　编码器-解码器模型架构

但是随着研究者对深度学习认识的加强，以单解码进行语音-文本翻译，以及基于单解码器的多模态融合可以更好地完成项目要求，并且在训练形式上，由于只存在解码器，也能够更为准确地捕捉输入信号的特征，因此单解码器的翻译模型成为未来发展的重要方向，其主要代表就是智谱 AI 推出的 GLM 系列模型架构。

12.2 基于 GLM 架构的多模态语音文本转换模型

随着 2023 年大模型的曙光初现，由智谱 AI 引领的人工智能革命正在如火如荼地展开。这一场革命标志着我们正在步入一个全新的智能化时代，而其中最为关键的角色之一，就是智谱 AI 的人工智能模型——ChatGLM。ChatGLM Logo 如图 12-11 所示。

图 12-11　ChatGLM Logo

12.2.1 最强的人工智能模型 ChatGLM 介绍

作为一种高级的人工智能模型，ChatGLM 模型的多模态融合能力为其赋予了强大的功能。顾名思义，多模态融合是指将不同类型的数据或信息源进行有效结合，以实现更为准确和全面的数据处理和分析。在这个过程中，ChatGLM 模型能够将音频信号、语音波形和声学特征等不同来源的数据进行有机地融合，从而在语音到文字的转换、文本生成，以及其他自然语言处理任务中展现出卓越的性能。

在语音转换方面，ChatGLM 模型的多模态融合能力使其在语音到文字的转换中具有更高的准确性和效率。在传统的语音识别系统中，这一过程通常需要借助庞大的语料库和复杂的算法来进行建模和匹配。然而，ChatGLM 模型通过将语音信号与自然语言文本进行多模态融合，能够直接将语音转换为文字，大大简化了这一过程并提高了准确性。同时，这种融合能力还可以实现跨语言的语音识别，从而为跨语言交流和应用提供了便利。

相对于其他市面上的人工智能模型，ChatGLM 模型的多模态融合能力还可以扩展到其他自然语言处理任务中。例如，在情感分析中，ChatGLM 模型可以通过融合文本和语音数据来进行更为全面的情感判断。再比如，在对话系统中，ChatGLM 模型可以将文本和语音对话进行多模态融合，以提供更为自然和流畅的交互体验。

引申而来的，ChatGLM 模型的多模态融合能力还使其在文本生成方面具有更强的创造性和灵活性。通过结合不同模态的数据，ChatGLM 模型能够从多个角度和层面考虑文本的生成。例如，在生成一篇有关音乐的文本时，ChatGLM 模型可以同时考虑音乐风格、音乐形式、歌词内容、韵律节奏等多个方面，并将其进行有机地融合。这种多模态的文本生成方法不仅提高了生成文本的质量和多样性，还能够为读者提供更为丰富和立体的信息体验。

作为一种高级的人工智能模型，ChatGLM 模型的多模态融合能力为其带来了强大的功能和应用潜力。通过将不同模态的数据进行有机结合，ChatGLM 模型在语音到文字的转换、文本生成以及其他自然语言处理任务中展现了卓越的性能和效果。这种多模态融合的人工智能模型将成为未来人工智能研究和应用的重要方向之一，而 ChatGLM 模型则在这一领域中有着举足轻重的作用。

除多模态融合能力外，ChatGLM 模型还具有大规模自然语言预料训练的优点。通过大量自然语言语料库的训练，ChatGLM 模型能够更好地理解人类语言和表达方式，从而生成更为准确和自然的文本内容。这种训练方法不仅提高了模型的生成能力和适应性，还能够让模型更好地理解和应用语言中的隐含意义和语境信息。

作为一种高级的人工智能模型，ChatGLM 模型在清华大学引领的人工智能革命中发挥着重要的作用。其多模态融合能力和大规模自然语言语料训练的优点，使得 ChatGLM 模型在语音到文字的转换、文本生成以及其他自然语言处理任务中具有广泛的应用前景。相信在未来的研究中，ChatGLM 模型将会得到更加深入的开发和应用，为推动人工智能领域的发展做出更大的贡献。

12.2.2　更加准确、高效和泛化性的多模态语音转换架构——GLM 与 GPT2

ChatGLM 模型是一种基于 Transformer 结构的语言生成模型，它具有强大的多模态融合能力。通过将不同信号来源的音频信号、语音波形和声学特征等多模态数据融合在一起，ChatGLM 模型能够轻松实现语音到文字的转换。这种转换不仅简单，而且准确率高，可以迅速将语音转换为文字。

另外，ChatGLM 模型还经过了大规模的自然语言语料训练。这种训练能够增强其理解和处理人类语言的能力。因此，ChatGLM 生成的文本内容往往更加准确、流畅，大大提高了文本的质量和效率。

ChatGLM模型的出色表现和强大功能得益于其独特的GPT2系列模型架构。GPT2模型作为多模态语音转换的基础，展示了新一代人工智能模型的强大实力。它不仅揭示了多模态语音转换的潜力，还为后续的 GLM 模型奠定了坚实的基础。

通过继承并发展 GPT2 系列模型架构，ChatGLM 模型在语音转换领域取得了显著的成果。它能够更好地理解和处理人类语言，从而为语音交互和人工智能应用提供了更加强大的支持。那么，什么是 GPT 系列模型呢？GPT 是 Generative Pre-trained Transformer 的缩写，它是一种大规模的自然语言处理模型。与传统的机器学习模型不同，GPT 系列模型通过“自回归”的方式从大量的文本数据中学习语言的模式和规律。这些模型通过预测文本中的下一个单词或句子来生成全新的文本内容。

GPT2 模型则是 GPT 系列的最新成果。它通过使用大规模的语料库进行训练，能够理解和生成人类语言。与传统的机器学习模型相比，GPT 系列模型具有强大的泛化能力和生成能力，能够从大量的无监督文本数据中学习语言的特征表示。这些特征表示可以用来生成新的文本，进行文本分类、文本生成、文本翻译等任务。GPT2 模型的基本架构如图 12-12 所示。

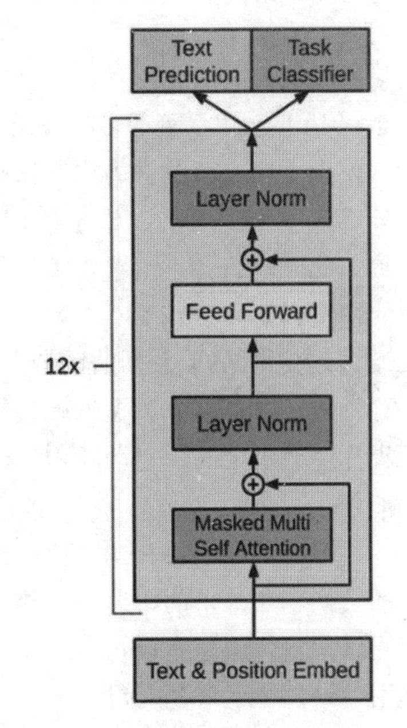

图 12-12　GPT2 模型的基本架构

从图 12-12 可以看到，对于 GPT2 来说，实际上就是相当于使用了一个单独的解码器模组来完成数据编码和输出的工作，其主要的数据处理部分都是在解码器中完成的，而根据不同的任务需求，最终的任务结果又可以通过设置不同的头部处理器对其进行完整的处理。

基于 GPT 系列的多模态语音文本转换模型是一种将语音信号转换为文本表示的深度学习模型。它通常采用端到端的训练方式，也就是说，从语音输入到文本输出，整个过程都由一个模型完成。

这种训练方式有利于充分利用语音和文本之间的映射关系来提高模型的转换效果。

那么，基于 GPT 系列的语音文本转换模型是如何工作的呢？首先，模型接收一段语音信号作为输入，这个信号经过预处理后转换为数字形式。预处理包括采样、量化、对齐等步骤，将连续的语音信号转换为离散的数字表示。然后，模型将数字形式的语音信号映射到文本表示上。这个映射过程是通过学习语音和文本之间的共同表示来实现的。在映射过程中，模型会利用自注意力机制来捕捉语音和文本之间的时序关系和特征关系。

为了进一步提高模型的性能，一些研究者还会采用预训练语言模型的方法。这种方法利用大规模的无监督文本数据来预训练模型，使其具有更强的语言理解和生成能力。在预训练阶段，模型学习了从文本到文本的映射关系，这个映射关系可以被用来将语音信号转换为文本表示。通过这种预训练方式，模型能够更好地捕捉到语音和文本之间的映射关系，以提高转换的准确性和效率，如图 12-13 所示。

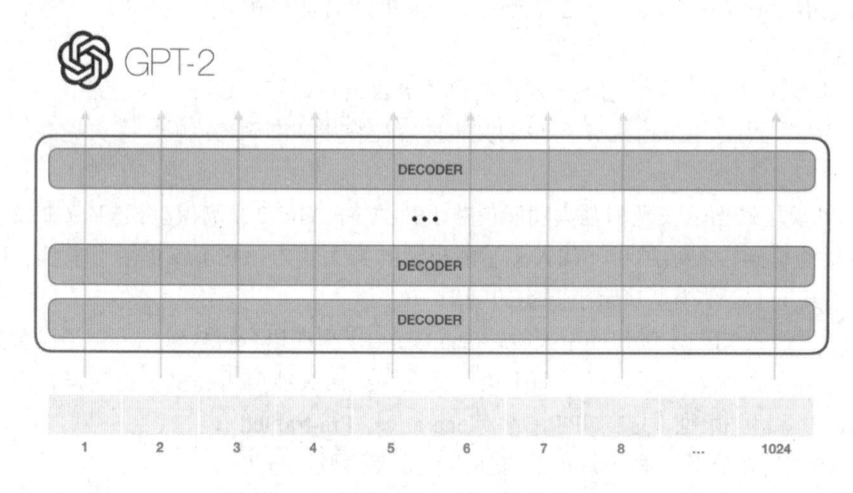

图 12-13　只有解码器的 GPT2 模型架构

基于 GPT 系列的多模态语音文本转换模型采用了 Transformer 架构中的一些重要技术。例如，它使用了多头自注意力机制来捕捉输入信号中的时序关系和特征关系。这种机制通过将输入序列分成多个子序列，并对每个子序列进行独立的注意力计算，从而捕捉序列中的不同时间尺度的信息。此外，它还采用了位置编码来传递输入信号中的时间信息。这些技术的使用有助于提高模型的精度和效率。

这使得 GPT 系列的语音文本转换模型在各种应用场景中都表现出了优越的性能。例如，在字幕生成、语音翻译、文语转换等场景中，这种技术能够将语音信号转换为准确的文本表示，为人类提供了极大的便利。随着语音识别技术的不断发展，相信这种技术在未来还会有更广泛的应用前景。

基于 GPT 系列的多模态语音文本转换模型是一种重要的技术，它能够实现从语音到文本的高效转换。在未来的研究中，相信这种技术将继续得到优化和改进，为人类带来更多的便利和创新。同时，随着计算能力的不断提升和数据资源的日益丰富，基于 GPT 系列的语音文本转换模型的应用前景也将越来越广阔。

除在上述应用场景中的表现外，GPT 系列的多模态语音文本转换模型还具有一些其他优势。例如，这种模型具有很强的通用性，可以适应不同的语言和领域。通过使用大规模的多语言语料库进行预训练，这种模型可以实现在不同语言之间的转换和生成。此外，基于 GPT 系列的语音文本转换模型还具有很强的可扩展性，可以轻松地与其他技术进行集成和拓展。例如，可以将这种模型与自然语言处理技术相结合，实现更复杂的语音对话系统；还可以将这种模型与计算机视觉技术相结合，实现语音与视觉的跨模态交流，等等。

12.3　从零开始的 GPT2 模型训练与数据输入输出详解

GPT2 是了解和掌握多模态 GLM 模型架构的基础。本节将带领读者从零开始，逐步了解并掌握 GPT2 模型的训练过程。目前读者只需要使用准备好的训练文件 train.py，一键开始模型的训练。

在训练过程中，作者提供的 train.py 文件将会负责调用 GPT2 模型进行训练。通过使用预先准备的情感评论文本数据进行预训练，GPT2 模型将学习到从文本到文本的映射关系。

在预训练结束后，我们可以使用 GPT2 模型进行推理。在推理过程中，需要将输入的文本信号转换为数字形式，并利用预训练的映射关系将数字形式的序列转换为目标域的文本表示。

输出是 GPT2 模型训练中不可或缺的环节。对于某些任务，输出可能是文本或者分数。而对于其他任务，输出可能是模型自身的一个状态。

作者在本节后面会讲解两种输出方案，除基本的预测输出外，带有创造性参数 temperature 的输出形式在 GPT2 模型中被广泛应用。它作为创造性控制的一个工具，能改变输出的结果和表现形式。具体而言，随着 temperature 参数值的升高，输出的结果会更加丰富多样，但同时也会增加一定的噪声和不合理性；而随着 temperature 参数值的降低，输出的结果会更加稳定和可靠，但同时也会限制其多样性和创造性。因此，在具体的任务中，需要根据实际需求来选择合适的 temperature 参数值。

另外，还有其他创造性参数可以被应用在 GPT2 模型中，比如有的参数能改变输出的多样性程度和新颖性程度等。这些创造性参数的使用可以根据具体的任务需求和应用场景来灵活调整和选择。

12.3.1　开启低硬件资源 GPT2 模型的训练

本小节首先完成 GPT2 模型的训练，训练一个根据引导词完成评论内容生成的自然语言模型。对于没有调试经验的读者，可以使用本章提供的 train.py 函数完成对应的训练操作。顺便建议读者先开启 GPT2 的模型训练，再阅读后续章节的内容。

具体到 train 文件的训练过程，作者在文件主体部分使用了半精度训练模式，这是为了保证部分硬件资源不足的读者也能正常完成模型训练的一种调配方式。部分代码如下：

```
#显式使用半精度训练模式
from torch.cuda.amp import autocast as autocast
import torch.cuda.amp as amp
scaler = amp.GradScaler()

for epoch in range(128):
    pbar = tqdm(loader, total=len(loader))
    for token_inp,token_tgt in pbar:
```

```
            optimizer.zero_grad()
            token_inp = token_inp.to(device)
            token_tgt = token_tgt.to(device)

            with autocast():
                logits = gpt_model(token_inp)
                loss =
criterion(logits.view(-1,logits.size(-1)),token_tgt.view(-1))

            scaler.scale(loss).backward()
            scaler.step(optimizer)
            scaler.update()

            lr_scheduler.step()  # 执行优化器
            pbar.set_description(f"epoch:{epoch +1}, train_loss:{loss.item():.5f},
lr:{lr_scheduler.get_last_lr()[0]*100:.5f}")
        if (epoch + 1) % 2 == 0:
            torch.save(gpt_model.state_dict(),save_path)
```

可以看到，对于模型的损失函数的计算，这里采用的是交叉熵损失函数。这是一种非常常见的损失函数，特别适用于分类问题。通过计算输出值与真实值的差距，我们可以完成损失值的确定。这个差距通常被称为“损失”或者“误差”。

与前面经典的模型训练方式不同，损失值的梯度回传和模型参数的更新在这里是由 GradScaler 完成的。GradScaler 是一个用于自动混合精度训练的工具，它能够帮助我们自动进行梯度缩放和反向传播。

- 首先，GradScaler能够自动处理梯度的缩放。在进行前向传播时，GradScaler会为每个需要缩放的张量分配一个缩放因子。在反向传播时，GradScaler会根据这些缩放因子自动缩放梯度，以实现正确的梯度计算。
- 其次，GradScaler还可以自动处理梯度的同步。在分布式训练中，不同的进程可能会有不同的梯度计算结果。GradScaler通过平均不同进程的梯度，实现梯度的自动同步，从而保证每个进程都能得到正确的梯度计算结果。
- 最后，GradScaler还可以自动进行梯度的反向传播。通过调用GradScaler的step方法，我们可以将前向传播的结果和计算得到的梯度传递给模型，从而实现模型的参数更新。

具体来说，首先显式地定义 scaler 对象：scaler = torch.cuda.amp.GradScaler()。torch.cuda.amp.GradScaler()是 PyTorch 在 CUDA 扩展上提供的混合精度训练工具，可以在 GPU 上直接进行自动混合精度训练。这种自动化的过程不仅大大简化了模型的训练过程，也使得训练更加稳定和高效。

对于半精度内容的讲解，这里不做展开说明，读者可以使用此文件代码作为模板进行后续的学习。

回到 GPT2 模型的训练上，此时读者可以零成本开启模型的训练，读者可以在等待模型训练的过程中继续完成后续章节的阅读。

12.3.2　GPT2 的输入输出结构——自回归性（auto-regression）

下面随着模型训练的进行，我们需要深入了解 GPT2 的输入和输出结构。GPT2 作为一种典型的生成式模型，其主要任务是查看给定句子的前文信息，并预测下一个可能的单词。这种机制使得 GPT2 具有强大的文本生成能力，可以灵活地根据给定的上下文生成相应的回复或者文本片段。

GPT2 模型的输入结构相对简单，通常是一个句子或者短语。模型通过学习大量的语料库，自动学习从输入到输出的映射关系。在语言模型应用中，最著名的例子就是智能手机键盘的自动纠错和推荐词功能。通过学习用户的输入习惯和语言模式，GPT2 可以使键盘推荐下一个可能的单词，并根据上下文自动纠正用户的输入错误。

GPT2 的输出结构也是基于预测下一个词实现的。模型通过对输入句子进行分析，并考虑给定上下文中的词项关系，最终预测出最有可能的下一个词。这种输出方式使得 GPT2 具备强大的文本生成能力，可以灵活地根据不同的输入生成相应长度的文本片段。

值得注意的是，GPT2 模型的训练过程也是基于这种输入输出结构进行的。在训练阶段，GPT2 模型会接收大量文本数据作为输入，并学习这些数据中的语言模式和规律。通过不断地优化模型参数，GPT2 可以使得模型的预测结果更加准确，并具备更强的文本生成能力。

GPT2 的输入和输出结构是基于语言模型的典型应用，这种结构使得 GPT2 具备强大的文本生成和预测能力。通过对输入的上下文进行分析并预测下一个词，GPT2 模型得以实现高度灵活的文本生成与纠错功能，并为自然语言处理应用提供强大的支持，如图 12-14 所示。

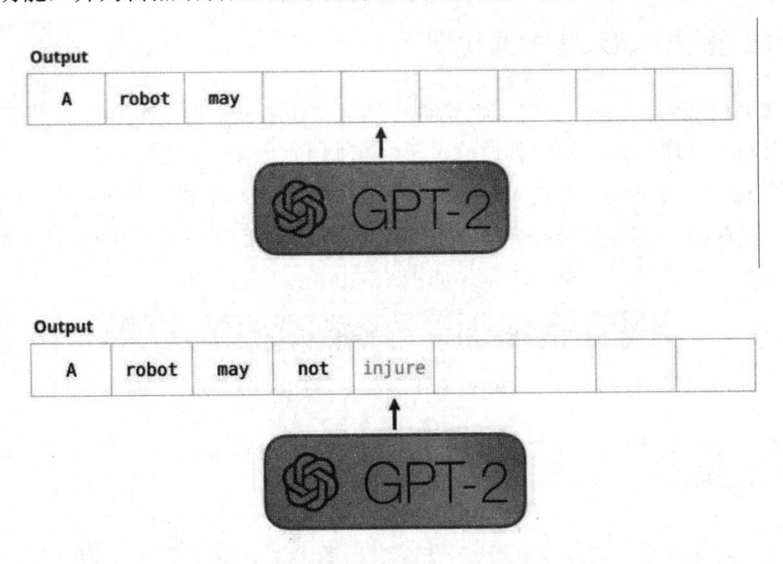

图 12-14　GPT2 模型

从图 12-14 中可以清晰地看到，GPT2 模型的工作机制的核心在于一个被称为 auto-regression 的策略。在每一个 token 输出之后，这个 token 都会被加入当前句子的输入中，从而形成新的句子，这个新句子又将成为下一次输出的输入。这种策略使得模型可以逐步生成完整的文本，而不仅仅是一系列的单词。

为了进一步深入探讨这种预测方式，我们可以对输入格式进行调整，从而让 GPT2 模型具备问答性质的能力。图 12-15 展示了 GPT2 进行问答任务的解决方案，具体做法是在输入的头部添加一个特定的 Prompt。这个 Prompt 可以看作一个“问题”或者“引导词”，GPT2 模型则会根据这个 Prompt 来生成后续的文本。

对于 Prompt 的选择，我们可以将其简单地理解为一系列预设的问题或者引导词，通过这些预设的问题或者引导词，我们可以有效地控制 GPT2 模型生成文本的方向和具体内容。这种问答性质的 GPT2 模型能够解决许多实际问题，例如自动客服、智能问答、机器翻译等。

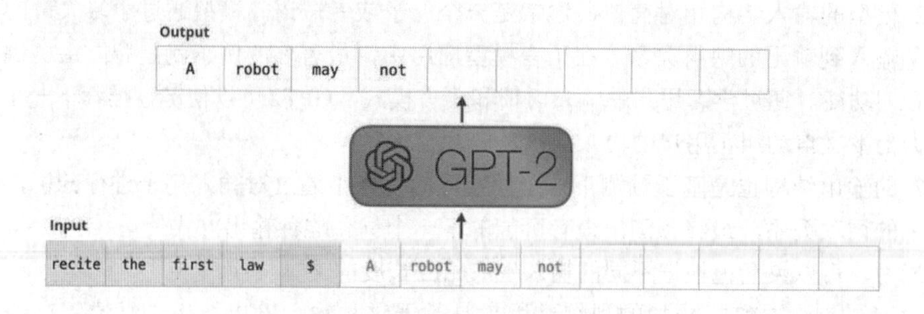

图 12-15 引导词 Prompt 引导 GPT2 生成结果

可以看到，此时的 GPT2 模型引入了一种全新的深度学习模型架构，这种架构仅采用 decoder-only 作为语言模型，摒弃了传统的 Encoder 结构。而 GPT-2 模型则在这种 decoder-only 的基础上进一步发展，通过增加更多的 decoder-only block 提升模型的性能和表现。

12.3.3 GPT2 模型的输入格式的实现

下面基于 GPT2 模型的输入和输出格式进行处理。在之前讲解解码器时，我们详细介绍了训练过程中的输入输出处理方式，相信各位读者已经掌握了“错位”输入方法。

相对于完整的 Transformers 架构的翻译模型，GPT2 的输入和输出与之类似，但更为简单。在 GPT2 模型中，我们可以采用完全相同的输入序列，只需要进行错位操作即可。例如，我们要输入一句话：“你好人工智能”，则完整的表述如图 12-16 所示。

图 12-16 一个输入表述

但是此时却不能将其作为单独的输入端或者输出端输入模型中进行训练，而是需要对其进行错位表示，如图 12-17 所示。

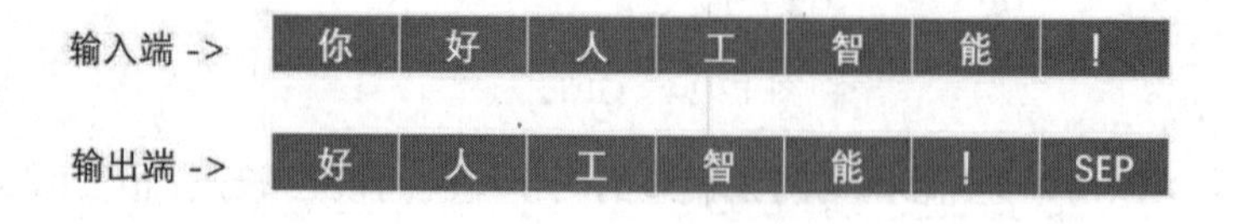

图 12-17 GPT2 输入与输出对比

可以看到，在当前情境下，我们构建的数据输入和输出具有相同的长度，然而在位置上却呈现一种错位的输出结构。这种设计旨在迫使模型利用前端出现的文本来预测下一个位置出现的字或词，从而训练模型对上下文信息的捕捉和理解能力。最终，在生成完整的句子输出时，会以自定义的结束符号 SEP 作为标志，标识句子生成的结束。

为了实现这一流程，首先需要准备一个用于文本编码转换的 Tokenizer 类，如下所示：

```
#GPT2 使用的 Tokenizer，字库生成 index 工具
```

```
    emotion_vocab = [......]    #vocab 字库是自定义的，作者使用待训练文本的全部字符做字库
    print(len(emotion_vocab))
    import torch
    class Tokenizer:
        def __init__(self,vocab = emotion_vocab):
            super().__init__()
            self.vocab = vocab
            self.padding_side = "right" #从哪边进行 pad，有 left 和 right 之分，在这里
使用 right
            self.eos_token_id = self.vocab.index("←")    #最后结束符号
            self._pad_token = "\t"
            self.pad_token_id = self.vocab.index(self._pad_token)

            self.mask_token = None

        #编码器，对文本进行编码
        def encode(self,text):
            #编码结束后加上结束符
            prompt_token = [self.vocab.index(char) for char in text] +
[self.eos_token_id]
            return prompt_token

        #解码器，对符号序列进行解码
        def decode(self,token):

            text = [self.vocab[char] for char in token]
            text = "".join(text)
            return text
```

可以看到，Tokenizer 含有两个函数，分别是 encoder 和 decoder，其作用是将文本转换为数字序列以及将数字序列还原成文本内容。其中需要注意的是，在每个文本的编码后都需要加上一个自定义的结束符，用于结束当前文本内容。

基于 Tokenizer 类的定义，对于数据的读取代码如下：

```
    from 第十二章 import tokenizer
    from tqdm import tqdm
    import torch
    tokenizer = tokenizer.Tokenizer()

    tokens = []
    max_length = 128
    with open("./ChnSentiCorp.txt", mode="r", encoding="UTF-8") as emotion_file:
        for line in emotion_file.readlines():
            line = line.strip().split(",")

            text = "".join(line[1:])

            input_ids = tokenizer.encode(text)

            input_ids = input_ids
            #一种特殊的句式结构，将所有的序列连成一个长序列
```

```
        tokens += input_ids
    tokens = torch.tensor(tokens*1)

    class TextSamplerDataset(torch.utils.data.Dataset):
        def __init__(self, tokens = tokens,seq_len = 96):
            super().__init__()
            self.tokens = tokens
            self.seq_len = seq_len
            self.tokens_len = len(tokens)
        #这里作者使用了较为特殊的输出结构
        def __getitem__(self, index):
            rand_start = torch.randint(0, self.tokens_len - self.seq_len, (1,))
            full_seq = self.tokens[rand_start : rand_start + self.seq_len +
1].long()
            return full_seq[:-1],full_seq[1:]

        def __len__(self):
            return self.tokens_len // self.seq_len
```

上面的代码实现了对数据的读取与对模型的输出，在这里采用了特殊的句式，即将所有的不同序列连接成一个长序列，而每次读取的时候只需要在这个长序列上截取一个特定长度的子序列，错位表示后分别将其作为输入序列和输出序列。

这样做的好处是可以充分利用现有的 GPU 资源最大限度地保证输入的可用性，当然使用 pad 模型生成对比序列进行训练也是可以的，但是会影响硬件的利用率。

12.3.4　经典 GPT2 模型的输出格式详解与代码实现

还有一点需要读者注意的是，当使用经过训练的 GPT2 模型进行下一个真实文本预测时，相对于之前学习的编码器文本输出格式，输出的内容可能并没有相互关联，如图 12-18 所示。

图 12-18　GPT2 的输入和输出对比（颜色参见下载资源中的相关图片文件）

可以看到，这段模型输出的前端部分和输入文本部分毫无关系（橙色部分），而仅仅对输出的下一个字符进行预测和展示。

然而，当我们需要预测一整段文字时，则需要采用不同的策略。这时，可以通过滚动循环的方式，从起始符开始，不断将已预测的内容与下一个字符的预测结果进行黏合，逐步生成并展示整段文字。这样的处理方式可以确保模型在生成长文本时保持连贯性和一致性，从而得到更加准确和自然的预测结果。

这段内容实现的示例代码如下：

```
from 第十二章 import tokenizer
from tqdm import tqdm
import torch
```

```
tokenizer = tokenizer.Tokenizer()
from 第十二章 import gpt2

save_path = "…" #GPT2 训练参数存档位置
gpt_model = gpt2.GPT2Model()    #载入训练模型
#载入训练参数
gpt_model.load_state_dict(torch.load(save_path),strict=False)

for _ in range(10):
    inputs_text = "这个"     #进行输出的起始内容
    input_ids = tokenizer.encode(inputs_text)  #对文本序列进行编码处理
    input_ids = input_ids[:-1]  #去掉当前序列中的结束符
    for _ in range(40):
        #下面使用模型对当前输入的内容进行下一个字符预测
        _input_ids = torch.tensor([input_ids],dtype=int)
        outputs = gpt_model(_input_ids)
        #取出最后一个字符并使用 argmax 找到对应的 ID
        result = torch.argmax(outputs[0][-1],dim=-1)
        next_token = result.item()  #获取最后一个字符
        #当字符遇到结束符后停止输出
        if next_token == tokenizer.eos_token_id:
            break
        input_ids.append(next_token)
    #通过解码函数将序列转换为文本
    result = tokenizer.decode(input_ids)
    print(result)
    print("---------------")
```

在代码中，首先需要提供一个起始字或者词，之后根据起始内容，GPT 模型对下一个字符进行生成，这样根据循环的次数或者满足判定条件（遇到结束符）对输出的内容进行累计，最终通过 decode 将结果转换为文本内容输出。读者可以直接运行随书源码中配套的 GPT2 推断文件 infer.py。

而结果如图 12-19 所示。

```
---------------
这个价格在上海属于很好的酒店了~~"
---------------
这个酒店的管理还是不错的."
---------------
这个酒店，我住的是高级标准间，房间很大，但是设施很陈旧，家具很旧，房间感觉一般，感觉
---------------
这个酒店的环境，这个价格，算得上四星级吧，但是在当地算是不错的了。房间很干净，设施也
---------------
```

图 12-19　基于训练数据的 GPT2 评论输出

上面是对结果的输出，可以看到 GPT2 的输出结果可以较好地跟随引导词对结果输出，而且输出的结果也较为流畅。

但是有一个问题，这里设置了 20 个输出结果，对于绝大多数输出结果来说，其引导的内容都是基于“这个酒店”，虽然这是评论训练的内容，但是像这种输出形式明显降低了模型生成的多

样性，读者暂时可以使用这种方式完成模型的输出，后续将采用另一种基于创造性参数的函数来生成更具有多样性的生成模型输出结果。

12.4　一看就能学会的 GPT2 模型源码详解

在 12.3 节中，我们顺利开始了无痛的 GPT2 模型训练，并且详细了解了 GPT2 模型的输入和输出格式的组成。在此基础上，我们将更深入地探讨 GPT2 模型的架构和基本构成。

GPT2 模型采用的是 Transformer 架构，这一架构现在已经成为深度学习领域的标准模型之一，被广泛应用于各种不同的任务中。它的出色之处在于通过多头自注意力机制和线性层的设计，让模型能够更有效地捕捉到输入文本中的上下文信息，并能够更精确地预测下一个词。

首先，输入文本会经过一个嵌入层，这个嵌入层将每个单词或者符号转换成固定长度的向量表示。这些向量不仅表达了单词的语义信息，还捕捉到了单词之间的相似度和关联性。这些向量会被送入一个多头自注意力机制中，这个机制通过计算每个单词之间的相似度来确定每个单词在生成下一个词时的重要性。这个过程可以理解为一种信息的过滤和筛选，使得模型能够更加关注那些对预测下一个词有重要影响的单词。

接下来，这些向量会被送入一个前馈神经网络中进行非线性转换。在这个过程中，模型会利用这些向量进行复杂的运算和变换，最终生成下一个词的概率分布。这个概率分布可以理解为一种预测结果，它描述了下一个词可能出现的概率，如图 12-20 所示。

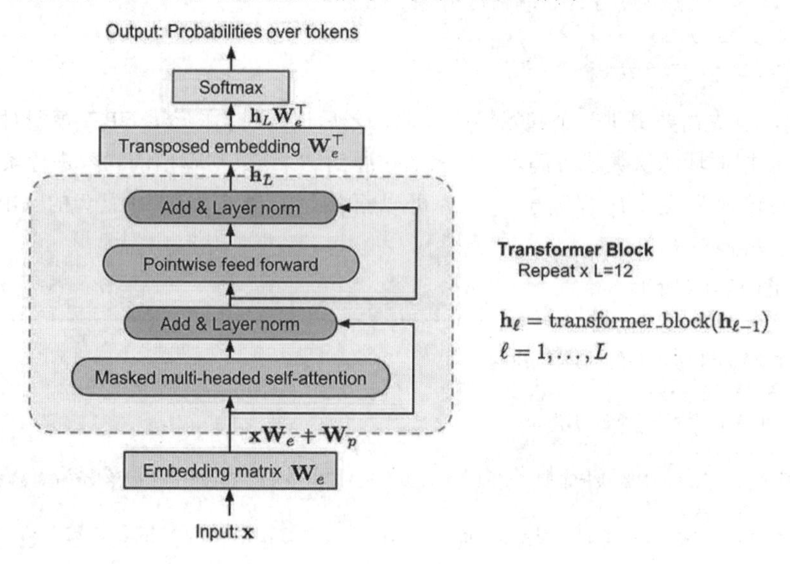

图 12-20　GPT2 模型的基本架构

本节将深入讲解 GPT2 模型的基本架构，并以源码解析的方式向读者演示 GPT2 模型的代码编写。

12.4.1　GPT2 模型中的主类

从前面介绍的 GPT2 模型可以看到，对于一个生成类模型来说，其并不是通过单一函数或者类所构成的，而是通过组合具有不同功能的类来完成模型功能的实现，GPT2模型也是如此，一个完整的 GPT2 主类的代码如下。

注意：代码段中作者逐行进行了注释，代码后面有作者的讲解。建议读者先阅读代码段。

```
    import copy
    import torch
    import math
    import torch.nn as nn
    from torch.nn.parameter import Parameter
    from 第十二章 import block
    from 第十二章 import gpt2_config
    config = gpt2_config.GPT2Config()

    class GPT2Model(torch.nn.Module):
        def __init__(self, config=config):
            super().__init__()
            self.config = config
            self.wte = nn.Embedding(config.vocab_size, config.n_embd)   #词映射矩阵
            self.wpe = nn.Embedding(config.n_positions, config.n_embd)  #位置映射
矩阵
            self.drop = nn.Dropout(config.resid_pdrop)
            #计算核心模块 block
            self.h = nn.ModuleList([block.Block(config.n_ctx, config, scale=True)
for _ in range(config.n_layer)])
            self.ln_f = nn.LayerNorm(config.n_embd,
eps=config.layer_norm_epsilon)
            #将 embedding 向量重新映射回词向量
            self.to_logits = torch.nn.Linear(config.n_embd, config.vocab_size,
bias=False)

        def forward(
                self,
                input_ids=None,
                past_key_values=None,
                attention_mask=None,
                token_type_ids=None,
                position_ids=None,
                head_mask=None,
                inputs_embeds=None,
                encoder_hidden_states=None,
                encoder_attention_mask=None,
                use_cache=False,
                output_attentions=False,
                output_hidden_states=False,
                return_dict=False,
        ):

            input_ids 和 inputs_embeds 是两种不同形式的输入数据，它们在使用时只能选择其中一
种进行输入。在模型的输入过程中，只能选择其中之一进行输入。当选择使用 input_ids 时，只需将其输
入嵌入层，其便能被转换为与 inputs_embeds 相似的张量形式。另外，若决定使用 inputs_embeds，则
```

```
无须再使用 input_ids
        if input_ids is not None and inputs_embeds is not None:
            raise ValueError("You cannot specify both input_ids and 
inputs_embeds at the same time")

        # 下面确保输入的 input_ids、token_type_ids、position_ids 等张量的形状为正确
的样式
        # <1> 若为模型第一次迭代，则此时 input_ids、token_type_ids、position_ids 等
张量的正确形状为 (batch_size, seq_len)
        # <2> 若为模型第二次及之后的迭代，则此时 input_ids、token_type_ids、
position_ids 等张量的正确形状为 (batch_size, 1)
        # 最后，将输入的 input_ids、token_type_ids、position_ids 等张量的形状保存到
input_shape 中
        elif input_ids is not None:
            input_shape = input_ids.size()
            input_ids = input_ids.view(-1, input_shape[-1])
            batch_size = input_ids.shape[0]
        elif inputs_embeds is not None:
            input_shape = inputs_embeds.size()[:-1]
            batch_size = inputs_embeds.shape[0]
        else:
            raise ValueError("You have to specify either input_ids or 
inputs_embeds")

        if token_type_ids is not None:
            token_type_ids = token_type_ids.view(-1, input_shape[-1])
        if position_ids is not None:
            position_ids = position_ids.view(-1, input_shape[-1])

        if past_key_values is None:
            past_length = 0
            # 若此时为 GPT2 模型第一次迭代，则不存在上一次迭代返回的 past_key_values 列
表(包含 12 个 present 的列表，也就是代码中的 presents 列表)，则此时 past_key_values 列表为一
个包含 12 个 None 值的列表
            past_key_values = [None] * len(self.h)
        else:
            past_length = past_key_values[0][0].size(-2)
        if position_ids is None:
            device = input_ids.device if input_ids is not None else 
inputs_embeds.device
            '''<1> GPT2Model 第一次迭代时输入 GPT2Model 的 forward()函数中的
past_key_values 参数为 None，此时 past_length 为 0，input_shape[-1] + past_length 就等
于第一次迭代时输入的文本编码(input_ids)的 seq_len 维度本身，此时创建的 position_ids 张量形
状为(batch_size, seq_len)
              <2> 若为 GPT2Mode 第二次及之后的迭代，此时 past_length 为上一次迭代时记录
保存下来的 past_key_values 中张量的 seq_len 维度，而 input_shape[-1] + past_length 则等
于 seq_len + 1，因为在第二次及之后的迭代中，输入的文本编码(input_ids)的 seq_len 维度本身为
1，即第二次及之后的迭代中每次只输入一个字的文本编码，此时创建的 position_ids 张量形状为
(batch_size, 1)'''
            position_ids = torch.arange(past_length, input_shape[-1] + 
past_length, dtype=torch.long, device=device)
```

```
            position_ids = position_ids.unsqueeze(0).view(-1, input_shape[-1])

        # Attention mask.
        # attention_mask 张量为注意力遮罩张量，其让填充特殊符[PAD]处的注意力分数极小，
其 embedding 嵌入值基本不会在多头注意力聚合操作中被获取到
        if attention_mask is not None:
            assert batch_size > 0, "batch_size has to be defined and > 0"
            attention_mask = attention_mask.view(batch_size, -1)
            #从一个 2D 张量创建一个掩码（mask），尺寸为[batch_size, 1, 1,
to_seq_length],
            #因此可以将其广播为[batch_size, num_heads, from_seq_length,
to_seq_length]
            #顺便说一句，GLM 中的注意力掩码比这个复杂，目前读者只需要了解即可
            attention_mask = attention_mask[:, None, None, :]

            #由于注意力掩码对于想要注意的位置为 1.0，对于被屏蔽的位置为 0.0
            # 因此这个操作将创建一个张量，其中对于想要注意的位置为 0.0，对于被屏蔽的位置
为-10000.0
            # 由于是将其添加到 softmax 之前的原始分数上，经过计算后，实际上相当于完全删除
这些分数
            attention_mask = attention_mask.to(dtype=self.dtype)  # fp16
compatibility
            attention_mask = (1.0 - attention_mask) * -10000.0

        # 若此时从编码器 encoder 中传入了编码器隐藏状态 encoder_hidden_states，则获取
编码器隐藏状态 encoder_hidden_states 的形状(encoder_batch_size,
encoder_sequence_length)，同时定义编码器隐藏状态对应的 attention_mask 张量
(encoder_attention_mask)
        if self.config.add_cross_attention and encoder_hidden_states is not
None:
            encoder_batch_size, encoder_sequence_length, _ =
encoder_hidden_states.size()
            encoder_hidden_shape = (encoder_batch_size,
encoder_sequence_length)
            if encoder_attention_mask is None:
                encoder_attention_mask = torch.ones(encoder_hidden_shape,
device=device)
            encoder_attention_mask =
self.invert_attention_mask(encoder_attention_mask)
        else:
            encoder_attention_mask = None

        # 将 input_ids、token_type_ids、position_ids 等张量输入嵌入层 self.wte()、
self.wpe()中之后获取其嵌入形式张量
        # inputs_embeds、position_embeds 与 token_type_embeds
        if inputs_embeds is None:
            inputs_embeds = self.wte(input_ids)
        position_embeds = self.wpe(position_ids)
        hidden_states = inputs_embeds + position_embeds

        if token_type_ids is not None:
```

```
            token_type_embeds = self.wte(token_type_ids)
            hidden_states = hidden_states + token_type_embeds

        '''<1> GPT2Model 第一次迭代时输入 GPT2Model 的 forward()函数中的
past_key_values 参数为 None，此时 past_length 为 0，hidden_states 张量形状为(batch_size,
sel_len, n_embd)，config 的 GPT2Config()类中 n_emb 默认为 768
           <2> 若为 GPT2Mode 第二次及之后的迭代，此时 past_length 为上一次迭代时记录保存
下来的 past_key_values 中张量的 seq_len 维度，而 input_shape[-1] + past_length 则等于
seq_len + 1，因为在第二次及之后的迭代中，输入的文本编码(input_ids)的 seq_len 维度本身为 1，
即第二次及之后的迭代中每次只输入一个字的文本编码，此时 hidden_states 张量形状为(batch_size,
1, n_embd)，config 的 GPT2Config()类中 n_emb 默认为 768'''
        hidden_states = self.drop(hidden_states)

        output_shape = input_shape + (hidden_states.size(-1),)

        # config 对应的 GPT2Config()类中的 use_cache 默认为 True
        presents = () if use_cache else None
        all_self_attentions = () if output_attentions else None
        all_cross_attentions = () if output_attentions and
self.config.add_cross_attention else None
        all_hidden_states = () if output_hidden_states else None

        for i, (block, layer_past) in enumerate(zip(self.h, past_key_values)):
            '''此处 past_key_values 元组中一共有 12 个元素(layer_past)，分别对应 GPT2
模型中的 12 层 Transformer_Block，每一个 layer_past 都为模型上一次迭代中每个
Transformer_Block 保留下来的 present 张量，而每个 present 张量保存着 Transformer_Block 中
Attention 模块将本次迭代的 key 张量与上一次迭代中的 past_key 张量(layer_past[0])合并、将本
次迭代的 value 张量与上一次迭代中的 past_value 张量(layer_past[1])合并所得的新的 key 张量与
value 张量，之后保存着本次迭代中 12 层 Transformer_Block 每一层中返回的 present 张量的
presents 元组，便会被作为下一次迭代中的 past_key_values 元组输入下一次迭代的 GPT2 模型中
            新的 key 张量与 value 张量详细解析如下'''

            '''第一次迭代时，query、key、value 张量的 seq_len 维度处的维度数就为
seq_len 而不是 1，第二次之后 seq_len 维度的维度数皆为 1'''

            '''<1> 本次迭代中新的 key 张量
            此时需要通过 layer_past[0].transpose(-2, -1)操作将 past_key 张量的形状变
为(batch_size, num_head, head_features, sql_len)，而此时 key 张量的形状为(batch_size,
num_head, head_features, 1)，这样在下方就方便将 past_key 张量与 key 张量在最后一个维度
(dim=-1)处进行合并，这样就将当前 token 的 key 部分加入了 past_key 的 seq_len 部分，以方便模型
在后面预测新的 token，此时新的 key 张量的形状为：(batch_size, num_head, head_features,
sql_len+1)，new_seq_len 为 sql_len+1
             <2>  本次迭代中新的 value 张量
            而此时 past_value(layer_past[1])不用变形，其形状为(batch_size, num_head,
sql_len, head_features)，
            而此时 value 张量的形状为(batch_size, num_head, 1, head_features)，这
样在下方就方便将 past_value 张量与 value 张量在倒数第二个维度(dim=-2)处进行合并，这样就将当
前 token 的 value 部分加入了 past_value 的 seq_len 部分，以方便模型在后面预测新的 token，此时
新的 value 张量的形状为：(batch_size, num_head, sql_len+1, head_features)，
new_seq_len 为 sql_len+1'''
```

```
            # 此时返回的 outputs 列表中的元素为
            # <1> 第一个值为多头注意力聚合操作结果张量 hidden_states 输入前馈 MLP 层与残差连接之后得到的 hidden_states 张量，形状为(batch_size, 1, n_state),
all_head_size=n_state=nx=n_embd=768
            # <2> 第二个值为上方的 present 张量，其存储着 past_key 张量与这次迭代的 key 张量合并后的新 key 张量，以及 past_value 张量与这次迭代的 value 张量合并后的新 value 张量，其形状为(2, batch_size, num_head, sql_len+1, head_features)
            # <3> 若 output_attentions 为 True，则第三个值为 attn_outputs 列表中的注意力分数张量 w
            # <4> 若此时进行了 Cross Attention 计算，则第四个值为'交叉多头注意力计算结果列表 cross_attn_outputs'中的交叉注意力分数张量 cross_attention，其形状为(batch_size, num_head, 1, enc_seq_len)
            outputs = block(
                hidden_states,
                layer_past=layer_past,
                attention_mask=attention_mask,
                head_mask=None,
                encoder_hidden_states=encoder_hidden_states,
                encoder_attention_mask=encoder_attention_mask,
                use_cache=use_cache,
                output_attentions=output_attentions,
            )

            hidden_states, present = outputs[:2]
            if use_cache is True:
                presents = presents + (present,)

            if output_attentions:
                all_self_attentions = all_self_attentions + (outputs[2],)
                if self.config.add_cross_attention:
                    all_cross_attentions = all_cross_attentions + (outputs[3],)

        # 将 PT2 模型中 12 层 Block 模块计算后得到的最终 hidden_states 张量再输入
        # LayerNormalization 层中进行计算
        hidden_states = self.ln_f(hidden_states)

        hidden_states = hidden_states.view(*output_shape)
        # Add last hidden state，即将上方最后一层 Block()循环结束之后得到的结果隐藏状态张量 hidden_states 也添加入元组 all_hidden_states 中
        if output_hidden_states:
            all_hidden_states = all_hidden_states + (hidden_states,)

        # 此时返回的元素为 GPT2 模型中经过 12 层 Block 模块计算后得到的最终 hidden_states
        # 张量，形状为(batch_size, seq_length, n_state)

        # 最后使用一个全连接层完成对 token 的转换
        logits = self.to_logits(hidden_states)
        return logits

if __name__ == '__main__':
    from 第十二章 import gpt2_config
```

```
config = gpt2_config.GPT2Config()
gpt_model = GPT2Model(config)
input_ids = torch.randint(0, 1024, (2, 96))
logits = gpt_model(input_ids)
print(logits.shape)
```

GPT2Model 类中的代码过程详细说明可参考上方 GPT2Model 源码中的注释部分。

下面我们将详细探讨 GPT2Model 类中的代码过程。首先，让我们回顾一下 GPT2Model 的类结构，其中包含词嵌入层、绝对位置嵌入层、Dropout 层、包含若干个 Block 模块的 ModuleList 层，以及最后的 LayerNormalization 层。

在 GPT2Model 类中，首先对输入数据进行预处理。预处理包括形状、Embedding 嵌入等方面的操作。这些操作对于将原始输入转换为模型可理解的形式至关重要。

输入的 input_ids 张量、token_type_ids 张量（本章未使用）、position_ids 张量经过嵌入层后，变为三维的 inputs_embeds 张量、position_embeds 张量、token_type_embeds 张量。这些张量的形状经过嵌入层的处理，将原始的稀疏向量映射为稠密低维的向量表示，从而能够被模型更好地学习和理解。

接下来，我们详细说明一下这些嵌入张量的生成过程。inputs_embeds 张量由输入的 input_ids 经过词嵌入层得到，用于表示文本中的单词。position_embeds 张量由输入的位置信息 position_ids 经过绝对位置嵌入层得到，用于表示文本中的单词位置。而 token_type_embeds 张量则由 token_type_ids 经过嵌入层得到，用于区分不同的句子边界和段落边界。

这些嵌入张量经过相加操作后，得到了 hidden_states 张量，它代表原始输入在 GPT2 模型中的初步表示。hidden_states 张量的维度是[batch_size, sequence_length, hidden_size]，其中 batch_size 表示批次大小，sequence_length 表示序列长度，hidden_size 表示隐藏层大小。

为了进一步提高模型的性能和泛化能力，我们在模型的输出之前加入了 Dropout 层，对隐藏层的输出进行随机的概率性抑制，从而避免过拟合问题的出现。此外，还加入了最后的 LayerNormalization 层，对隐藏层的输出进行层归一化处理，使得每一层的输出都符合标准正态分布，增强模型的表达能力和泛化性能。

此外，还需要注意，attention_mask 张量在文本生成任务中一般不会添加填充特殊符[PAD]，因此在文本生成任务中，attention_mask 一般为 None。

在 GPT2Model 类中，循环 ModuleList 层中的若干 Block 模块以及 past_key_values 元组中的 layer_past 张量进行运算，这是 GPT2 模型主体结构部分最重要的运算过程。通过精心设计的模型结构和高效的实现方式，GPT2 模型能够准确理解和生成人类语言文本。

GPT2Model 类的主要功能是对输入数据进行深度学习计算，并生成对应的输出结果。在计算过程中，GPT2Model 类利用多层 Block 结构进行计算，通过将输入数据经过词嵌入、位置嵌入等预处理操作后，送入 Block 结构中进行多轮计算，最终得到隐藏状态 hidden_states 张量。

输出层 self.to_logits 将 GPT2Model 类输出的最后一个 Block 层的隐藏状态 hidden_states 张量的最后一个维度，投影为词典大小（config.vocab_size），形成 to_logits 张量。这是因为模型的最终输出是基于词表中的单词进行预测的，因此需要将隐藏状态投影为词典大小。

得到 to_logits 张量后，可以将其与原始的目标 labels 张量进行对比，计算模型的损失值。在 GPT2 模型中，采用自回归的方式计算损失值，即取(1, n-1)的 lm_logits 值与(2, n)的 label 值进行对比，计算交叉熵损失。这个损失值可以用于反向传播计算梯度，并根据梯度对模型参数进行调整和优化。

关于 past_key_values，它是 GPT2 模型中多层 Block 模块计算后得到的、存储 present 张量的 presents 元组。每个 present 张量都存储了 past_key 张量与这次迭代的 key 张量合并后的新 key 张量，以及 past_value 张量与这次迭代的 value 张量合并后的新 value 张量。一个 present 张量的形状为(2, batch_size, num_head, sql_len+1, head_features)。

past_key_values 机制可以防止模型在文本生成任务中重新计算上一次迭代中已经计算好的上下文的值，大大提高了模型在文本生成任务中的计算效率。但需要注意的是，在第一次迭代时，由于不存在上一次迭代返回的 past_key_values 值，因此第一次迭代时 past_key_values 值为 None。

12.4.2　GPT2 模型中的 Block 类

在 GPT2 模型中，Block 类担负着构建多头自注意力机制和前馈神经网络的重要任务。这个类作为 GPT2 模型核心的组成部分之一，将输入序列划分为固定长度的块，并在每个块上独立执行多头自注意力机制。

通过将输入序列打散成多个块，每个块可以专注于输入序列的不同部分，从而可以捕获更多的局部信息。多头自注意力机制允许模型在多个头上关注输入的不同方面，从而获得更丰富的上下文信息。

除多头自注意力机制外，Block 类还包含一个前馈神经网络，负责对注意力机制的输出进行进一步的处理和转换。这个前馈神经网络能够学习到更复杂的特征表示，从而使模型能够更好地理解和生成文本。

在 GPT2 模型中，多头自注意力机制和前馈神经网络相互协作，为模型提供了强大的理解和生成文本的能力。这种结构的设计使得 GPT2 模型能够在处理长序列文本时更加高效和准确，从而在自然语言处理领域取得了优异的性能。

GPT2 模型源码中 Block 类的代码如下：

```
class Block(nn.Module):
    def __init__(self, n_ctx, config, scale=False):
        super().__init__()
        # config 对应的 GPT2Config()类中，n_embd 属性默认为 768，因此此处 hidden_size
即为 768
        hidden_size = config.n_embd
        # config 对应的 GPT2Config()类中，n_inner 属性默认为 None，因此此处 inner_dim
一般都为 4 * hidden_size
        inner_dim = config.n_inner if config.n_inner is not None else 4 *
hidden_size

        self.ln_1 = nn.LayerNorm(hidden_size, eps=config.layer_norm_epsilon)
        # 此处 n_ctx 即等于 config 对应的 GPT2Config()类中的 n_ctx 属性，其值为 1024
        self.attn = Attention(hidden_size, n_ctx, config, scale)
        self.ln_2 = nn.LayerNorm(hidden_size, eps=config.layer_norm_epsilon)

        if config.add_cross_attention:
            self.crossattention = Attention(hidden_size, n_ctx, config, scale,
is_cross_attention=True)
            self.ln_cross_attn = nn.LayerNorm(hidden_size,
```

```
eps=config.layer_norm_epsilon)
        self.mlp = MLP(inner_dim, config)

    def forward(
        self,
        hidden_states,
        layer_past=None,
        attention_mask=None,
        head_mask=None,
        encoder_hidden_states=None,
        encoder_attention_mask=None,
        use_cache=False,
        output_attentions=False,
    ):

        '''
        <1> 此时的隐藏状态 hidden_states 的形状为 (batch_size, 1, nx)，此时 nx =
n_state = n_embed = all_head_size = 768，即此时隐藏状态 hidden_states 的形状为
(batch_size, 1, 768)
        <2> 此时 layer_past 为一个存储着 past_key 张量与 past_value 张量的大张量，其
            形状为(2, batch_size, num_head, sql_len, head_features)
        <3> attention_mask 张量为注意力遮罩张量，其让填充特殊符[PAD]处的注意力分数极小，
            其 embedding 嵌入值基本不会在多头注意力聚合操作中被获取到
        '''

        # 将此时输入的隐藏状态 hidden_states 先输入 LayerNormalization 层进行层标准化
计算后，再将标准化结果输入'多头注意力计算层 self.attn()'中进行多头注意力聚合操作计算
        # 此时返回的 attn_outputs 列表中
        # <1> 第一个值为多头注意力聚合操作结果张量 a， 形状为(batch_size, 1,
all_head_size), all_head_size=n_state=nx=n_embd=768
        # <2> 第二个值为上方的 present 张量，其存储着 past_key 张量与这次迭代的 key 张量
合并后的新 key 张量，以及 past_value 张量与这次迭代的 value 张量合并后的新 value 张量，其形状
为(2, batch_size, num_head, sql_len+1, head_features)
        # <3> 若 output_attentions 为 True，则第三个值为 attn_outputs 列表中的注意力
分数张量 w
        attn_outputs = self.attn(
            self.ln_1(hidden_states),
            layer_past=layer_past,
            attention_mask=attention_mask,
            head_mask=head_mask,
            use_cache=use_cache,
            output_attentions=output_attentions,
        )

        # 此时的 attn_output 张量为返回的 attn_outputs 列表中第一个值
        # 多头注意力聚合操作结果张量 a，形状为(batch_size, 1, all_head_size),
all_head_size=n_state=nx=n_embd=768
        attn_output = attn_outputs[0]  # output_attn 列表: a, present,
(attentions)
        outputs = attn_outputs[1:]
```

```
        # residual connection，进行残差连接
        # 此时 attn_output 张量形状为(batch_size, 1, all_head_size),
all_head_size=n_state=nx=n_embd=768
        # hidden_states 的形状为(batch_size, 1, 768)
        hidden_states = attn_output + hidden_states

        if encoder_hidden_states is not None:
            # add one self-attention block for cross-attention
            assert hasattr(
                self, "crossattention"
            ), f"If `encoder_hidden_states` are passed, {self} has to be
instantiated with cross-attention layers by setting
`config.add_cross_attention=True`"


            '''此时 self.crossattention()的 Cross_Attention 运算过程与 self.attn()
的 Attention 运算过程几乎相同，其不同点在于：

            <1> self.attn()的 Attention 运算是将 LayerNormalization 之后的
hidden_states 通过'self.c_attn = Conv1D(3 * n_state, nx)(第 165 行代码)'将
hidden_states 的形状由(batch_size,1, 768)投影为(batch_size,1, 3 * 768)，再将投影后的
hidden_states 在第三维度(dim=2)上拆分为三份，分别赋为 query、key、value，其形状都为
(batch_size, 1, 768)；此时 n_state = nx = num_head*head_features = 768

            之后经过 split_heads()函数拆分注意力头且 key、value 张量分别与 past_key、
past_value 张量合并之后：
            query 张量的形状变为(batch_size, num_head, 1, head_features),
            key 张量的形状变为(batch_size, num_head, head_features, sql_len+1),
            value 张量的形状变为(batch_size, num_head, sql_len+1, head_features)

            <2> self.crossattention()的 Cross_Attention 运算过程则是将
LayerNormalization 之后的 hidden_states 通过'self.q_attn = Conv1D(n_state, nx)(第 163
行代码)'将 hidden_states 的形状由(batch_size,1, 768)投影为(batch_size,1, 768)，将此投
影之后的 hidden_states 赋值作为 query 张量；再将此时从编码器(encoder)中传过来的编码器隐藏状
态 encoder_hidden_states 通过'self.c_attn = Conv1D(2 * n_state, nx)(第 162 行代码)'
将 encoder_hidden_states 的形状由(batch_size, enc_seq_len, 768)投影为(batch_size,
enc_seq_len, 2 * 768)，将投影后的 encoder_hidden_states 在第三维度(dim=2)上拆分为两份,
分别赋为 key、value，其形状都为(batch_size, enc_seq_len, 768)； 此时 n_state = nx =
num_head*head_features = 768

            之后经过 split_heads()函数拆分注意力头之后：
            query 张量的形状变为(batch_size, num_head, 1, head_features),
            key 张量的形状变为(batch_size, num_head, head_features, enc_seq_len),
            value 张量的形状变为(batch_size, num_head, enc_seq_len,
head_features)
            此时计算出的 cross_attention 张量形状为(batch_size, num_head, 1,
enc_seq_len)'''

            # 此时将上方的隐藏状态 hidden_states(Attention 运算结果+Attention 运算前
的 hidden_states)先输入 LayerNormalization 层进行层标准化计算后，再将标准化结果输入'交叉多
头注意力计算层 self.crossattention()'中与编码器传入的隐藏状态 encoder_hidden_states 进行
```

```
交叉多头注意力聚合操作计算
            # 此时返回的 cross_attn_outputs 列表中:
            # <1> 第一个值为与编码器传入的隐藏状态 encoder_hidden_states 进行交叉多头
注意力聚合操作的结果张量 a，形状为(batch_size, 1, all_head_size),
all_head_size=n_state=nx=n_embd=768。
            # <2> 第二个值仍为 present 张量，但由于此时是做'交叉多头注意力计算
self.crossattention()',此时输入 self.crossattention()函数的参数中不包含 layer_past(来
自 past_key_values 列表)的 past_key 与 past_value 张量，因此此时的 present 为(None,)，详
细代码可见本脚本代码 357 行， 因此此处用不到'交叉多头注意力计算结果列表 cross_attn_outputs'
中的 present，将其舍弃(代码第 528 行)
            # <3> 若 output_attentions 为 True，则第三个值为: 交叉注意力分数张量 w，即
cross attentions cross_attention 张量形状为(batch_size, num_head, 1, enc_seq_len)
            cross_attn_outputs = self.crossattention(
                self.ln_cross_attn(hidden_states),
                attention_mask=attention_mask,
                head_mask=head_mask,
                encoder_hidden_states=encoder_hidden_states,
                encoder_attention_mask=encoder_attention_mask,
                output_attentions=output_attentions,
            )
            attn_output = cross_attn_outputs[0]
            # residual connection
            hidden_states = hidden_states + attn_output
            # cross_attn_outputs[2:] add cross attentions if we output attention
weights,
            # 即将'交叉多头注意力计算结果列表 cross_attn_outputs'中的交叉注意力分数张
量 cross_attention 保存为此时的 outputs 列表中的最后一个元素
            outputs = outputs + cross_attn_outputs[2:]


        feed_forward_hidden_states = self.mlp(self.ln_2(hidden_states))
        # residual connection
        hidden_states = hidden_states + feed_forward_hidden_states

        outputs = [hidden_states] + outputs

        # 此时返回的 outputs 列表中的元素为
        # <1> 第一个值为多头注意力聚合操作结果张量 hidden_states 输入前馈 MLP 层与残差连
接之后得到的最终 hidden_states 张量，形状为(batch_size, 1, n_state),all_head_size=n_
state=nx=n_embd=768
        # <2> 第二个值为上方的 present 张量，其存储着 past_key 张量与这次迭代的 key 张量
合并后的新 key 张量以及 past_value 张量与这次迭代的 value 张量合并后的新 value 张量，其形状为
(2, batch_size, num_head, sql_len+1, head_features)
        # <3> 若 output_attentions 为 True，则第三个值为 attn_outputs 列表中的注意力
分数张量 w
        # <4> 若此时进行了 Cross Attention 计算，则第四个值为'交叉多头注意力计算结果列
表 cross_attn_outputs'中的交叉注意力分数张量 cross_attention，其形状为(batch_size,
num_head, 1, enc_seq_len)
        return outputs  # hidden_states, present, (attentions,
cross_attentions)
```

Block 类中的代码过程详细说明可参考上方 Block 类源码中的注释部分。

在 Block 类中，主要结构为两个 LayerNormalization 层 self.ln_1 与 self.ln_2、一个 Attention 模块层 self.attn、一个前馈层 self.mlp；Attention 模块层用来进行多头注意力聚合操作，前馈层用来进行全连接投影操作。

若此时有编码器（encoder）中传过来的编码器隐藏状态 encoder_hidden_states 张量、encoder_attention_mask 张量传入 Block 类中且 config 中的 add_cross_attention 超参数为 True，则此时除要进行 GPT2 中默认的 Masked_Multi_Self_Attention 计算外，还需要和编码器（encoder）中传过来的编码器隐藏状态 encoder_hidden_states 张量进行 Cross_Attention 计算过程（self.crossattention）。

其中 self.crossattention 的 Cross_Attention 运算过程与 self.attn 的 Masked_Multi_Self_Attention 运算过程几乎相同，其不同之处在于：

（1）self.attn 的 Masked_Multi_Self_Attention 运算过程。

self.attn 的 Masked_Multi_Self_Attention 运算是将 LayerNormalization 之后的 hidden_states 张量通过 Attention 类中的 self.c_attn = Conv1D(3 * n_state, nx) 操作将 hidden_states 张量的形状由 (batch_size, 1, 768) 投影为 (batch_size, 1, 3 * 768)，再将投影后的 hidden_states 张量在第三维度 (dim=2)上拆分为三份，将其分别赋为 query、key、value，其形状都为(batch_size, 1, 768)，此时 n_state = nx = num_head*head_features = 768。

之后经过 Attention 类中的 split_heads()函数拆分注意力头，且 key、value 张量分别与 past_key、past_value 张量合并，之后：

- query张量的形状变为(batch_size, num_head, 1, head_features)。
- key张量的形状变为(batch_size, num_head, head_features, sql_len+1)。
- value张量的形状变为(batch_size, num_head, sql_len+1, head_features)。

最后便会利用得到的 query、key、value 进行多头注意力聚合操作，此时计算出的注意力分数张量 w 的形状为 (batch_size, num_head, 1, sql_len+1)。

（2）self.crossattention 的 Cross_Attention 运算过程。

self.crossattention 的 Cross_Attention 运算过程则是将 LayerNormalization 之后的 hidden_states 张量通过 Attention 类中的 self.q_attn = Conv1D(n_state, nx) 操作将 hidden_states 张量的形状由 (batch_size, 1, 768)投影为(batch_size, 1, 768)，将此投影之后的 hidden_states 张量赋为 query 张量。

再将此时从编码器（encoder）中传过来的编码器隐藏状态 encoder_hidden_states 通过 Attention 类中的 self.c_attn = Conv1D(2 * n_state, nx) 操作将 encoder_hidden_states 张量的形状由 (batch_size, enc_seq_len, 768) 投影为 (batch_size, enc_seq_len, 2 * 768)，将投影后的 encoder_hidden_states 张量在第三维度（dim=2）上拆分为两份，分别赋为 key、value，其形状都为 (batch_size, enc_seq_len, 768)，此时 n_state = nx = num_head*head_features = 768。经过 Attention 类中的 split_heads()函数拆分注意力头之后：

- query张量的形状变为(batch_size, num_head, 1, head_features)。
- key张量的形状变为(batch_size, num_head, head_features, enc_seq_len)。
- value张量的形状变为(batch_size, num_head, enc_seq_len, head_features)。

之后便会利用此时得到的 query、key、value 张量进行交叉多头注意力聚合操作，此时计算出的 cross_attention 张量形状为(batch_size, num_head, 1, enc_seq_len)。

12.4.3 GPT2 模型中的 Attention 类

在 GPT2 模型主体结构中，每一个 Block 模块的计算过程都包含 Attention 模块。这个模块的存在是为了计算输入数据的权重，使模型能够明确在生成文本时哪些部分是至关重要的。

在 GPT2 模型中，Attention 模块运用了多头自注意力机制。这种机制通过将输入数据进行拆分，形成多个独立的“头”，每个“头”独立计算权重。然后，这些权重被合并起来，形成最终的权重分布。

多头自注意力机制的引入使得模型能够同时关注输入数据的多个方面，从而更好地理解和生成文本。这就像人类在处理复杂的问题时，通常会采用多种不同的思维方式，从不同的角度来考虑问题。对于 GPT2 模型来说，多头自注意力机制就是它理解和生成文本的“多角度思维”。GPT2 模型源码中 Attention 类的代码如下：

```
import torch
from 第十二章 import layer_moudle

class Attention(torch.nn.Module):
    def __init__(self, nx, n_ctx, config, scale=False,
is_cross_attention=False):
        super().__init__()
        n_state = nx  # in Attention: n_state=768 (nx=n_embd)
        # [switch nx => n_state from Block to Attention to keep identical to TF
implem]
        # 利用断言函数判断此时隐藏状态的维度数n_state除以注意力头数config.n_head之后
是否能整除
        assert n_state % config.n_head == 0

        # 下方的self.register_buffer()函数的操作相当于创建了两个Attention类中的
self属性，即为self.bias属性与self.masked_bias属性
        # 其中self.bias属性为一个下三角矩阵（对角线下元素全为1，对角线上元素全为0），
其形状为(1, 1, n_ctx, n_ctx)，相当于(1, 1, 1024, 1024)
        # 而self.masked_bias属性则为一个极大的负数-1e4
        self.register_buffer(
            "bias", torch.tril(torch.ones((n_ctx, n_ctx),
dtype=torch.uint8)).view(1, 1, n_ctx, n_ctx)
        )
        self.register_buffer("masked_bias", torch.tensor(-1e4))

        self.n_head = config.n_head
        self.split_size = n_state
        self.scale = scale

        self.is_cross_attention = is_cross_attention
        if self.is_cross_attention:
            # self.c_attn = Conv1D(2 * n_state, nx)相当于全连接层，其将输入张量的
最后一个维度的维度数由n×(768)投影为2 * n_state(2*768)，此时n_state = nx =
```

```
num_head*head_features = 768
            self.c_attn = layer_moudle.Conv1D(2 * n_state, nx)

            # self.q_attn = Conv1D(n_state, nx)相当于全连接层，其将输入张量的最后一个维度的维度数由n×(768)投影为n_state(768)，此时n_state = nx = num_head*head_features = 768
            self.q_attn = layer_moudle.Conv1D(n_state, nx)

        else:
            # self.c_attn = Conv1D(3 * n_state, nx)相当于全连接层，其将输入张量的最后一个维度的维度数由n×(768)投影为2 * n_state(2*768)，此时n_state = nx = num_head*head_features = 768
            self.c_attn = layer_moudle.Conv1D(3 * n_state, nx)

        # 此处self.c_proj()为Conv1D(n_state, nx)函数(all_head_size=n_state=nx=768)，相当于一个全连接层的作用，其将此时的多头注意力聚合操作结果张量a的最后一个维度all_head_size由n_state(768)的维度数投影为n×(768)的维度数
        self.c_proj = layer_moudle.Conv1D(n_state, nx)
        self.attn_dropout = torch.nn.Dropout(config.attn_pdrop)
        self.resid_dropout = torch.nn.Dropout(config.resid_pdrop)
        self.pruned_heads = set()

    def merge_heads(self, x):
        # 此时x为：利用计算得到的注意力分数张量对value张量进行注意力聚合后得到的注意力结果张量
        # x的形状为(batch_size, num_head, sql_len, head_features)

        # 此时先将注意力结果张量x的形状变为(batch_size, sql_len, num_head,
        # head_features)
        x = x.permute(0, 2, 1, 3).contiguous()
        # new_x_shape为(batch_size, sql_len, num_head*head_features) =》
        # (batch_size, sql_len, all_head_size)
        new_x_shape = x.size()[:-2] + (x.size(-2) * x.size(-1),)

        # 此时将注意力结果张量x的注意力头维度num_head与注意力特征维度head_features进行合并变为all_head_size维度，注意力结果张量x的形状变为(batch_size, sql_len, all_head_size)
        return x.view(*new_x_shape)  # in Tensorflow implem: fct merge_states, (batch_size, sql_len, all_head_size).

    def split_heads(self, x, k=False):
        # 此时new_x_shape为：(batch_size, sql_len, num_head, head_features)
        new_x_shape = x.size()[:-1] + (self.n_head, x.size(-1) // self.n_head)
        # 将输入的张量x(可能为query、key、value张量)变形为：(batch_size, sql_len, num_head, head_features)
        x = x.view(*new_x_shape)  # in Tensorflow implem: fct split_states

        # 若此时输入的张量为key张量，则需要将key张量再变形为(batch_size, num_head, head_features, sql_len)
        # 因为此时key张量需要以[query * key]的形式与query张量做内积运算，因此key张量需要将head_features变换到第三维度，将sql_len变换到第四维度，这样[query * key]内积运
```

```
算之后的注意力分数张量的形状才能符合(batch_size, num_head, sql_len, sql_len)
        if k:
            return x.permute(0, 2, 3, 1)  # (batch_size, num_head, head_features, sql_len)

        # 若此时输入的张量为query张量或value张量，则将张量维度再变换为(batch_size, num_head, sql_len, head_features)即可，即将sql_len与num_head调换维度
        else:
            return x.permute(0, 2, 1, 3)  # (batch_size, num_head, sql_len, head_features)

    def _attn(self, q, k, v, attention_mask=None, head_mask=None, output_attentions=False):

        '''
        此时query张量形状为: (batch_size, num_head, 1, head_features)
        key张量的形状为: (batch_size, num_head, head_features, sql_len+1)
        value张量的形状为: (batch_size, num_head, sql_len+1, head_features)

        此时key张量以[query * key]的形式与query张量做内积运算，key张量已在split_heads()操作与past_key合并操作中提前将head_features变换到第三维度，将sql_len+1变换到第四维度，这样[query * key]内积运算之后的注意力分数张量w的形状才能符合(batch_size, num_head, 1, sql_len+1)
        '''
        w = torch.matmul(q, k)  # 注意力分数张量w: (batch_size, num_head, 1, sql_len+1)

        # 对注意力分数张量w中的值进行缩放(scaled)， 缩放的除数为注意力头特征数head_features的开方值
        if self.scale:
            w = w / (float(v.size(-1)) ** 0.5)

        # 此时nd与ns两个维度相当于1与seq_len+1
        nd, ns = w.size(-2), w.size(-1)

        # 此处的操作为利用torch.where(condition, x, y)函数，将注意力分数张量w在mask.bool()条件张量为True(1)的相同位置的值保留为w中的原值，将在mask.bool()条件张量为True(0)的相同位置的值变为self.masked_bias(-1e4)的值
        '''<1> GPT2Model第一次迭代时输入GPT2Model的forward()函数中的past_key_values参数为None，此时nd与ns维度才会相等，在nd与ns维度相等的情况下此操作的结果等价于让注意力分数张量w与attention_mask张量相加的结果
        <2> 若为GPT2Mode第二次及之后的迭代，nd与ns两个维度相当于1与seq_len+1，此时对self.bias进行切片操作时，ns - nd等于seq_len+1 - 1即结果为seq_len，即此时切片操作相当于self.bias[:, :, seq_len : seq_len+1, :seq_len+1]，此操作的意义在于对此次迭代中，最新的token的注意力分数上添加GPT2中的下三角形式的注意力遮罩'''
        if not self.is_cross_attention:
            # if only "normal" attention layer implements causal mask
            # 此时self.bias属性为一个下三角矩阵(对角线下元素全为1,对角线上元素全为0)，其形状为(1, 1, n_ctx, n_ctx)，相当于(1, 1, 1024, 1024)；但此处对self.bias进行切片操作时,ns - nd等于seq_len+1 - 1,即结果为seq_len,即此时切片操作相当于self.bias[:, :, seq_len : seq_len+1, :seq_len+1]
```

```
            '''此时 mask 张量（经过大张量 self.bias 切片获得）的形状为(1, 1, 1, seq_len
+ 1)'''
            mask = self.bias[:, :, ns - nd: ns, :ns]
            '''此操作的意义在于对此次迭代中，最新的 token 的注意力分数上添加 GPT2 中的下三
角形式注意力遮罩'''
            w = torch.where(mask.bool(), w, self.masked_bias.to(w.dtype))

        # 让注意力分数张量 w 与 attention_mask 张量相加，以达到让填充特殊符[PAD]处的注意
力分数为一个很大的负值的目的，这样在下面将注意力分数张量 w 输入 Softmax()层计算之后，填充特殊
符[PAD]处的注意力分数将会变为无限接近 0 的数，以此让填充特殊符[PAD]
        # 处的注意力分数极小，其 embedding 嵌入值基本不会在多头注意力聚合操作中被获取到
        if attention_mask is not None:
            # Apply the attention mask
            w = w + attention_mask

        # 注意力分数张量 w: (batch_size, num_head, 1, sql_len+1)
        # 将注意力分数张量 w 输入 Softmax()层中进行归一化计算，计算得出最终的注意力分数，
再将注意力分数张量 w 输入 Dropout 层 self.attn_dropout()中进行正则化操作， 防止过拟合
        w = torch.nn.Softmax(dim=-1)(w)
        w = self.attn_dropout(w)

        # Mask heads if we want to，对注意力头 num_head 维度的 mask 操作

        # 多头注意力聚合操作：注意力分数张量 w 与 value 张量进行内积
        # 注意力分数张量 w 形状：(batch_size, num_head, 1, sql_len+1)
        # value 张量形状：(batch_size, num_head, sql_len+1, head_features)
        # 多头注意力聚合操作结果张量形状：(batch_size, num_head, 1, head_features),
head_features=768
        outputs = [torch.matmul(w, v)]
        # 若同时返回注意力分数张量 w，则将 w 张量添加入 outputs 列表中
        if output_attentions:
            outputs.append(w)

        return outputs

    def forward(
            self,
            hidden_states,
            layer_past=None,
            attention_mask=None,
            head_mask=None,
            encoder_hidden_states=None,
            encoder_attention_mask=None,
            use_cache=False,
            output_attentions=False,
    ):
        # <1> 此时的隐藏状态 hidden_states 的形状为 (batch_size, 1, nx)，此时 nx =
n_state = n_embed = head_features = 768，即此时隐藏状态 hidden_states 的形状为
(batch_size, 1, 768)
        # <2> 此时 layer_past 为一个存储着 past_key 张量与 past_value 张量的大张量，其
        #    形状为(2, batch_size, num_head, sql_len, head_features)
```

```
        # <3> attention_mask张量为注意力遮罩张量，其让填充特殊符[PAD]处的注意力分数极小其embedding嵌入值基本不会在多头注意力聚合操作中被获取到

        if encoder_hidden_states is not None:
            assert hasattr(
                self, "q_attn"
            ), "If class is used as cross attention, the weights `q_attn` have to be defined. " \
               "Please make sure to instantiate class with `Attention(..., is_cross_attention=True)`."

            '''self.crossattention()的Cross_Attention运算过程则是将LayerNormalization之后的hidden_states通过self.q_attn = Conv1D(n_state, nx)(第168行代码)，将hidden_states的形状由(batch_size,1, 768)投影为(batch_size,1, 768)，将此投影之后的hidden_states赋值作为query张量；再将此时从编码器(encoder)中传过来的编码器隐藏状态encoder_hidden_states通过self.c_attn = Conv1D(2 * n_state, nx)(第164行代码)，将encoder_hidden_states的形状由(batch_size, enc_seq_len, 768)投影为(batch_size, enc_seq_len, 2 * 768)，将投影后的encoder_hidden_states在第三维度(dim=2)上拆分为两份分别赋为key、value，其形状都为(batch_size, enc_seq_len, 768)；此时n_state = nx = num_head*head_features = 768

            之后经过split_heads()函数拆分注意力头之后:
            query张量的形状变为(batch_size, num_head, 1, head_features),
            key张量的形状变为(batch_size, num_head, head_features, enc_seq_len),
            value张量的形状变为(batch_size, num_head, enc_seq_len, head_features)

            此时计算出的cross_attention张量形状为(batch_size, num_head, 1, enc_seq_len)'''

            query = self.q_attn(hidden_states)
            key, value = self.c_attn(encoder_hidden_states).split(self.split_size, dim=2)
            attention_mask = encoder_attention_mask

        else:
            '''此时隐藏状态hidden_states的形状为(batch_size, 1, 768)，将其输入全连接层self.c_attn中后，其Conv1D(3 * n_state, nx)操作(nx=n_state=768)便会将hidden_states的第三维度数由 768 维投影为 3 * 768 维，此时的hidden_states张量的形状为(batch_size, 1, 3 * 768)，最后将hidden_states张量在第三个维度(维度数3 * 768)上切分为三块，将这切分出的三块各当成query、key、value张量，则每个张量的形状都为(batch_size, 1, 768)
            此时n_state = nx = num_head*head_features = 768

            之后经过split_heads()函数拆分注意力头且key、value张量分别与past_key、past_value张量合并之后:
            query张量的形状变为(batch_size, num_head, 1, head_features),
            key张量的形状变为(batch_size, num_head, head_features, sql_len+1),
            value张量的形状变为(batch_size, num_head, sql_len+1, head_features)'''
            query, key, value = self.c_attn(hidden_states).split(self.split_size, dim=2)
```

```
        '''第一次迭代时 query、key、value 张量的 seq_len 维度处的维度数就为 seq_len 而不是 1，第二次之后 seq_len 维度的维度数皆为 1'''
        # 此时经过'注意力头拆分函数 split_heads()'之后的 query、key、value 三个张量的形状分别为：
        # query: (batch_size, num_head, 1, head_features)
        # key: (batch_size, num_head, head_features, 1)
        # value: (batch_size, num_head, 1, head_features)
        query = self.split_heads(query)
        key = self.split_heads(key, k=True)
        value = self.split_heads(value)

        if layer_past is not None:
            '''第一次迭代时 query、key、value 张量的 seq_len 维度处的维度数就为 seq_len 而不是 1，第二次之后 seq_len 维度的维度数皆为 1'''
            '''<1> 本次迭代中新的 key 张量
            此时需要通过 layer_past[0].transpose(-2, -1)操作将 past_key 张量的形状变为(batch_size, num_head, head_features, sql_len)，而此时 key 张量的形状为(batch_size, num_head, head_features, 1)，这样在下方就方便将 past_key 张量与 key 张量在最后一个维度(dim=-1)处进行合并，这样就将当前 token 的 key 部分加入了 past_key 的 seq_len 中，以方便模型在后面预测新的 token，此时新的 key 张量的形状为：(batch_size, num_head, head_features, sql_len+1), new_seq_len 为 sql_len+1
             <2> 本次迭代中新的 value 张量
            而此时 past_value 不用变形，其形状为(batch_size, num_head, sql_len, head_features)，而此时 value 张量的形状为(batch_size, num_head, 1, head_features)，这样在下方就方便将 past_value 张量与 value 张量在倒数第二个维度(dim=-2)处进行合并，这样就将当前 token 的 value 部分加入了 past_value 的 seq_len 中，以方便模型在后面预测新的 token，此时新的 value 张量的形状为：(batch_size, num_head, sql_len+1, head_features), new_seq_len 为 sql_len+1
           '''
            past_key, past_value = layer_past[0].transpose(-2, -1), layer_past[1]  # transpose back cf below
            key = torch.cat((past_key, key), dim=-1)
            value = torch.cat((past_value, value), dim=-2)

        # config 对应的 GPT2Config()类中的 use_cache 默认为 True。但此时若为 Cross_Attention 运算过程，则此时不会指定 use_cache，而此时 use_cache 属性即为 False(因为 Attention 类中 use_cache 属性默认为 False，除非指定 config 对应的 GPT2Config()类中的 use_cache 属性其才会为 True)
        if use_cache is True:
            # 若 use_cache 为 True，此时将 key 张量的最后一个维度与倒数第二个维度互换再与 value 张量进行 stack 合并，此时 key.transpose(-2, -1)的形状为(batch_size, num_head, sql_len+1, head_features)，此时 torch.stack()操作后的 present 张量形状为(2, batch_size, num_head, sql_len+1, head_features)
            '''present 张量形状：(2, batch_size, num_head, sql_len+1, head_features)，即 present 张量是用来存储此次迭代中的 key 张量与上一次迭代中的 past_key 张量(layer_past[0])合并。
            本次迭代的 value 张量与上一次迭代中的 past_value 张量(layer_past[1])合并后所得的新的 key 张量与 value 张量'''
            present = torch.stack((key.transpose(-2, -1), value))  # transpose to have same shapes for stacking
```

```
        else:
            present = (None,)

        '''此时query张量形状为: (batch_size, num_head, 1, head_features)
        key张量的形状为: (batch_size, num_head, head_features, sql_len+1)
        value张量的形状为: (batch_size, num_head, sql_len+1, head_features)'''
        # 若output_attentions为True，则self._attn()函数返回的attn_outputs列表
中的第二个值为注意力分数张量w
        attn_outputs = self._attn(query, key, value, attention_mask, head_mask,
output_attentions)

        # 此时self._attn()函数返回的attn_outputs列表中的第一个元素为多头注意力聚合操
作结果张量a，a张量的形状为(batch_size, num_head, 1, head_features)
        # 若output_attentions为True，则此时self._attn()函数返回的attn_outputs
列表中的第二个元素为注意力分数张量w，其形状为(batch_size, num_head, 1, seq_len + 1)
        a = attn_outputs[0]

        '''此时经过'多头注意力头合并函数self.merge_heads()'后的多头注意力聚合操作结
果张量a的形状变为(batch_size, 1, all_head_size)，其中 all_head_size 等于 num_head *
head_features, head_features=768
        all_head_size维度的维度数为768，等于n_state，也等于nx，即
all_head_size=n_state=nx=768'''
        a = self.merge_heads(a)

        # 此处self.c_proj()为Conv1D(n_state, nx)函数
(all_head_size=n_state=nx=768)，相当于一个全连接层的作用，其将此时的多头注意力聚合操作结
果张量a的最后一个维度all_head_size由n_state(768)的维度数投影为nx(768)的维度数
        a = self.c_proj(a)
        a = self.resid_dropout(a)  # 残差dropout层进行正则化操作，防止过拟合

        # 此时多头注意力聚合操作结果张量a的形状为(batch_size, 1, all_head_size),
        # 其中 all_head_size 等于 num_head * head_features; all_head_size维度的
维度数为768，等于n_state,也等于nx, 即all_head_size=n_state=nx=n_embed=768
        outputs = [a, present] + attn_outputs[1:]

        # 此时返回的outputs列表中
        # <1> 第一个值为多头注意力聚合操作结果张量a，形状为(batch_size, 1,
all_head_size)，all_head_size=n_state=nx=n_embd=768
        # <2> 第二个值为上方的present张量，其存储着past_key张量与这次迭代的key张量
合并后的新key张量，以及past_value张量与这次迭代的value张量合并后的新value张量，其形状
为(2, batch_size, num_head, sql_len+1, head_features)
        # <3> 若output_attentions为True，则第三个值为attn_outputs列表中的注意力
分数张量w，其形状为(batch_size, num_head, 1, seq_len + 1)
        return outputs  # a, present, (attentions)
```

Attention类的代码过程细节，可以参看上述Attention类的源代码注释部分。

Attention类中的merge_heads()函数的作用，是将多头注意力聚合操作结果张量a的注意力头维度进行合并，使多头注意力聚合操作结果张量a的形状由(batch_size, num_head, 1, head_features)变为(batch_size, 1, all_head_size)。通过这种方式，我们可以将分散在多个头上的注意力聚合起来，以获得更全面的信息。

另外，split_heads()函数的作用是对 query 张量、key 张量与 value 张量进行注意力头拆分。在多头注意力机制中，我们需要将输入的张量拆分成多个头，每个头独立计算注意力权重。这个函数就是用来完成这个过程的。

可以看到，Attention 类中最核心的函数是_attn()，它用来对 query、key、value 三个张量进行多头注意力聚合操作。这个函数的计算过程是整个 Attention 类的核心，也是多头注意力机制的关键所在。

在 Attention()类的 forward()函数中，一开始会判断是否传入了编码器（encoder）中传过来的编码器隐藏状态 encoder_hidden_states 张量。如果传入了编码器隐藏状态 encoder_hidden_states 张量，那么此时 Attention()类中会进行“交叉多头注意力聚合操作 Cross_Attention”的计算过程；如果未传入编码器隐藏状态 encoder_hidden_states 张量，那么此时 Attention()类中便会进行 GPT2 中默认的“多头注意力聚合操作 Masked_Multi_Self_Attention”计算过程。这种根据输入情况来选择不同注意力计算方式的设计，使得模型能够更加灵活地处理不同的任务。

如果 Attention 类的 forward()函数中传入了 layer_past 张量，那么必然会进行 GPT2 中默认的“多头注意力聚合操作 Masked_Multi_Self_Attention”计算过程。这是因为在进行“交叉多头注意力聚合操作 Cross_Attention”的计算过程时，不需要用到 layer_past 张量。

此时，根据 layer_past 张量中保存的 past_key 张量与 past_value 张量计算当前迭代中新的 key 张量与 value 张量的过程讲解如下。

1. 当前迭代中新的key张量

此时需要通过 layer_past[0].transpose(-2,-1)操作，将 past_key 张量的形状变为(batch_size, num_head, head_features, sql_len)，而此时 key 张量的形状为(batch_size, num_head, head_features, 1)，便可将 past_key 张量与 key 张量在最后一个维度（dim=-1）处进行合并，这样就将当前 token 的 key 部分加入了 past_key 的 seq_len 中，以方便模型在后面预测新的 token，此时新的 key 张量的形状为 (batch_size, num_head, head_features, sql_len+1)，new_seq_len 为 sql_len+1。

2. 当前迭代中新的value张量

此时 past_value 张量不用变形，其形状为(batch_size, num_head, sql_len, head_features)，而此时 value 张量的形状为(batch_size, num_head, 1, head_features)，便可将 past_value 张量与 value 张量在倒数第二个维度（dim=-2）处进行合并，这样就将当前 token 的 value 部分加入了 past_value 的 seq_len 中，以方便模型在后面预测新的 token，此时新的 value 张量的形状为 (batch_size, num_head, sql_len+1, head_features)，new_seq_len 为 sql_len+1。

12.4.4　GPT2 模型中的 MLP 类

在 GPT2 模型源码中，MLP 类的作用是实现模型的深度学习。MLP（Multi-Layer Perceptron）是一种常见的深度学习架构，由多个全连接层组成，用于将输入数据映射到输出标签。在 GPT2 模型中，MLP 类用于对 Transformer 编码器输出的特征图进行进一步的处理和分类。

GPT2 模型中的 MLP 类继承了 PyTorch 中的 nn.Module 类，并实现了前馈神经网络（Feed-Forward Neural Network）的功能。该类中定义了多个全连接层和激活函数，用于对 Transformer 编码器输出的低维特征图进行学习和预测。通过 MLP 类中的多个全连接层可以将输入特征映射到更高的维度空间，并学习到更复杂的特征表示。其代码如下：

```
class MLP(nn.Module):
    def __init__(self, n_state, config):  # in MLP: n_state=3072 (4 * n_embd)
        super().__init__()
        # 此时 nx=n_embed=768
        # 而 n_state 实际为 inner_dim，即 n_state 为 4 * n_embd 等于 3072
        nx = config.n_embd

        # self.c_fc = Conv1D(n_state, nx)相当于全连接层，其将输入张量的最后一个维度的维度数由 nx(768)投影为 n_state(3072)，此时 n_state=3072
        self.c_fc = Conv1D(n_state, nx)
        # self.c_proj = Conv1D(nx, n_state)相当于全连接层，其将输入张量的最后一个维度的维度数由 n_state(3072)投影为 nx(768)，此时 n_state=3072
        self.c_proj = Conv1D(nx, n_state)

        # 激活函数 gelu
        self.act = ACT2FN[config.activation_function]
        # 残差 dropout 层进行正则化操作，防止过拟合
        self.dropout = nn.Dropout(config.resid_pdrop)

    def forward(self, x):
        h = self.act(self.c_fc(x))
        h2 = self.c_proj(h)
        return self.dropout(h2)
```

MLP 类中的代码过程详细说明可参考上方 MLP 类源码中的注释部分。

可以看到，GPT2 模型主体结构的每一个 Block 模块运算过程中，都包含 Attention 模块与 MLP 模块的运算，MLP 类实质上就是一个两层全连接层模块，这里会将 Attention 类输出的结果 hidden_states 张量输入 MLP 类中进行前馈神经网络运算。将 MLP 类的输出结果再输入残差连接 residual_connection 之后，GPT2 模型结构中一个 Block 模块的运算过程即结束，之后将会进行下一个 Block 模块的运算。

以上就是对 GPT2 模型源码的详细介绍。通过分析和解读源码，我们可以深入了解 GPT2 模型的核心机制和实现细节，为进一步研究和实践应用提供有益的参考。希望能够帮助读者更好地理解和应用 GPT2 模型。

12.5　具有多样性生成的 GPT2 生成函数

在深度学习领域中，生成模型被广泛用于从大量数据中学习数据的分布模式和特征，并生成新的、与真实数据类似的结果。然而，生成模型在生成样本时，往往面临着一个难以解决的问题：在生成过程中，模型有时会过度模仿训练数据，产生毫无新意的样本。为了解决这个问题，生成模型引入了一个创造性参数 temperature，用于调节生成样本的多样性和质量。

创造性参数 temperature 的主要作用是控制生成样本的多样性。当 temperature 参数值较高时，生成样本的分布更加离散，即生成的样本更加多样化和创新。这有利于增加模型的创造性，能够产生更多新颖和有趣的结果。但是，如果 temperature 参数值过高，生成样本的质量可能会受到影

响，可能会产生一些不真实和不可用的结果。

相反，当 temperature 参数值较低时，生成样本的分布更加集中，即生成的样本更加稳定和可靠。这有利于提高生成样本的质量和真实感，但是可能会降低模型的创造性，使得生成的结果比较平凡和普通。

因此，创造性参数 temperature 的使用可以平衡生成样本的多样性和质量。通过合理调整 temperature 参数的值，可以使得生成模型既能够生成丰富多样的样本，又能够保证生成样本的质量和真实感。

12.5.1 创造性函数的使用与代码详解

下面回到 GPT2 模型的生成问题上。在 12.3.4 节中，我们讲解了一个经典的 GPT 模型输出结构，读者通过演练可知，这种经典的输出模型可以完成基于引导词的后续文本内容的生成，但是内容过于狭隘，绝大多数内容都是围绕一个特定的内容生成的。

读者可以首先运行本章配套源码中的另一个带有创造性参数的结果推断文件 infer_with_temperature.py。

这个是加载了具有创造性参数的结果推断文件。而其使用的函数也很简单，只需要在 gpt2 主类中加上如下函数即可：

```
    @torch.no_grad()
    def generate(self, continue_buildingsample_num, prompt_token=None,
temperature=1., top_p=0.95, devcice="cpu"):
        """
        :param continue_buildingsample_num: 这个参数指的是在输入的 prompt_token 后再输出多少个字符
        :param prompt_token: 这个是需要转换成 token 的内容，这里需要输入的是一个 list
        :param temperature:
        :param top_k:
        :return: 输出一个 token 序列
        用法:
        """
        # 这里就是转换成了 list 系列的 ID
        # prompt_token_new = prompt_token[:-1]    #使用这个代码，在生成的 token 中没有 102 这个分隔符
        prompt_token_new = list(prompt_token)  # 使用这个代码，在生成的 token 中有 102 这个分隔符
        for i in range(continue_buildingsample_num):
            _token_inp = torch.tensor([prompt_token_new]).to(devcice)
            logits = self.forward(_token_inp)
            logits = logits[:, -1, :]
            probs = torch.softmax(logits / temperature, dim=-1)
            next_token = self.sample_top_p(probs, top_p)  # 预设的 top_p = 0.95
            next_token = next_token.reshape(-1)
            prompt_token_new.append(next_token.item())  # 这是把 token 从 tensor 转换成普通 char, tensor -> list
        # 注意上面的是生成的字符里面要带的分隔符 102，这也是目前有用的
        # text_context = tokenizer.decode(prompt_token,
skip_special_tokens=True)
```

```
        return prompt_token_new

    def sample_top_p(self, probs, p):
        probs_sort, probs_idx = torch.sort(probs, dim=-1, descending=True)
        probs_sum = torch.cumsum(probs_sort, dim=-1)
        mask = probs_sum - probs_sort > p
        probs_sort[mask] = 0.0
        probs_sort.div_(probs_sort.sum(dim=-1, keepdim=True))
        next_token = torch.multinomial(probs_sort, num_samples=1)
        next_token = torch.gather(probs_idx, -1, next_token)
        return next_token
```

通过额外添加创造性参数，可以使得生成模型具有更好的灵活性与多样性，具体请读者自行对比尝试。

12.5.2　创造性参数 temperature 与采样个数 TopK 简介

创造性生成函数所产生的结果主要受两个参数的影响：创造性参数 temperature 与采样个数 TopK。首先，我们简单概述一下这两个参数的功能。对于生成模型来说，temperature 可以视为模型创造性的调节因子。当 temperature 值越大，模型的创造性就越强，但生成的文本可能会变得较为不稳定。相反，当 temperature 值越小，模型的创造性就越弱，而生成的文本会趋于稳定。

接下来，我们谈谈 TopK 这个参数的作用。在创造性生成过程中，TopK 被用来挑选概率最高的 k 个 token 作为候选集。如果 k 的值为 1，那么生成的答案将唯一确定。而当 TopK 的值为 0 时，这个参数就不起作用了。

1. temperature参数

模型在数据生成的时候，会通过采样的方法来增加文本生成过程中的随机性。生成是根据概率分布情况来随机生成下一个单词。例如，已知单词 [a, b, c] 的生成概率分别是 [0.1, 0.3, 0.6]，则接下来生成 c 的概率就会比较大，生成 a 的概率就会比较小。

但如果按照全体词的概率分布来进行采样，还是有可能生成低概率的单词，导致生成的句子出现语法或语义错误。通过在 softmax 函数中加入 temperature 参数，强化顶部词的生成概率，在一定程度上可以解决这一问题。

$$p(i) = \frac{e^{\frac{z_i}{t}}}{\sum_1^k e^{\frac{z_i}{t}}}$$

在上述公式中，当 $t<1$ 时，将会增加顶部词的生成概率，且 t 越小，越倾于按保守的方法生成下一个词；当 $t>1$ 时，将会增加底部词的生成概率，且 t 越大，越倾向于从均匀分布中生成下一个词。图 12-21 所示为模拟每个字母生成的概率，可以观察到 t 值大小对概率分布的影响。

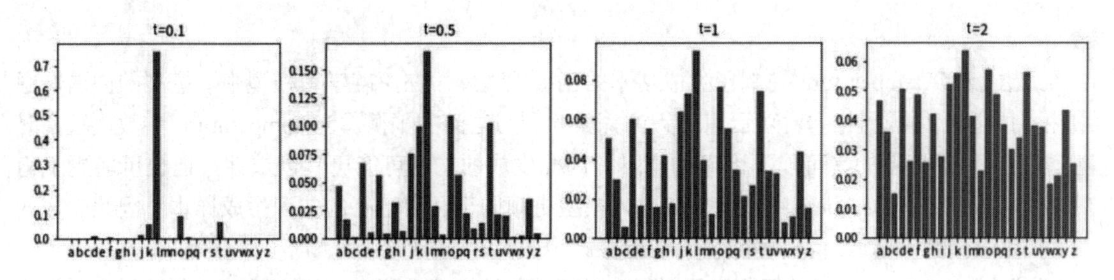

图 12-21　t 值大小对概率分布的影响

这样做的好处在于生成的文本具有多样性和随机性，但是同时对 t 值的选择需要依赖模型设计人员的经验或调参。

下面使用 NumPy 实现 temperature 值的设置，代码如下：

```
def temperature_sampling(prob, T=0.2):
    def softmax(z):
        return np.exp(z) / sum(np.exp(z))
    log_prob = np.log(prob)
    reweighted_prob = softmax(log_prob / T)
    sample_space = list(range(len(prob)))
    original_sample = np.random.choice(sample_space, p=prob)
    temperature_sample = np.random.choice(list(range(len(prob))),
p=reweighted_prob)
    return temperature_sample
```

2. TopK参数

即使我们设置了 temperature 参数，选取了合适的 t 值，还是会有较低的可能性生成低概率的单词。因此，需要额外增加一个参数来确保太低概率的词不会被选择到。

应用 TopK，可以根据概率分布情况预先挑选出一部分概率高的单词，然后对这部分单词进行采样，从而避免低概率词的出现。

TopK 是直接挑选概率最高的 k 个单词，然后重新根据 softmax 计算这 k 个单词的概率，再根据概率分布情况进行采样，生成下一个单词。采样还可以选用 temperature 方法。此方法的 NumPy 实现如下：

```
def top_k(prob, k=5):
    def softmax(z):
        return np.exp(z) / sum(np.exp(z))

    topk = sorted([(p, i) for i, p in enumerate(prob)], reverse=True)[:k]
    k_prob = [p for p, i in topk]
    k_prob = softmax(np.log(k_prob))
    k_idx = [i for p, i in topk]
    return k_idx, k_prob, np.random.choice(k_idx, p=k_prob)
```

采用 TopK 的方案可以避免低概率词的生成。但是与 temperature 一样，k 值的选择需要依赖于经验或调参。比如，在较为狭窄的分布中，选取较小的 k 值；在较为宽广的分布中，选取较大的 k 值。

创造性参数 temperature 和采样个数 TopK 是深度学习模型，特别是 GPT2 模型中的两个重要参数。

创造性参数 temperature 控制了生成文本的创造性程度。在深度学习模型中，模型的创造性通常被视为模型在生成新样本时对已有知识的探索和利用之间的平衡。当 temperature 参数值较高时，模型更倾向于探索新的、可能不准确的样本，因此生成的文本可能更具创造性，但也可能更不稳定和不准确。当 temperature 参数值较低时，模型更倾向于利用已有的知识生成样本，因此生成的文本可能更稳定和准确，但也可能缺乏创造性。

采样个数 TopK 是指在进行概率采样时，从模型输出中选取前 k 个概率最高的单词作为候选集合。这个参数影响了模型生成文本的速度和质量。在确定 TopK 值时，如果 k 值较小，生成文本可能较快，但可能不够丰富和准确；如果 k 值较大，生成的文本可能更丰富和准确，但可能需要更长的时间和更多的计算资源。

在应用创造性参数 temperature 和采样个数 TopK 时，通常需要根据实际应用场景和计算资源来选择合适的值。可以通过调整这两个参数的值来平衡生成文本的速度、准确性和创造性程度。

12.6 本章小结

本章着重讲解了多模态语音转换模型 GLM 的基础、GPT2 模型的组成架构，并对其源码进行详细分析。GPT2 作为一种基于 Transformer 架构的深度学习模型，其核心由两个主要部分组成：编码器和解码器。编码器接收语音输入，并将其转换为一种中间表示形式，称为词向量。解码器则将这些词向量转换为文本输出。

GPT2 模型的创新之处在于其解码器部分。GPT 解码器使用了一种名为“自回归性”（Auto-Regression）的技术，这种技术允许模型预测下一个单词的概率分布，并从中选择最可能的单词作为输出。这种自回归性解码器使得 GPT2 模型能够产生高质量的文本输出。

此外，我们还详细分析了 GPT2 模型的源码。在分析过程中，我们以注释的形式对每行代码进行详细的解释，使读者能够更好地理解 GPT2 模型的实现细节。这些注释涵盖了模型的初始化、训练和推理过程，以及模型中使用的各种技术，例如层归一化、位置编码和注意力机制等。

我们还介绍了如何使用 GPT2 模型进行多模态语音转文本任务。在应用过程中，需要将语音数据转换为合适的输入格式，并将 GPT2 模型的输出解析为文本。同时，我们还讲解了创造性参数 temperature 和采样个数 TopK 在模型应用中的重要性，为读者提供了有关如何调整这些参数的建议。

GPT2 作为 GLM 的基础模型，具有强大的多模态数据融合能力，这一点在深度学习领域已经得到了广泛的认可。通过继承和发扬 GPT2 的优点，改进后的多模态 GLM 模型能够更好地完成多模态语音转换任务。

在多模态语音转换任务中，不同模态之间的融合是一个非常重要的过程，它可以为模型提供更丰富的特征信息，从而提高模型的性能。多模态 GLM 模型通过引入多个模态的特征，并将它们融合在一起，从而实现了更高效的多模态数据利用。

多模态 GLM 模型在继承和发扬 GPT2 优点的基础上，通过引入新的技术和改进模型结构，实现了更高效的多模态数据利用和更准确的语音转换效果，为深度学习模型的发展和应用提供了新的思路和方法。

第 13 章

GLM 架构多模态语音文字转换实战

在前面的章节中，我们介绍了基于编码器的文本生成模型，这是目前自然语言处理领域应用最广泛的生成模型。得益于强大的通用语言模型（General Language Model，GLM）架构，智谱 AI 在人工智能领域中成为全球的领军者。

本章将详细介绍基于 GLM 架构的多模态语音转换。为了逐步引导读者学习这方面的内容，我们将从一个简单的文本生成任务开始，帮助读者了解模型的运行和训练方法。随后，将引入语音识别相关的内容，从而实现从语音到文本的转换，这是一个多模态语音文本转换的完整过程。我们的目标是通过循序渐进的方式，让读者逐步了解并掌握基于最新的 GLM 架构的多模态语音转换技术。

13.1 GLM 架构详解

智谱 AI 提出的 GLM 模型，由于其具有良好的外延和推理能力，代表了深度学习模型架构设计的最高水平。

一般而言，无论是作为语音文本转换，还是单纯的自然语言生成模型，其架构主要分成三种：

- 自回归（比如GPT2）：从左往右学习的模型，根据句子中前面的单词，预测下一个单词。例如，通过“今天的晚饭吃__”预测单词“馒头”。长文本的生成能力很强，缺点就是单向的注意力机制在分类任务中不能完全捕捉 token 的内在联系。
- 自编码（比如BERT）：通过覆盖句中的单词，或者对句子做结构调整，让模型复原单词和词序，从而调节网络参数。例如，可以把 BERT看成一种自编码器，它通过 Mask 改变了部分 Token，然后试图通过其上下文的其他Token来恢复这些被Mask的Token。自编码在语言理解相关的文本表示效果很好，缺点是不能直接用于文本生成。
- 编码解码（比如LAS）：编码器使用双向注意力，解码器使用单向注意力，并且有交叉注意力连接两者，在有条件生成任务（seq-seq）中表现良好，其主要应用在语音文本转换以及多语种翻译上。

这三类语言模型各有优缺点，但没有一种框架能够在所有的生成任务中都表现出色。一些先前的工作尝试通过多任务学习的方式将不同框架的目标结合起来，但由于自编码和自回归目标本质上的不同，简单地结合不能充分继承两者的优势。

因此，智谱 AI 提出了一种基于自回归空白填充的 GLM 来解决这个问题。实验表明，GLM 在参数量和计算成本相同的情况下，能够在中文语言理解测评基准（GLEM）中显著超越 BERT，并且在使用相似规模的语料进行训练时，能够超越其他大语言模型。

具体来看，GLM 能够超越其他所有的模型，取得重大突破的原因主要集中在以下 3 点：

- 采用旋转位置编码（Rotary Position Embedding，RoPE）。
- 添加旋转位置编码的注意力模型。
- 调整Layer Normalization和Residual Connection顺序的GLMBlock。

下面将分小节依次对这 3 点进行讲解。

13.1.1　GLM 模型架构重大突破：旋转位置编码

首先GLM架构的第一个重大突破，即采用智谱AI提出的旋转位置编码。这是一种配合注意力机制能达到“绝对位置编码的方式实现相对位置编码”的设计。

总的来说，旋转位置编码的目标是构建一个位置相关的投影矩阵，使得注意力中的 query 和 key 在计算时达到如下平衡：

$$(R_m q)^T (R_n k) = q^T R_{n-m} k$$

其中，q 和 k 分别对应注意力机制中的 query 和 key 向量，m 和 n 代表两个位置，R_i（以 R 为基础的符号）表示位置 i 处的投影矩阵。

GLM 为我们提供了基于旋转位置编码的代码实现。下面代码中 RotaryEmbedding 类的作用是计算不同维度下的旋转位置编码。rotate_half 函数的作用是对输入的张量进行部分旋转。更具体地说，这个函数将输入张量 x 沿着最后一个维度分成两半（x1 和 x2），然后按照-x2 和 x1 的顺序重新拼接。apply_rotary_pos_emb_index 函数的作用是对输入的 query 和 key 注入旋转位置编码的位置信息，完整代码如下：

```
class RotaryEmbedding(torch.nn.Module):
    def __init__(self, dim, scale_base = model_config.scale_base, use_xpos = 
True):
        super().__init__()
        inv_freq = 1.0 / (10000 ** (torch.arange(0, dim, 2).float() / dim))
        self.register_buffer("inv_freq", inv_freq)

        self.use_xpos = use_xpos
        self.scale_base = scale_base
        scale = (torch.arange(0, dim, 2) + 0.4 * dim) / (1.4 * dim)
        self.register_buffer('scale', scale)

    def forward(self, seq_len, device=all_config.device):
        t = torch.arange(seq_len, device = device).type_as(self.inv_freq)
        freqs = torch.einsum('i , j -> i j', t, self.inv_freq)
```

```
        freqs = torch.cat((freqs, freqs), dim = -1)

        if not self.use_xpos:
            return freqs, torch.ones(1, device = device)

        power = (t - (seq_len // 2)) / self.scale_base
        scale = self.scale ** elt.Rearrange('n -> n 1')(power) #rearrange(power, )
        scale = torch.cat((scale, scale), dim = -1)

        return freqs, scale

def rotate_half(x):
    x1, x2 = x.chunk(2, dim=-1)
    return torch.cat((-x2, x1), dim=-1)

def apply_rotary_pos_emb(pos, t, scale = 1.):
     return (t * pos.cos() * scale) + (rotate_half(t) * pos.sin() * scale)

if __name__ == '__main__':
    embedding = torch.randn(size=(5,128,512))
    print(rotate_half(embedding).shape)
```

13.1.2 添加旋转位置编码的注意力机制

在原有的自注意力机制的基础上，GLM 设计了一种添加旋转位置编码的新的注意力机制。对于标准的注意力模型来看，其结构如下：

$$Q = W_q X$$
$$K = W_k X$$
$$V = W_u X$$
$$\text{Attention}(Q, K, V, A) = \text{softmax}(\frac{QK^T}{\sqrt{d_k}})V$$

其中，X是输入，W_q,W_k,W_v分别是query、key、value的投影矩阵。相比于标准的注意力机制，GLM 在 Q 和 K 中引入了 Rotary Position Embedding 的位置信息，以便更好地捕捉序列中的位置相关性。而多头注意力就是将多个单头注意力的结果拼接起来。

$$\text{head}_i = \text{Attention}(Q_i, K_i, V_i, A_i)$$
$$\text{MultiHead}(Q, K, V, A) = \text{Concat}(\text{head}_1, \cdots, \text{head}_h) W_o$$

在具体实现上，GLM 首先实现了标准的自注意力模型，之后通过添加 Rotary Position Embedding 的形式完成了独创性的 GLM 注意力模型。代码如下：

注意：apply_rotary_pos_emb 是为 query 和 key 注入 Rotary Position Embedding，然后实现注意力机制。

```
#注入 rope 函数
def apply_rotary_pos_emb(self,pos, t, scale=1.):
```

```
        def rotate_half(x):
            x1, x2 = x.chunk(2, dim=-1)
            return torch.cat((-x2, x1), dim=-1)
        #return (t * torch.cos(pos.clone()) * scale) + (rotate_half(t) *
torch.sin(pos.clone()) * scale)
        return (t * pos.cos() * scale) + (rotate_half(t) * pos.sin() * scale)
    …
    #生成 rope
    self.rotary_emb = layers.RotaryEmbedding(dim_head,
scale_base=model_cfg.xpos_scale_base, use_xpos=model_cfg.use_xpos and
model_cfg.causal)
    …
    #将生成的 rope 注入 query 与 key
    pos_emb, scale = self.rotary_emb(n, device=device)
    q = self.apply_rotary_pos_emb(pos_emb, q, scale)
    k = self.apply_rotary_pos_emb(pos_emb, k, scale ** -1)
```

这样做的好处在于，通过注入独创性的 Rotary Position Embedding，使得 GLM 中的注意力模型有了更好的外推性，相对于其他的位置特征，旋转位置编码能够最大限度地扩展生成模型的准确性。

13.1.3　新型的激活函数 GLU 详解

GLM 中提出并使用的 GLU（Gated Linear Unit）激活函数是一种用于神经网络的激活函数，它具有门控机制，可以帮助网络更好地捕捉序列数据中的长期依赖关系。GLU 激活函数最初在自然语言处理任务中提出，并在机器翻译、语音识别等领域取得了良好的效果。

GLU 激活函数的定义为：$GLU(x)= x\otimes\sigma(g(x))$。其中，x 是输入向量，$\otimes$表示逐元素相乘，$\sigma$表示 Sigmoid 函数，g(x)是通过全连接层或卷积层得到的中间向量。其实现如下：

```
    class SwiGLU(torch.nn.Module):
        def forward(self, x):
            x, gate = x.chunk(2, dim=-1)
            return torch.nn.functional.silu(gate) * x    #注意 silu 为 PyTorch 2.0 中
Sigmoid 的优化形式
```

理解 GLU 激活函数的关键在于它的门控机制。门控机制使得 GLU 能够选择性地过滤输入向量的某些部分，并根据输入的上下文来调整输出。门控部分的作用是将输入进行二分类，来决定哪些部分应该被保留，哪些部分应该被抑制。

例如，在语言模型中，GLU 激活函数可以帮助网络根据上下文选择性地关注某些单词或短语，从而更好地理解句子的语义。门控机制可以有效地减少噪声和不相关信息的影响，以提高网络的表达能力和泛化能力。

13.1.4　调整架构顺序的 GLMBlock

相对于早期的 Block，GLM 在 Block 模组的构成上进行了优化，修改了构成的顺序。这种改进使得 GLM 的 Block 模组更加高效和灵活，能够更好地适应各种深度学习任务的需求。修改后的整体结构如图 13-1 所示。

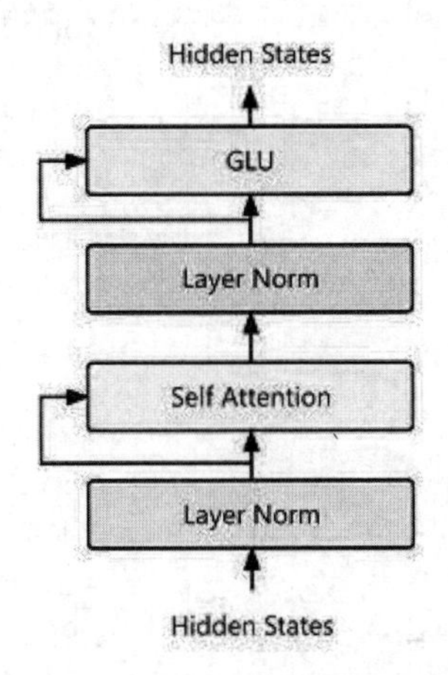

图 13-1　GLM 整体结构

可以很明显地看到，其输入的数据依次经过的基本结构为：Layer Norm、Self Attention（输入和输出残差连接）、Layer Norm、GLU（输入和输出残差连接）。

完整的 Block 结构如下：

```
    class GLMBlock (torch.nn.Module):
        def __init__(self,dim = model_cfg.dim,heads = model_cfg.head_num,qk_rmsnorm
= model_cfg.qk_rmsnorm):
            super().__init__()

            self.heads = heads
            dim_head = dim//heads       #这个就是每个 head 的维度
            self.causal = model_cfg.causal  #这个是做因果关系的 cause，作者认为是呈现一个
三角归纳和递归计算
            qk_scale = 4
            self.scale = (dim_head ** -0.5) if not qk_rmsnorm else qk_scale #qk_scale
是预定义放大的倍数

            self.norm = layers.LayerNorm(dim)

            ff_mult = 4     #这个是在 feedford 上放大的倍数
            self.fused_dims = (dim,dim_head,dim_head,(dim * ff_mult * 2))
            self.fused_attn_ff_proj = torch.nn.Linear(dim, sum(self.fused_dims),
bias=False)

            self.qk_rmsnorm = qk_rmsnorm
            if qk_rmsnorm:
                self.q_scale = torch.nn.Parameter(torch.ones(dim_head))
                self.k_scale = torch.nn.Parameter(torch.ones(dim_head))
            #下面是做 RotaryEmbedding
            self.rotary_emb = layers.RotaryEmbedding(dim_head,
scale_base=model_cfg.xpos_scale_base, use_xpos=model_cfg.use_xpos and
model_cfg.causal)
```

```
        self.attn_out = torch.nn.Linear(dim, dim, bias=False)

        self.ff_out = torch.nn.Sequential(layers.SwiGLU(),
torch.nn.Dropout(model_cfg.drop_ratio),torch.nn.Linear((dim * ff_mult), dim,
bias=False)) #注意这里输入的维度不要乘 2
    def forward(self,x,mask = None):
        n = seq_length = x.shape[1];
        device = x.device

        x = self.norm(x)
        q, k, v, ff = self.fused_attn_ff_proj(x).split(self.fused_dims, dim=-1)
#  ([3, 128, 512])  ([3, 128, 64])   ([3, 128, 64])   ([3, 128, 4096])

        q = elt.Rearrange("b n (h d) -> b h n d",h = self.heads)(q)    #head_dim
= [3 8 128 64]

        if self.qk_rmsnorm:
            q,k = map(layers.l2norm,(q,k))
            q = q * self.q_scale;k = k * self.k_scale

        pos_emb, scale = self.rotary_emb(n, device=device)

        q = self.apply_rotary_pos_emb(pos_emb, q, scale)
        k = self.apply_rotary_pos_emb(pos_emb, k, scale ** -1)

        sim = torch.einsum("b h i d, b j d -> b h i j",q, k) * self.scale

        #这里是加上 pad_mask 计算，把 0 的位置全部填充了
        if mask != None:
            mask = elt.Rearrange('b j -> b 1 1 j')(mask)#rearrange(mask, 'b j ->
b 1 1 j')
            sim = sim.masked_fill(~mask, -torch.finfo(sim.dtype).max)

        #这里是加上递归 mask 计算
        if self.causal:
            causal_mask = torch.ones((n, n), device=device,
dtype=torch.bool).triu(1)
            sim = sim.masked_fill(causal_mask, -torch.finfo(sim.dtype).max)

        #下面开始计算 attention
        attention_score = torch.softmax(sim,dim=-1)
        attention_score =
torch.nn.Dropout(model_cfg.drop_ratio)(attention_score)

        out = torch.einsum("b h i j, b j d -> b h i d", attention_score, v)
        out = elt.Rearrange("b h n d -> b n (h d)")(out)
        out = self.attn_out(out)
        attn_out = self.attn_out(out)
        ff_out = self.ff_out(ff)
```

```
        return attn_out + ff_out

    def apply_rotary_pos_emb(self,pos, t, scale=1.):
        def rotate_half(x):
            x1, x2 = x.chunk(2, dim=-1)
            return torch.cat((-x2, x1), dim=-1)
        #return (t * torch.cos(pos.clone()) * scale) + (rotate_half(t) * 
torch.sin(pos.clone()) * scale)
        return (t * pos.cos() * scale) + (rotate_half(t) * pos.sin() * scale)
```

13.1.5　自定义完整的 GLM 模型（单文本生成版）

根据前面的定义，本小节将基于自定义的 GLMBlock 完成 GLM 模型，需要注意，我们在此完成的是单文本生成的模型，而多模态 GLM 模型将在 13.3 节讲解。

1. 模型参数的设置

在使用 GLM 模型之前，需要对一些基本参数进行设置，例如每个字符的维度，以及在模型中使用的层数。在这里提供了已经设置好的参数，代码如下所示。

```
class ModelConfig:
    num_tokens = vocab_size = 4100  #字符数是根据 13.2 节中的数据集所设定的，读者可以
使用自定义的字库
    dim = 512
    scale_base = 512
    head_num = 8
    assert dim%head_num == 0,print("dim%head_num != 0")
    qk_rmsnorm = False
    xpos_scale_base = 512
    causal = True             #ausal = True  # 当 causal 和 use_xpos 同时为 True 时，
才能使用 Rotary Position Embedding。这确保了模型在处理序列数据时保持因果关系的存在
    use_xpos = True
    drop_ratio = 0.1
    device = "cuda"
    depth = 6
```

2. 完整的GLM模型

设置参数后，完整的 GLM 模型实现代码如下：

```
import torch
from moudle import layers             #本章代码库 layers 文件中
from moudle.utils import *            #本章代码库 utils 文件中
import einops.layers.torch as elt
from einops import rearrange, repeat, reduce, pack, unpack

import all_config
model_cfg = all_config.ModelConfig

class GLMBlock(torch.nn.Module):
```

```
    def __init__(self,dim = model_cfg.dim,heads = model_cfg.head_num,qk_rmsnorm
= model_cfg.qk_rmsnorm):
        super().__init__()

        self.heads = heads
        dim_head = dim//heads      #这个就是每个 head 的维度
        self.causal = model_cfg.causal  #这个是做因果关系的 cause，目的是呈现一个三角
归纳和递归计算
        qk_scale = 4
        self.scale = (dim_head ** -0.5) if not qk_rmsnorm else qk_scale # qk_scale
是预定义放大的倍数

        self.norm = layers.LayerNorm(dim)

        ff_mult = 4     #这个是在 feedford 上放大的倍数
        self.fused_dims = (dim,dim_head,dim_head,(dim * ff_mult * 2))
        self.fused_attn_ff_proj = torch.nn.Linear(dim, sum(self.fused_dims),
bias=False)

        self.qk_rmsnorm = qk_rmsnorm
        if qk_rmsnorm:
            self.q_scale = torch.nn.Parameter(torch.ones(dim_head))
            self.k_scale = torch.nn.Parameter(torch.ones(dim_head))

        #下面是做 RotaryEmbedding
        self.rotary_emb = layers.RotaryEmbedding(dim_head,
scale_base=model_cfg.xpos_scale_base, use_xpos=model_cfg.use_xpos and
model_cfg.causal)

        self.attn_out = torch.nn.Linear(dim, dim, bias=False)

        self.ff_out =
torch.nn.Sequential(layers.SwiGLU(),torch.nn.Dropout(model_cfg.drop_ratio),torc
h.nn.Linear((dim * ff_mult), dim, bias=False)) #注意这里输入的维度不要乘 2
    def forward(self,x,mask = None):
        n = seq_length = x.shape[1];
        device = x.device

        x = self.norm(x)
        q, k, v, ff = self.fused_attn_ff_proj(x).split(self.fused_dims, dim=-1)
#  ([3, 128, 512])  ([3, 128, 64])   ([3, 128, 64])   ([3, 128, 4096])

        q = elt.Rearrange("b n (h d) -> b h n d",h = self.heads)(q)    #head_dim
= [3 8 128 64]

        if self.qk_rmsnorm:
            q,k = map(layers.l2norm,(q,k))
            q = q * self.q_scale;k = k * self.k_scale

        pos_emb, scale = self.rotary_emb(n, device=device)
```

```
            q = self.apply_rotary_pos_emb(pos_emb, q, scale)
            k = self.apply_rotary_pos_emb(pos_emb, k, scale ** -1)

            sim = torch.einsum("b h i d, b j d -> b h i j",q, k) * self.scale

            #这里是加上 pad_mask 计算，把 0 的位置全部填充了
            if mask != None:
                mask = elt.Rearrange('b j -> b 1 1 j')(mask)#rearrange(mask, 'b j ->
b 1 1 j')
                sim = sim.masked_fill(~mask, -torch.finfo(sim.dtype).max)

            #这里是加上递归 mask 计算
            if self.causal:
                causal_mask = torch.ones((n, n), device=device,
dtype=torch.bool).triu(1)
                sim = sim.masked_fill(causal_mask, -torch.finfo(sim.dtype).max)

            #下面开始计算 attention
            attention_score = torch.softmax(sim,dim=-1)
            attention_score =
torch.nn.Dropout(model_cfg.drop_ratio)(attention_score)

            out = torch.einsum("b h i j, b j d -> b h i d", attention_score, v)
            out = elt.Rearrange("b h n d -> b n (h d)")(out)

            out = self.attn_out(out)
            attn_out = self.attn_out(out)
            ff_out = self.ff_out(ff)

            return attn_out + ff_out

        def apply_rotary_pos_emb(self,pos, t, scale=1.):
            def rotate_half(x):
                x1, x2 = x.chunk(2, dim=-1)
                return torch.cat((-x2, x1), dim=-1)
            #return (t * torch.cos(pos.clone()) * scale) + (rotate_half(t) *
torch.sin(pos.clone()) * scale)
            return (t * pos.cos() * scale) + (rotate_half(t) * pos.sin() * scale)

    class GLMSimple(torch.nn.Module):
        def __init__(self,dim = model_cfg.dim,num_tokens =
model_cfg.num_tokens,device = all_config.device):
            super().__init__()
            self.num_tokens = num_tokens
            self.causal = model_cfg.causal
            self.device = device

            self.token_emb = torch.nn.Embedding(num_tokens,dim)
            self.layers = torch.nn.ModuleList([])
```

```
        for _ in range(model_cfg.depth):
            block = GLMBlock()
            self.layers.append(block)

        self.norm = layers.LayerNorm(dim)
        self.to_logits = torch.nn.Linear(dim, num_tokens, bias=False)

    def forward(self,x):

        if not self.causal:
            mask = x > 0
            x = x.masked_fill(~mask, 0)
        else:
            mask = None
        x = self.token_emb(x)

        for layer in self.layers:
            x = x + layer(x, mask = mask)

        #这个返回的embedding好像没什么用
        embeds = self.norm(x)

        logits = self.to_logits(x)

        return logits, embeds

    def generate(
            self, seq_len, prompt=None, temperature=1., filter_logits_fn=top_k,
            filter_thres=0.99, pad_value=0., eos_token=2,
return_seq_without_prompt=True,  # 作用是在下面随机输出的时候，把全部的字符输出
    ):

        # 这里是作者后加上去的，输入进来可以是list
        prompt = torch.tensor(prompt)
        prompt = prompt.to(self.device)

        prompt, leading_dims = pack([prompt], '* n')

        n, out = prompt.shape[-1], prompt.clone()

        # wrapper_fn = identity if not use_tqdm else tqdm
        sample_num_times = max(1, seq_len - prompt.shape[-1])

        for _ in (range(sample_num_times)):
            logits, embeds = self.forward(out)
            logits, embeds = logits[:, -1], embeds[:, -1]

            sample = gumbel_sample_one_choice(logits, temperature=temperature,
dim=-1)
```

```
            out, _ = pack([out, sample], 'b *')

        out, = unpack(out, leading_dims, '* n')
        return out[..., n:]
if __name__ == '__main__':

    token = torch.randint(0,1024,(1,5)).to("cuda")
    model = GLMSimple().to("cuda")
    result = model.generate(seq_len=20,prompt=token)
    print(result)
```

在这里完成了一种自定义的 GLM 模型，读者可以自行打印测试结果。

13.2 实战：基于 GLM 的文本生成

在上一节中，我们完成了基于 GLM 架构的模型实现。本节将带领读者完成基于 GLM 架构的多模态语音文本转换实战。为了降低学习难度，我们首先引领读者完成基于 GLM 的文本生成，之后采用融合的方式将语音数据融合到生成模型中，从而完成基于多模态的语音文本转换。

13.2.1 数据集的准备

本章的目的是完成语音文本转换的实战，使用的是 Aidatatang_200zh 数据集。

Aidatatang_200zh 是一套开放式中文普通话电话语音库，语料库长达 200 小时，由 Android 系统手机（16kHz，16 位）和 iOS 系统手机（16kHz，16 位）记录，邀请来自中国不同重点区域的 600 名演讲者参加录音，录音是在安静的室内环境中进行的，其中包含不影响语音识别的背景噪声，参与者的性别和年龄均匀分布。语料库的语言材料设计为音素均衡的口语句子。每个句子的手动转录准确率大于 98%。

读者可以很容易地搜索到这个数据集，下载并解压后的单个文件如图 13-2 所示。

T0055G0013S0001.metadata	2019/4/12 16:44	METADATA 文件
T0055G0013S0001	2019/4/24 10:58	TRN 文件
T0055G0013S0001	2019/4/24 10:41	文本文档
T0055G0013S0001	2019/4/12 16:44	WAV 文件
T0055G0013S0002.metadata	2019/4/12 16:44	METADATA 文件
T0055G0013S0002	2019/4/24 10:58	TRN 文件
T0055G0013S0002	2019/4/24 10:41	文本文档
T0055G0013S0002	2019/4/12 16:44	WAV 文件

图 13-2　下载并解压后的单个文件示例

我们在前面讲过，对于第一步单文本生成来说，并不需要对语音数据进行匹配，因此在这一步进行数据读取时，只需要读取 TXT 文本文件中的数据即可。

1. 读取所有的文件夹与文件名

通过解压后的文件可以看到，Aidatatang_200zh 数据集中包含 600 个文件夹，每个文件夹中存放若干文本与语音对应的文件，其通过文件名进行一一对应。

首先对所有的文件进行读取，实现代码如下：

```
import os
# 列出所有目录下文件夹的函数
def list_folders(path):
    """
    列出指定路径下的所有文件夹名
    """
    folders = []
    for root, dirs, files in os.walk(path):
        for dir in dirs:
            folders.append(os.path.join(root, dir))
    return folders
from torch.utils.data import DataLoader, Dataset

def list_files(path):
    files = []
    for item in os.listdir(path):
        file = os.path.join(path, item)
        if os.path.isfile(file):
            files.append(file)
    return files

#这里使用的是自定义的数据集存放位置，读者可以改成自己所对应的语音数据集位置
dataset_path = "D:/语音识别_数据集/aidatatang_200zh/dataset"
folders = list_folders(dataset_path)    #获取所有文件夹

for folder in tqdm(folders):
    _files = list_files(folder)          #获取当前文件夹中的所有文件
    for _file in _files:
        if _file.endswith("txt"):
            with open(_file,encoding="utf-8") as f:
                line = f.readline().strip()
```

其中 folders 是 Aidatatang_200zh 目录下的所有文件夹，list_folders 的作用是对每个文件夹进行重新读取。

下面一个非常重要的操作就是建立相应的字库文件。在读取全部文本数据之后，使用 set 结构对每个字符进行存储，实现代码如下：

```
vocab = set()
…
for folder in tqdm(folders):
    _files = list_files(folder)
    for _file in _files:
        if _file.endswith("txt"):
            with open(_file,encoding="utf-8") as f:
```

```
            line = f.readline().strip()
            for char in line:
                vocab.add(char)
vocab = list(sorted(vocab))
```

为了节省时间，在这里作者直接提供了所有的字库内容如下：

```
vocab = [' ','→','←','A','B','C','D','E','F','G','H',…
```

其总量为 4080，而为了表示起始位置和结束位置，在这里使用'→'与'←'表示开始与结束。

2. 建立文本生成数据集

接下来建立文本数据集，下面的代码实现了对文本数据集的读取。需要注意的是，部分读者可能硬件配置暂时有些欠缺，因此我们人为地设置整体文本长度不超过 18，语音时长不超过 22 秒（语音时长在此并不适用）。完整实现代码如下：

```
import numpy as np
from tqdm import tqdm
vocab = []  #这里是 vocab 内容，已省略
import os
# 列出所有目录下文件夹的函数
def list_folders(path):
    """
    列出指定路径下的所有文件夹名
    """
    folders = []
    for root, dirs, files in os.walk(path):
        for dir in dirs:
            folders.append(os.path.join(root, dir))
    return folders
from torch.utils.data import DataLoader, Dataset

def list_files(path):
    files = []
    for item in os.listdir(path):
        file = os.path.join(path, item)
        if os.path.isfile(file):
            files.append(file)
    return files

dataset_path = "D:/语音识别_数据集/aidatatang_200zh/dataset"

folders = list_folders(dataset_path)
#folders = folders[len(folders)//2:]

max_length = 18
sampling_rate = 16000
wav_max_length = 22#这里的计数单位是秒
context_list = []
token_list = []
```

```
    wav_name_list = []
    for folder in tqdm(folders):
        _files = list_files(folder)
        for _file in _files:
            if _file.endswith("txt"):#_file =
"D:/aidatatang_200zh/G0084/T0055G0084S0496.txt"
                with open(_file,encoding="utf-8") as f:
                    line = f.readline().strip()
                    if len(line) <= max_length:

                        context_list.append(line)
                        token = [1] + [vocab.index(char) for char in line] + [2]
                        token = token + [0] * (max_length + 2 - len(token))

                        wav_name = _file.replace("txt", "wav")
                        wav_name_list.append(wav_name)
                        token_list.append(token)

    print(len(token_list))

    import torch
    class TextSamplerDataset(torch.utils.data.Dataset):
        def __init__(self, token_list = token_list):
            super().__init__()
            self.token_list = token_list

        def __getitem__(self, index):
            token = self.token_list[index]
            token = torch.tensor(token).long()
            token_inp, token_tgt = token[:-1], token[1:]

            return token_inp,token_tgt

        def __len__(self):
            return len(self.token_list)

    if __name__ == '__main__':
        sd = TextSamplerDataset()
        sd.__getitem__(0)
```

在上面代码中，我们使用了自定义的 dataset 地址，读者可以按自身的数据地址修正。而对于是否加载全部数据集的问题，读者可以自行选择合适的数据量进行加载。

13.2.2 模型的训练

本小节将进行模型的训练。前面已经完成了模型的设计以及数据集的准备，接下来的模型训练则相对简单和容易，完整的训练代码如下：

```
    import os
    os.environ["CUDA_VISIBLE_DEVICES"] = "0"
```

```
    import random
    from tqdm import tqdm
    import numpy as np
    import torch
    from torch.utils.data import DataLoader, Dataset

    # constants
    LEARNING_RATE = 2e-4
    BATCH_SIZE = 32          #读者可以根据自身的显存设置batch_size大小

    # helpers
    import all_config
    model_cfg = all_config.ModelConfig
    device = model_cfg.device

    from moudle import glm_model_1 as glm_model
    model = glm_model.GLMSimple(num_tokens=model_cfg.vocab_size,
dim=model_cfg.dim)
    model.to(device)

    from 单文本生成 import get_data

    train_dataset = get_data.TextSamplerDataset()
    train_loader = (DataLoader(train_dataset,
batch_size=BATCH_SIZE,shuffle=True,num_workers=0))

    save_path = "../saver/glm_text_generator.pth"
    #model.load_state_dict(torch.load(save_path))

    optimizer = torch.optim.AdamW(model.parameters(), lr = LEARNING_RATE)
    lr_scheduler = torch.optim.lr_scheduler.CosineAnnealingLR(optimizer,T_max =
2400,eta_min=2e-6,last_epoch=-1)
    criterion = torch.nn.CrossEntropyLoss()

    if __name__ == '__main__':
        for epoch in range(60):
            pbar = tqdm(train_loader,total=len(train_loader))
            for token_inp,token_tgt in pbar:
                token_inp = token_inp.to(device)
                token_tgt = token_tgt.to(device)
                logits,_ = model(token_inp)
                loss = criterion(logits.view(-1, logits.size(-1)),
token_tgt.view(-1))

                optimizer.zero_grad()
                loss.backward()
                optimizer.step()
                lr_scheduler.step()
                pbar.set_description(f"epoch:{epoch +1},
train_loss:{loss.item():.5f}, lr:{lr_scheduler.get_last_lr()[0]*1000:.5f}")
```

```
        #if (epoch + 1) % 2 == 0:
        torch.save(model.state_dict(), save_path)
```

读者可以自行尝试训练，不过建议一般在训练epoch为60轮以上时再进行下一步模型的预测与推断。

13.2.3 模型的推断

接下来使用模型进行推断。我们在GLM模型设计时就已经完成了模型的推断，即generator函数，下面只需要使用此函数直接完成推断即可。实现代码如下：

```
vocab = []  #读者需要自行补充vocab内容
import os
os.environ["CUDA_VISIBLE_DEVICES"] = "0"
import torch
# constants
LEARNING_RATE = 2e-4
# helpers
import all_config
model_cfg = all_config.ModelConfig
device = model_cfg.device

from moudle import glm_model_1 as glm_model
model = glm_model.GLMSimple(num_tokens=model_cfg.vocab_size,
dim=model_cfg.dim)
model.to(device)

save_path = "../saver/glm_text_generator.pth"
model.load_state_dict(torch.load(save_path))

text = "今天"
for _ in range(5):
    prompt_token = token = [1] + [vocab.index(char) for char in text]
    result_token = model.generate(seq_len=20, prompt=prompt_token)
    _text = [vocab[id] for id in result_token]
    _text = "".join(_text)
    print(text + _text)
```

在正确地载入已训练模型后，输出结果如图13-3所示。

```
今天天气不错
今天天气不错
今天天气不错
今天晚上吃什么
今天天气不错啊
```

图13-3　模型训练后的输出结果

这是由于我们在引导输出时使用了“今天”作为引导词，读者可以更换相应的引导词，从而生成不同的结果。更多内容请读者自行尝试完成。

13.3　实战：基于 GLM 的语音文本转换

13.2 节完成了基于 GLM 架构的单文本生成，本节我们将完成语音到文本的转换。这种转换一个简单的思路就是：文本在生成时需要参考传入的语音内容，而对结果进行输出，即将语音特征融入文本生成中，形成一个多模态的文本生成内容。

13.3.1　数据集的准备与特征抽取

上一节中完成了单文本生成的数据集准备，本小节将在此基础上继续完成基于多模态的语音文本转换实战。首先是数据集的准备，在前期介绍 Aidatatang_200zh 数据集时就已经说明，对于数据集中的语音和文本数据，是以文件名为标准进行匹配和处理的。本小节依旧可以通过这种方法来获取数据。借助文件名匹配的方法，我们可以轻松地将语音数据与对应的文本数据关联起来，构建一个全面且准确的语音文本转换数据集。

对于语音特征部分来说，在第 3 和第 4 章，我们详细讲解了多种语音特征的抽取，这里将使用梅尔频谱作为音频特征参与计算，核心实现代码如下：

```
def compute_melspec(y, sr, n_mels, fmin, fmax):
    """
    :param y:传入的音频序列，每帧的采样
    :param sr: 采样率
    :param n_mels: 梅尔滤波器的频率倒谱系数
    :param fmin: 短时傅里叶变换(STFT)的分析范围 min
    :param fmax: 短时傅里叶变换(STFT)的分析范围 max
    :return:
    """
    # 计算 Mel 频谱图的函数
    melspec = lb.feature.melspectrogram(y=y, sr=sr, n_mels=n_mels, fmin=fmin,
fmax=fmax)  # (128, 1024) 输出一个声音的频谱矩阵
    # Python 中用于将音频信号的功率值转换为分贝(dB)值的函数
    melspec = lb.power_to_db(melspec).astype(np.float32)
    return melspec
```

注意：读者也可以使用其他音频特征，例如 MFCC，读者可以自行修正。

在本例中，我们设置的生成字符长度不超过 18，同时语音时间不超过 22 秒，读者可以自行对此设置进行修改。完整的数据获取代码如下：

```
import numpy as np
from soundfile import SoundFile
from moudle import sound_untils
import librosa as lb
import soundfile as sf
vocab = []  #其中的 vocab 内容请读者自行补充
from tqdm import tqdm
import os
# 列出所有目录下文件夹的函数
```

```
def list_folders(path):
    """
    列出指定路径下的所有文件夹名
    """
    folders = []
    for root, dirs, files in os.walk(path):
        for dir in dirs:
            folders.append(os.path.join(root, dir))
    return folders
from torch.utils.data import DataLoader, Dataset

def list_files(path):
    files = []
    for item in os.listdir(path):
        file = os.path.join(path, item)
        if os.path.isfile(file):
            files.append(file)
    return files

dataset_path = "C:/aidatatang_200zh/"

folders = list_folders(dataset_path)
folders = folders[:20]

max_length = 18
sampling_rate = 16000
wav_max_length = 22      #这里的计数单位是秒
context_list = []
token_list = []
wav_name_list = []
for folder in tqdm(folders):
    _files = list_files(folder)
    for _file in _files:
        if _file.endswith("txt"):#_file =
"D:/aidatatang_200zh/G0084/T0055G0084S0496.txt"
            with open(_file,encoding="utf-8") as f:
                line = f.readline().strip()
                if len(line) <= max_length:

                    context_list.append(line)
                    token = [1] + [vocab.index(char) for char in line] + [2]
                    token = token + [0] * (max_length + 2 - len(token))

                    wav_name = _file.replace("txt", "wav")
                    wav_name_list.append(wav_name)
                    token_list.append(token)


print(len(token_list))
```

```
import torch
class TextSamplerDataset(torch.utils.data.Dataset):
    def __init__(self, token_list = token_list,wav_name_list = wav_name_list):
        super().__init__()
        self.token_list = token_list
        self.wav_name_list = wav_name_list

    def __getitem__(self, index):
        token = self.token_list[index]
        token = torch.tensor(token).long()
        token_inp, token_tgt = token[:-1], token[1:]

        wav_name = self.wav_name_list[index]
        audio, orig_sr = sf.read(wav_name, dtype="float32")
        audio = sound_untils.crop_or_pad(audio, length=sampling_rate *
wav_max_length)  #把 audio 做一个整体输入，在这里所有的都做了输入
        wav_image = sound_untils.audio_to_image(audio, sampling_rate, 128, 0,
sampling_rate//2)
        wav_image = torch.tensor(wav_image,dtype=torch.float).float()

        return token_inp,wav_image,token_tgt

    def __len__(self):
        return len(self.token_list)

if __name__ == '__main__':
    sd = TextSamplerDataset()
    sd.__getitem__(0)
```

需要注意的是，我们使用的是文件名进行配对的方法，之后在 TextSamplerDataset 数据输出类中对结果进行输出和读取。

这样做的好处是，可以节省大量的内存和显存占用，有条件的读者可以自行对此进行修正，即将所有的数据进行预处理之后，通过 TextSamplerDataset 类进行输出。

13.3.2　语音特征融合的方法

下面设计一个新的可以融入已有语音数据的多模态语音转换模型。一个简单的思路是在原有的数据集上将新的语音特征进行融合，如图 13-4 所示。

而特征融合的基本想法就是将不同的语音特征进行相加，用代码表示如下：

```
x += image
x = self.merge_norm(x)
```

可以看到，首先 x 是输入的文本特征，而 image 是提取后转换的图像特征，merge_norm 是一个专门的正则化层。此时，只需要一个简单的相加并通过正则化处理，即可完成对特征的融合。

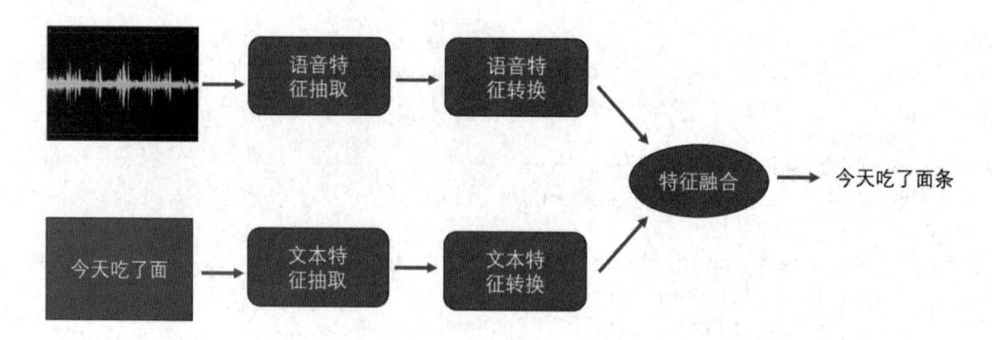

图 13-4　在原有的数据集上将新的语音特征进行融合

还有一点需要注意，对于输入的不同的语音特征，还需要一个对应的处理类，将其处理成可以与目标特征结构相一致的特征抽取类，本节所使用的特征抽取类如下：

```
class ReshapeImageLayer(torch.nn.Module):
    def __init__(self):
        super().__init__()
        #维度修正函数
        self.reshape_layer = torch.nn.Linear(688,model_cfg.dim * 2)
        #设计正则化函数
        self.norm = layers.LayerNorm(model_cfg.dim * 2)
        #设计激活函数
        self.act = layers.SwiGLU()

    def forward(self,image):
        image = self.reshape_layer(image)
        image = self.norm(image)
        image = self.act(image)
        #根据 PyTorch 中的维度进行调整
        image = torch.permute(image,[0,2,1])
        image = torch.nn.AdaptiveAvgPool1d(1)(image)
        image = torch.permute(image,[0,2,1])
        return image
```

可以看到，这是一个简单的对类进行处理的方法，即首先将输入的语音数据进行维度计算，之后的正则化层和激活层都对语音特征进行抽取，最后的 AvgPool 对语音特征进行压缩，将其缩减为可以与文本特征进行融合的结构。

13.3.3　基于多模态语音融合的多模态模型设计

下面就是基于多模态的语音模型的实现，在 13.3.2 节已经介绍了多模态融合的方法，完整的模型实现代码如下：

```
import torch
from moudle import layers
from moudle.utils import *
import einops.layers.torch as elt
from einops import rearrange, repeat, reduce, pack, unpack
```

```
import all_config
model_cfg = all_config.ModelConfig

#创建的对 image 输入维度进行调整的类
class ReshapeImageLayer(torch.nn.Module):
    def __init__(self):
        super().__init__()
        self.reshape_layer = torch.nn.Linear(688,model_cfg.dim * 2)
        self.norm = layers.LayerNorm(model_cfg.dim * 2)
        self.act = layers.SwiGLU()

    def forward(self,image):
        image = self.reshape_layer(image)
        image = self.norm(image)
        image = self.act(image)
        image = torch.permute(image,[0,2,1])
        image = torch.nn.AdaptiveAvgPool1d(1)(image)
        image = torch.permute(image,[0,2,1])

        return image

class GLMBlock(torch.nn.Module):
    def __init__(self,dim = model_cfg.dim,heads = model_cfg.head_num,qk_rmsnorm
= model_cfg.qk_rmsnorm):
        super().__init__()

        self.heads = heads
        dim_head = dim//heads     #这个就是每个 head 的维度
        self.causal = model_cfg.causal  #这个是做因果关系的 cause，作者认为是呈现一个
三角归纳和递归计算
        qk_scale = 4
        self.scale = (dim_head ** -0.5) if not qk_rmsnorm else qk_scale #这里的
qk_scale 是除以的缩小倍数

        self.norm = layers.LayerNorm(dim)

        ff_mult = 4     #这个是在 feedford 上放大的倍数
        self.fused_dims = (dim,dim_head,dim_head,(dim * ff_mult * 2))
        self.fused_attn_ff_proj = torch.nn.Linear(dim, sum(self.fused_dims),
bias=False)

        self.qk_rmsnorm = qk_rmsnorm
        if qk_rmsnorm:
            self.q_scale = torch.nn.Parameter(torch.ones(dim_head))
            self.k_scale = torch.nn.Parameter(torch.ones(dim_head))

        #下面是做 RotaryEmbedding
        self.rotary_emb = layers.RotaryEmbedding(dim_head,
scale_base=model_cfg.xpos_scale_base, use_xpos=model_cfg.use_xpos and
```

```
model_cfg.causal)

        self.attn_out = torch.nn.Linear(dim, dim, bias=False)

        self.ff_out =
torch.nn.Sequential(layers.SwiGLU(),torch.nn.Dropout(model_cfg.drop_ratio),torc
h.nn.Linear((dim * ff_mult), dim, bias=False)) #注意这里输入的维度不要乘 2
    def forward(self,x,mask = None):
        n = seq_length = x.shape[1];
        device = x.device

        x = self.norm(x)
        q, k, v, ff = self.fused_attn_ff_proj(x).split(self.fused_dims, dim=-1)
#  ([3, 128, 512])  ([3, 128, 64])   ([3, 128, 64])   ([3, 128, 4096])

        q = elt.Rearrange("b n (h d) -> b h n d",h = self.heads)(q)    #head_dim
= [3 8 128 64]

        if self.qk_rmsnorm:
            q,k = map(layers.l2norm,(q,k))
            q = q * self.q_scale;k = k * self.k_scale

        pos_emb, scale = self.rotary_emb(n, device=device)

        q = self.apply_rotary_pos_emb(pos_emb, q, scale)
        k = self.apply_rotary_pos_emb(pos_emb, k, scale ** -1)

        sim = torch.einsum("b h i d, b j d -> b h i j",q, k) * self.scale

        #这里是加上 pad_mask 计算，把 0 的位置全部填充了
        if mask != None:
            mask = elt.Rearrange('b j -> b 1 1 j')(mask)#rearrange(mask, 'b j ->
b 1 1 j')
            sim = sim.masked_fill(~mask, -torch.finfo(sim.dtype).max)

        #这里是加上递归 mask 计算
        if self.causal:
            causal_mask = torch.ones((n, n), device=device,
dtype=torch.bool).triu(1)
            sim = sim.masked_fill(causal_mask, -torch.finfo(sim.dtype).max)

        #下面开始计算 attention
        attention_score = torch.softmax(sim,dim=-1)
        attention_score =
torch.nn.Dropout(model_cfg.drop_ratio)(attention_score)

        out = torch.einsum("b h i j, b j d -> b h i d", attention_score, v)
        out = elt.Rearrange("b h n d -> b n (h d)")(out)

        out = self.attn_out(out)
```

```
        attn_out = self.attn_out(out)
        ff_out = self.ff_out(ff)

        return attn_out + ff_out

    def apply_rotary_pos_emb(self,pos, t, scale=1.):
        def rotate_half(x):
            x1, x2 = x.chunk(2, dim=-1)
            return torch.cat((-x2, x1), dim=-1)
        #return (t * torch.cos(pos.clone()) * scale) + (rotate_half(t) *
torch.sin(pos.clone()) * scale)
        return (t * pos.cos() * scale) + (rotate_half(t) * pos.sin() * scale)

class GLMSimple(torch.nn.Module):
    def __init__(self,dim = model_cfg.dim,num_tokens =
model_cfg.num_tokens,device = all_config.device):
        super().__init__()
        self.num_tokens = num_tokens
        self.causal = model_cfg.causal
        self.device = device

        self.token_emb = torch.nn.Embedding(num_tokens,dim)
        self.layers = torch.nn.ModuleList([])

        for _ in range(model_cfg.depth):
            block = GLMBlock()
            self.layers.append(block)

        self.norm = layers.LayerNorm(dim)
        self.to_logits = torch.nn.Linear(dim, num_tokens, bias=False)

        self.reshape_layer = ReshapeImageLayer()
        self.merge_norm = layers.LayerNorm(dim)
    def forward(self,x,image = None):

        if not self.causal:
            mask = x > 0
            x = x.masked_fill(~mask, 0)
        else:
            mask = None
        x = self.token_emb(x)
        #对输入的音频 image 维度进行调整
        image = self.reshape_layer(image)
        #将调整后的音频维度加载到输入数据中
        for layer in self.layers:
            x += image
            x = self.merge_norm(x)
            x = x + layer(x, mask = mask)

        #这个返回的 embedding 目前没有使用
```

```
        embeds = self.norm(x)
        logits = self.to_logits(x)
        return logits, embeds

    @torch.no_grad()
    def generate(
            self, seq_len, image=None, temperature=1.,
filter_logits_fn=top_k, filter_thres=0.99, pad_value=0., eos_token=2,
return_seq_without_prompt=True, #作用是在下面随机输出的时候，把全部的字符输出
    ):

        image = torch.tensor(image,dtype=torch.float).float()
        image = torch.unsqueeze(image,dim=0)
        image = image.to(self.device)

        prompt = torch.tensor([1])
        prompt = prompt.to(self.device)
        prompt, leading_dims = pack([prompt], '* n')
        n, out = prompt.shape[-1], prompt.clone()

        #wrapper_fn = identity if not use_tqdm else tqdm
        sample_num_times = max(1, seq_len - prompt.shape[-1])

        for _ in (range(sample_num_times)):
            logits, embeds = self.forward(out,image)
            logits, embeds = logits[:, -1], embeds[:, -1]

            sample = gumbel_sample_once(logits, temperature=temperature, dim=-1)
            out, _ = pack([out, sample], 'b *')

            if exists(eos_token):
                is_eos_tokens = (out == eos_token)

                if is_eos_tokens.any(dim=-1).all():
                    break

        out, = unpack(out, leading_dims, '* n')
        if not return_seq_without_prompt:
            return out

        return out[..., n:]

if __name__ == '__main__':

    image = torch.randn(size=(1,128,688)).to("cuda")
    token = torch.randint(0,1024,(1,5)).to("cuda")
    model = GLMSimple().to("cuda")
    model.forward(token,image)
```

可以看到，此时的模式将输入的语音特征与原有的文本特征进行融合，从而输出文本内容。

13.3.4 模型的训练

接下来就是多模态模型的训练，在本小节的实现代码中，我们只需要将 13.3.3 节的训练参数做个修改即可。完整的训练代码如下：

```
    import os
    os.environ["CUDA_VISIBLE_DEVICES"] = "0"

    from tqdm import tqdm

    import torch
    from torch.utils.data import DataLoader

    # constants
    LEARNING_RATE = 2e-4
    BATCH_SIZE = 320

    # helpers

    import all_config
    model_cfg = all_config.ModelConfig
    device = model_cfg.device

    from moudle import glm_model_2 as glm_model
    model =
glm_model.GLMSimple(num_tokens=model_cfg.vocab_size,dim=model_cfg.dim)
    model.to(device)

    from 语音_文本生成 import get_data

    train_dataset = get_data.TextSamplerDataset()
    train_loader = (DataLoader(train_dataset,
batch_size=BATCH_SIZE,shuffle=True,num_workers=0))

    save_path = "./saver/glm_generator.pth"
    #model.load_state_dict(torch.load(save_path))

    optimizer = torch.optim.AdamW(model.parameters(), lr = LEARNING_RATE)
    lr_scheduler = torch.optim.lr_scheduler.CosineAnnealingLR(optimizer,T_max =
2400,eta_min=2e-6,last_epoch=-1)
    criterion = torch.nn.CrossEntropyLoss()

    if __name__ == '__main__':
        for epoch in range(60):
            pbar = tqdm(train_loader,total=len(train_loader))
            for token_inp,wav_image,token_tgt in pbar:
                token_inp = token_inp.to(device)
                wav_image = wav_image.to(device)
                token_tgt = token_tgt.to(device)
                logits,_ = model(token_inp,wav_image)
```

```
            loss = criterion(logits.view(-1, logits.size(-1)),
token_tgt.view(-1))

            optimizer.zero_grad()
            loss.backward()
            optimizer.step()
            lr_scheduler.step()  # 执行优化器
            pbar.set_description(f"epoch:{epoch +1},
train_loss:{loss.item():.5f}, lr:{lr_scheduler.get_last_lr()[0]*1000:.5f}")
        #if (epoch + 1) % 2 == 0:
        torch.save(model.state_dict(), save_path)
```

具体请读者自行验证和训练。

13.3.5　模型的推断

本小节讲解一下模型的预测。相对于前期完成的文本生成，此部分只需要输入图片的特征即可，实现代码如下：

```
vocab = []  #vocab内容请读者自行添加
from soundfile import SoundFile
from moudle import sound_untils
import librosa as lb
import soundfile as sf
import os

os.environ["CUDA_VISIBLE_DEVICES"] = "0"
import torch

# constants
LEARNING_RATE = 2e-4

# helpers
import all_config
model_cfg = all_config.ModelConfig
device = model_cfg.device

from moudle import glm_model_2 as glm_model
model = glm_model.GLMSimple(num_tokens=model_cfg.vocab_size,
dim=model_cfg.dim)
model.to(device)

save_path = "./saver/glm_generator.pth"
model.load_state_dict(torch.load(save_path))

prompt_token = token = [1]

#下面是读取的语音文件地址
sound_file = "D:/aidatatang_200zh/G0029/T0055G0029S0028.wav"
audio, orig_sr = sf.read(sound_file, dtype="float32")
```

```
    audio = sound_untils.crop_or_pad(audio, length=16000 * 22)
    wav_image = sound_untils.audio_to_image(audio, 16000, 128, 0, 16000//2) #输出
的是(128, 688)

    result_token = model.generate(seq_len=20, image=wav_image)
    _text = [vocab[id] for id in result_token]
    _text = "".join(_text)
    print(_text)
```

代码中的语音文件地址，请读者自行设置。

13.3.6　多模态模型准确率提高的方法

本小节讲解一下模型准确率提升的方法。一般而言，对于多模态来说，提升模型准确率较为常用的方法有两种，一是增加更多的参数，二是修正多模态特征的融合方法。

1. 对参数的修正

对参数的修正只需要在预先设置的 ModelConfig 文件中进行设置，例如，可以修正模型的计算维度以及运算层数，代码如下：

```
    device = "cuda"

    class ModelConfig:
        num_tokens = vocab_size = 4100
        dim = 768
        scale_base = 768
        head_num = 8
        assert dim%head_num == 0,print("dim%head_num != 0")

        qk_rmsnorm = False
        xpos_scale_base = 768
        causal = True                #这个要和下面的 use_xpos 同时满足，才能使用
RotaryEmbedding  #这个是做因果关系的 cause，作者认为是呈现一个三角归纳和递归计算
        use_xpos = True
        drop_ratio = 0.1

        device = "cuda"
        depth = 24
```

可以看到，这里主要完成了两个修正，首先是对参数的调整，相对于 13.2 节中定义的参数，此时的维度被调整为 768，之后增加了计算层数，即 depth=24。

为了验证调整后的参数多少，我们可以使用如下代码打印对应的模型参数总量：

```
    total = sum([param.nelement() for param in model.parameters()])
    print("Number of parameter: %.2f" % (total))
```

而此时调整后的参数总量为：

```
    Number of parameter: 209097213.00
```

顺便提一下，这里同时调整了模型计算维度以及层数，至于在实际应用中调整哪个参数，或者寻求一个对参数总量和模型结果的平衡，还需要读者在实际中自行研究。

2. 多模态特征的融合方法

在 13.3.2 节中，我们仅采用了相加的方法直接对特征进行融合，实际上为了提高准确率，还有更多的特征融合方案，例如采用注意力的形式完成特征融合，代码如下：

```
def merge_layer(self, q, k,v):
    B, N, C = q.shape
    attn = (q @ k.transpose(-2, -1)) * self.scale
    attn = attn.softmax(dim=-1)
    attn = torch.nn.Dropout(model_cfg.drop_ratio)(attn)
    x = (attn @ v).transpose(1, 2).reshape(B, N, C)
    return x
```

需要注意的是，上面代码中 q 是查询的内容，在本章中可以认为其是文本特征，而 k 和 v 均为语音特征，通过此方法也可以完成特征的融合。

13.4 本章小结

本章是对全书学习内容的总结和回顾，我们带领读者完成并实现了多模态语音文本转换的实战。

多模态模型以及多特征融合是未来深度学习发展的趋势，多特征的交互能够使得模型对数据或者事物的了解更加深入。多模态模型可以通过结果分析方法对模型和预测结果进行评估和解释，以便更好地理解数据和模型，并能学习到更细粒度的跨模态信息特征，从而对数据的拟合更加贴切。

在语音识别与转换、计算机视觉、自然语言处理、人机交互、社交媒体分析、医疗诊断和治疗等领域中，多模态研究能够帮助研究者更全面、更准确地理解数据，提高预测和分类的精度，甚至发现一些新的知识和规律。